Aljechin · Auf dem Wege zur Weltmeisterschaft 1923–1927

BIBLIOTHEK CAÏSSA

Unter dem Namen der Göttin des Schach präsentiert diese Reihe
Meisterpartien des Königlichen Spiels und
Meisterwerke der Schachliteratur
geschrieben von Meistern und über Meister für
Schach-Experten zum Informieren und Vervollkommnen
Schach-Lernende zum Studieren und Nacheifern
alle Schach-Begeisterten zum Sammeln und Genießen

A. ALJECHIN

Alexander Aljechin

Auf dem Wege zur Weltmeisterschaft 1923–1927

5. Auflage

Walter de Gruyter · Berlin · New York 1983

Mit einem Titelbild, 100 Partien und 173 Diagrammen

CIP-Kurztitelaufnahme der Deutschen Bibliothek

Alechin, Aleksandr:
Auf dem Wege zur Weltmeisterschaft : 1923–1927 / Alexander Aljechin. – 5. Aufl. – Berlin ; New York : de Gruyter, 1983.
(Bibliothek Caïssa)
ISBN 3-11-009619-6

 Printed in Germany. Satz und Druck: Arthur Collignon GmbH, Berlin. Bindearbeiten: Lüderitz & Bauer, Berlin. Einbandentwurf: Thomas Bonnie, Hamburg.

Aljechin – der Weltmeister

Aljechins Schaffen und Streben war dem Schachspiel gewidmet wie kaum ein Leben je zuvor. Im Dienste Caissas reiste er unermüdlich durch die Welt: ein Botschafter des Schachspiels, ein glänzender Repräsentant der Schachkunst, ein spielbesessener Weltmeister.

Vor 20 bis 30 Jahren war ein Aljechin-Buch eine Sensation. Seine Partien, an sich schon wahre Perlen der Schachkunst, gewannen noch durch die wunderbare Klarheit und Ausführlichkeit seiner Anmerkungen. Es gab zu seiner Zeit keinen Spieler von Ruf, der nicht Aljechins Bücher besaß oder wenigstens kannte. Noch heute werden über die Schach-Antiquariate die Aljechin-Bücher gesucht, gehören seine Werke doch zu den begehrten Leckerbissen.

Die Schachwelt wird es daher dankbar begrüßen, daß ihr zunächst das vorliegende Buch in einer unveränderten Neuauflage wieder zugänglich ist. Unverändert: das bedeutet, daß wir Aljechins Schaffen und Streben in der Vorweltmeisterschaftszeit miterleben; daß wir sehen, wie er an sich arbeitet, seine Fehler erkennt und verbessert, bis er schließlich von sich sagen kann: „Also haben die Ereignisse meine Arbeit belohnt, mein Streben gekrönt!“ Capablanca war besiegt — besiegt durch den Schachmeister und die Persönlichkeit Aljechin.

Die historische Darstellung ist unter dem Gesichtspunkt zu verstehen, daß das Buch 1932 geschrieben wurde. Gerade dadurch bleibt der ursprüngliche, lebendige Charakter des Werkes erhalten und wird zu einem Stück Zeitgeschichte.

Aljechin war der bei weitem aktivste Spieler, den es im Schach gegeben hat: nach eigener Schätzung spielte er über 50000 Partien, darunter etwa 3000 gegen Gegner mit Meisterstärke. Seine Gewinnquote gegen diese betrug nach Auswertung des ungarischen Meisters Franz Chalupetzky etwa 74% — eine enorme, fast unvorstellbare Leistung; man bedenke, daß sie sich annähernd gleichmäßig auf mehr als 35 Jahre verteilt! Wie ist eine solche ständige Hochform zu erklären?

Zitieren wir Franz Chalupetzky („Deutsche Schachblätter" 1949): „Unvergleichliche physische und seelische Regenerierungsfähigkeit, Vitalität, Rührigkeit, Reiselust und Geltungstrieb haben diese Rekordleistungen ermöglicht ... Vorzügliche Intelligenz, starkes kritisches Einfühlen, wissenschaftliches Vertiefen und eine geistvolle Feder, also schriftstellerisches Talent, befähigten Aljechin außerdem, 18 auf höchstem schachliterarischen Niveau stehende Bücher zu verfassen, wodurch er für alle Zeiten einer der größten Lehrmeister wurde."

Aber wozu soviele Worte?

„Überflüssig, Einzelheiten hervorzuheben", sagt Aljechin selbst, (allerdings in anderem Zusammenhang), „die Partien haben jetzt das Wort!"

Und dem wäre nichts mehr hinzuzufügen.

Berlin, 1. April 1955.

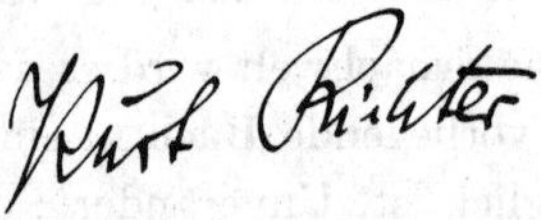

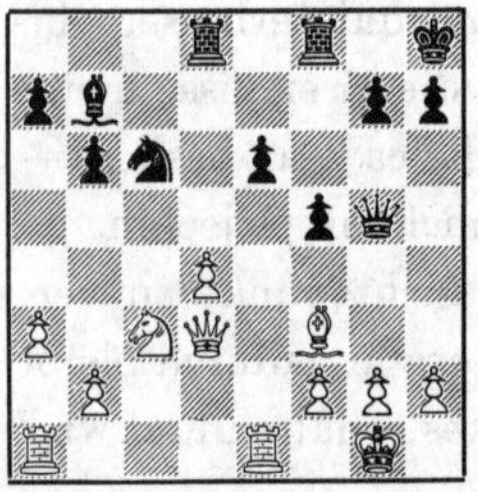

... der in München 1942 selbst eine Probe Aljechinschen Weltmeisterschachs zu spüren bekam und noch heute mit aufrichtiger Bewunderung an die weltmeisterlichen Damenzüge 18. Dd 3—f1!! Td8×d4, 19. Df1—b5!! denkt.

Vorwort zur 5. Auflage

Der große russische Schachmeister Alexander Aljechin, Weltmeister von 1927 bis 1935 und von 1937 bis zu seinem Tode im Jahre 1946, hat mit seinem gedankensprühenden Spiel einen Nimbus geschaffen, der noch immer wirksam ist. Seine Bücher, in denen er sein Spiel untersucht und erläutert, sind Klassiker der Schachliteratur. Die verhältnismäßig rasch notwendig gewordene 5. Auflage des Bandes, der die wichtigste Etappe Aljechins auf dem Weg zur Weltmeisterschaft beschreibt, ist in die neue „Bibliothek Caïssa" des Verlages de Gruyter aufgenommen worden.

Berlin, Januar 1983 Rudolf Teschner

Nachträgliche Entdeckungen

Partie **3**. Der in der Anmerkung zum 5. Zug von Schwarz in Klammern erwähnte Zug 9. ... Da5 gilt wegen 10. Tb1 Ld2:† 11. Dd2: Dd2† 12. Kd2: 0–0 13. Lb5 (Rubinstein–Schlechter, San Sebastian 1912) als weniger gut. Anstelle von 6. ... Le6 empfiehlt J. I. Neistadt 6. ... cd 7. Sd4: Le7. Besser als 13. ... Td8 ist der aus einer Fernpartie 1947/1948 bekannte Zug 13. ... 0–0–0!, der nach Neistadt zu gleichem Spiel führt. Deswegen ist wohl 9. Se4: stärker als 9. Lb5†.

Partie **9**. In der Analyse zum 17. Zug von Schwarz ist außer 21. ... Tac8, das sofort verliert, 21. ... Tc6 zu erwähnen. Weiß bleibt dann mit 22. Tc6: Dc6: 23. Dg4 Tg8 24. Dg8:† im Vorteil.

Partie **10**. Die Korrektheit des weißen Opferspiels ist wegen 18. ... De5: fragwürdig, zum Beispiel 19. Dd8: Lf5:, oder 19. Dh5† Kf8.

Partie **13**. In der Analyse zum 19. Zug ist 22. Lf7:†, das die Dame erobert, stärker als 22. Sh6:†.

Partie **15**. Anmerkung zum 7. Zug. Der Beginn des zweiten Satzes muß lauten: „Nach e7–e6, gefolgt von Lf8–e7 und 0–0 ...“.

Partie **17**. Zum Schlußzug ist zu bemerken, daß 33. Tcd8: (also das Schlagen mit dem anderen Turm) die Rettung 33. ... Dc1† ermöglicht.

Partie **20**. Nach Pachman ist der Zug 4. Da4 wegen 4. ... Lf3: 5. ef e6 6. Sc3 S8e7 7. Le3 g6 fragwürdig. Anstelle von 9. ... Tb8 führt 9. ... 0–0! 10. Tb7: e5! (11. Lg5 Dc8) zum Ausgleich.

Partie **21**. Anmerkung zum 11. Zug von Schwarz. Die angedeutete Befreiungsaktion 12. S1d2 Se4: 13. Se4: d5 kostet wegen 14. Ld5: Dd5: 15. de einen Bauern. Schwarz müßte also im 12. Zug den Bauerntausch auf d4 vorausschicken.

Zur Partie **24** gibt L. Stadtbäumer, Münster, an, daß nach 25. ... Kg4: das Matt schon in vier Zügen erfolgt: 26. Dg6† Kf3 (Kh4 27. Dg5† und 28. Dg3 matt) 27. Dg3† Ke4 28. Te1† Kd4 29. Dc3 matt oder 28. ... Kf5 29. Dg5 matt.

Partie **29**. Die heutige Theorie hält 4. Lf4 für aussichtsreicher.

Zur Partie **34** (Dr. Aljechin – F. D. Yates) weist Dr. Dünhaupt in der „Caissa“ 1947 darauf hin, daß die Anmerkung zum 37. Zuge nicht stichhaltig ist. Nach den dort angegebenen Zügen 37. ... h4, 38. g4! La4, 39. Ke2! zieht Dr. Dünhaupt 39. ... c3! und weist damit das Remis nach: 40. Sh3 Lb5†, 41. Kd1 c2†!

I. 42. Kc2: Le2, 43. Sg5: Lg4:, 44. f6† Kd7! (einziger Zug) a) 45. Kd2 h3!, 46. e6† Le6:, 47. f7 Lf7:, 48. Sh3: Remis. b) 45. f7 Ke7, 46. e6 h3, 47. Kd2 (Sh7? Lf5†) Lf5!, und nun ist es Weiß, der nach 48. Sf3 usw. um das Remis kämpfen muß. c) 45. e6† Le6:, 46. f7 Lf5! und 47. ... Ke7 Remis.

II. 42. Kd2 Le2!, 43. Sg5: Lg4:, 44. f6† Kd7, 45. e6†! (Sh 7 Ke8!) Le6:, 46. f7 Lf7:, 47. Sf7: (Sollte Aljechin doch Recht behalten? Nein!) 47. ... Ke6! (Klarer als das naheliegende h3.) 48. Sg5† Kf5, 49. Sf3 h3, 50. Kc2: Kf4, 51. Sh2 Kg3, und das Remis ist klargestellt.

Partie **57**. Das beim 24. Zug vorgeschlagene 24. Dc2 Lf6 25. Se1 ist ein grober Fehler wegen 25. ... Se1:! und Schwarz gewinnt: a) 26. Td7: Dg2: matt; b) 26. Dg6: Td2:; c) 26. Te1: Td2:. Das beim 25. Zug in Variante II in Klammern erwähnte 25. ... Sd3 26. Td3: beantwortet Schwarz mit Dd3:! und Vorteil. Weiß müßte also etwa 26. Db6 ziehen, um sich günstig zu stellen. (Festgestellt von L. Stadtbäumer, Münster.)

Partie **62**. Der 8. Zug lautet Dd1–e2†.

Inhalt

I. Kapitel.

Mein Aufenthalt in den U. S. A. (Winter 1923—1924). Gelegenheitspartien.

Im Jahre 1924 war meine Einstellung zum Kampfe um die Weltmeisterschaft noch etwas problematischer Natur. Zwar hatte ich damals den Weltmeister Capablanca bereits herausgefordert, fühlte mich aber noch keineswegs schachlich ausgereift. In mancher Beziehung, besonders was Technik anbelangt, war mir damals Capablanca zweifellos überlegen und unter seinen Rivalen stand Dr. Lasker noch immer an erster Stelle. Der Gedanke an einen Revanchewettkampf zwischen diesen beiden beseelte die Schachwelt und stand über meinen Plänen. Mit meiner Herausforderung konnte ich daher nur den Zweck verfolgen, für einen künftigen Zeitpunkt vorgemerkt zu sein. Capablanca verhielt sich übrigens zu meinen Absichten zwar korrekt, jedoch kühl, und so wurde es mir klar, daß in nächster Zeit mit einer Verwirklichung unseres Wettkampfes nicht zu rechnen sei. Um so mehr galt es mir nun, an meiner Vervollkommnung zu arbeiten, und so habe ich in diesem Sinne denn auch jede Gelegenheit benutzt.

Das vorliegende Kapitel enthält Simultan- und Beratungspartien. Simultanpartien haben für den Meister einen ganz bestimmten Wert. Sie sind in eröffnungstheoretischer und technischer Beziehung eine wertvolle Schule für die ernste Einzelpartie. Zwar hat der Meister im Simultanspiel gewöhnlich mit wesentlich schwächeren Gegnern zu rechnen, doch tritt hier das Sprichwort „Viele Köpfe, viele Sinne“ in sein Recht. Auch unter den schwächeren Gegnern finden sich immer welche, die im gegebenen Augenblick das Richtige treffen, schlaue Paraden entdecken und überraschende Wendungen herbeiführen und den Meister auf neue Gedanken bringen, während andere wieder durch unsachgemäßes Verhalten Gelegenheit geben, sich in der schärfsten Ausnutzung gegnerischer Unterlassungen zu schulen. Ähnlich verhält es sich mit den Beratungspartien. Hier spielt der Meister entweder allein gegen eine Gruppe oder selbst innerhalb einer Gruppe gegen eine andere. In beiden Fällen hat er gewöhnlich mit erfahrenen Spielern zu tun, die ihn zu Vorsicht und Vertiefung zwingen. Der grundlegende Unterschied zwischen der Einzelpartie bleibt jedoch bestehen: sowohl die Gegner als auch die Helfer können durch die Verschiedenartigkeit der Auffassungen wie des Temperaments die Gedankengänge des Meisters beeinflussen und seine Erfahrung bereichern.

Nach Beendigung einer mehrmonatigen erfolgreichen Tournee in den Vereinigten Staaten nahm ich bekanntlich am großen New-Yorker Turnier von 1924 teil. Dieses war für mich eine Enttäuschung. Ich hatte es allerdings unter ungünstigen Umständen angetreten, denn knapp vorher hatte ich jene Tournee beendet, die mich fünf Monate lang kreuz und quer durch Nordamerika führte. Ich war schachlich ermüdet, verlor gleich zu Beginn durch schwaches Spiel gegen Dr. Lasker, hielt freilich noch die erste Hälfte des Turniers durch und landete an zweiter Stelle, mußte mich aber in der zweiten Hälfte durch Capablanca überflügeln lassen. Wohl erzielte ich in sportlicher Beziehung ein ganz gutes Gesamtergebnis; denn ich wurde nur von den beiden Weltmeistern überholt und durfte daraus in der Frage der Weltmeisterschaft meine Schlüsse ziehen, aber in künstlerischer Beziehung blieb ich ganz unbefriedigt. Es war mein Eindruck, daß nicht nur Dr. Lasker und Capablanca, sondern auch Réti besser gespielt, mehr gute Partien gewonnen hatte als ich. Trotzdem nahm ich von diesem Turnier einen wertvollen moralischen Gewinn mit nach Hause, nämlich die Lehre aus meiner ersten Partie mit Capablanca, die auf mich wie eine Offenbarung wirkte. Der Kubaner hatte mich in der Eröffnung überspielt, erlangte im Mittelspiel Gewinnstellung, übertrug einen großen Teil seines Vorteils ins Turmendspiel, ließ sich aber auch hier die Waffen entwinden und mußte sich schließlich mit einem Remis zufrieden geben. Das gab zu denken; denn Capablanca hatte sich in dieser Partie gewiß sehr angestrengt, galt es doch, Dr. Lasker näher zu rücken, der in der Führung lag und tags vorher gegen mich gewonnen hatte. Ich war überzeugt, daß ich an Stelle Capablancas die Partie sicher gewonnen hätte. Endlich hatte ich an meinem zukünftigen Gegner eine kleine Schwäche erspäht: steigende Unsicherheit im Falle hartnäckigen Widerstandes! Wohl war es mir schon früher aufgefallen, daß Capablanca hin und wieder kleine Ungenauigkeiten begeht, doch hätte ich nicht gedacht, daß er sich von diesem Mangel auch bei Aufbietung aller Kräfte nicht befreien könne. Das war eine ungemein wichtige Erkenntnis für die Zukunft!

Nr. 1.
Königsindische Verteidigung.

(Gespielt am 29. September 1923 in einer Simultanvorstellung zu Liverpool.)

Schwarz: E. Spencer.

1. d2—d4 Sg8—f6
2. c2—c4 d7—d6
3. Sb1—c3 Sb8—d7

Wenn man den Königsbauer vorrücken will, ist dieser Zug nicht nötig. Réti war der Meinung, Schwarz behalte auch nach 3. . . . e7—e5 4. d4—e5:, d6—e5: 5. Dd1—d8†, Ke8—d8: ein ganz annehmbares Spiel. Im allgemeinen zieht man aber an der Textstelle die Flankierung des Königsläufers nebst 0—0 vor.

4. e2—e4 e7—e5

Ein strategischer Fehler, der das Feld d5 schwächt. Besser war noch immer g7—g6 nebst Lf8—g7.

5. Sg1—f3 ....

Hier hat Weiß verschiedene Fortsetzungen, z. B. ist auch 5. f2—f4 nebst Sg1—e2 und Lf1—g2 stark.

5. .... g7—g6
6. h2—h3 ....

Schaltet Sf6—g4 aus und bildet somit eine wichtige Vorbereitung für den folgenden Zug.

6. .... Lf8—g7
7. Lc1—e3 Dd8—e7

Etwas besser war die Rochade. Darauf konnte aber Weiß seinen Zentrumsvorteil mit d4—d5 sicherstellen und später sein Spiel auf den Durchbruch c4—c5 einrichten. Der Textzug bezweckt einen Druck gegen e4, erlaubt aber das aktive Eingreifen des weißen Damenspringers.

8. Dd1—c2 Sd7—f8
9. Sc3—d5 ....

Gut genug. Noch stärker war es aber, zunächst den Abtausch auf e5 einzuschieben, wonach sich die Verteidigung sehr schwierig gestaltet hätte. Jetzt hingegen findet Schwarz eine recht witzige Parade.

9. .... Sf6—d5:
10. c4—d5: Sf8—d7!

Ein feiner Zug, der den schwarzen Figuren das Feld e5 verschafft. Offenbar wäre nun 11. Dc2—c7:, e5—d4: usw. für Schwarz recht ersprießlich.

11. Le3—g5! ....

Die beste Antwort.

11. .... f7—f6

Nicht aber 11. .... Lg7—f6 wegen 12. Lg5—f6:, De7—f6: 13. Dc2—c7:, e5—d4: 14. Lf1—b5 usw. zum Vorteil für Weiß.

12. Lg5—e3 e5—d4:
13. Sf3—d4: Sd7—c5
14. Lf1—b5† Ke8—f7

Nach 14. .... Lc8—d7 15. Lb5—d7‡ usw. würde Weiß für seinen Springer das Feld e6 gewinnen.

15. f2—f3 f6—f5!
16. 0—0! ....

Ungünstig wäre 16. b2—b4 wegen f5—e4:! 17. b4—c5:, e4—f3: usw.

16. .... f5—f4
17. Le3—f2 a7—a5

Damit hat der Nachziehende vorläufig alle Gefahren überstanden. Von Ausgleich kann aber freilich nicht die Rede sein; denn Weiß beginnt nun mit der Vertreibung des feindlichen Springers und bringt damit seinen Angriff wieder in Fluß. Schließlich gelingt es ihm auch, seinen eigenen Springer nach e6 zu spielen.

18. Ta1—d1 Lg7—e5
19. b2—b3 ....

Nicht 19. a2—a3 wegen a5—a4.

19. .... Th8—f8

Bereitet g6—g5 vor.

20. a2—a3 Kf7—g8
21. b3—b4 a5—b4:
22. a3—b4: Sc5—a6
23. Dc2—b3 g6—g5
24. Td1—d2 ....

Nicht um die Türme zu verdoppeln, sondern um dem anderen Turm den Weg nach c1 freizulegen.

24. .... h7—h5
25. Lb5—e2! ....

Die einzige Verteidigung gegen g5—g4, die aber zugleich b4—b5 vorbereitet.

25. .... De7—g7

Droht wieder g5—g4. Weiß kommt aber nun zu dem ersehnten Springerzug.

26. Sd4—e6! Lc8—e6:
27. d5—e6: ....

Droht Qualitätsgewinn durch e6—e7† nebst Le2—c4.

27. .... Tf8—e8
28. b4—b5 Sa6—b4!

Wieder eine scharfsinnige Verteidigung! Schwach wäre 28. .... Sa6—c5 wegen 29. Lf2—c5:, d6—c5: 30. Td2—d7, Te8—e7 31. Db3—d5 usw.

29. Tf1—c1 ....

Droht den Springer zu schlagen, was offenbar nicht sofort geschehen durfte.

29. .... c7—c5
30. b5—c6: e. p. Sb4—c6:
31. e6—e7†! ....

Der Auftakt zu einem direkten Königsangriff.

31. .... Kg8—h8
32. Db3—b7: Sc6—e7:
33. Tc1—b1 ....

Um zwei Türme für die Dame zu nehmen, falls Schwarz einen Turm nach b8 zieht.

33. .... Te8—c8
34. Db7—d7 Tc8—b8
35. Tb1—b8‡ Ta8—b8:

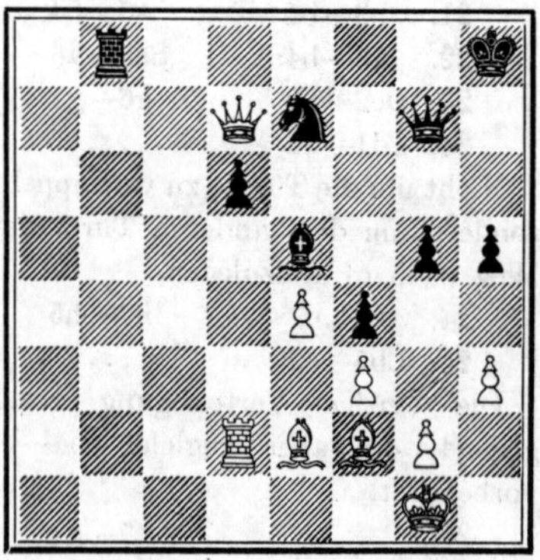

36. Td2—d6:! ....

Erobert den Schlüssel der schwarzen Stellung und sichert sich dadurch entscheidenden Vorteil.

36. .... Le5—d6:
37. Dd7—d6: Tb8—b1†
38. Kg1—h2 Kh8—h7

Die einzige Parade gegen die Drohung Lf2—d4.

39. Le2—d3 Tb1—b7
40. Lf2—d4 Dg7—f7
41. e4—e5† Se7—g6
42. e5—e6 Df7—e7

Auf 42. .... Df7—c7 folgt 43. Dd6—f8 usw.

43. Dd6—e5 Kh7—h6
44. Ld3—g6:! ...

Gewinnt sofort, während auf 44. De5—f5 noch Sg6—h4 möglich wäre.

44. .... Kh6—g6:
45. De5—e4† Kg6—h6
46. De4—f5 ....

Droht 47. Ld4—f6.

46. .... De7—e8
47. h3—h4! De8—g8

Oder 47. .... g5—h4: 48. Df5—f4‡ nebst Df4—e4† usw.

48. e6—e7! ....

Droht 49. Df5—f8†.

48. .... Tb7—b8
49. Ld4—e5 Aufgegeben.

Nr. 2.
Königsindische Verteidigung.

(Aus einem Simultanspiel zu Manchester im Oktober 1923.)

Schwarz: J. Morrison.

1. d2—d4 Sg8—f6
2. Sg1—f3 g7—g6
3. c2—c4 Lf8—g7
4. g2—g3 0—0

5. Lf1—g2 d7—d6
6. Sb1—c3 Sf6—g4

Dieser Zug ist nicht so widersinnig wie er auf den ersten Blick aussehen mag, denn es liegt ihm der Gedanke zugrunde, durch raschen Vorstoß des f-Bauern etwas Gegenspiel im Zentrum zu erlangen. Empfehlenswert ist er natürlich nicht, denn abgesehen vom Zeitverlust, schenkt er dem Gegner eine klare Handhabe zum Königsangriff. Üblich und ungefähr befriedigend ist bekanntlich 6. .... Sb8—d7 oder auch 6. .... Sb8—c6.

7. h2—h3 Sg4—h6
8. Lc1—f4 f7—f5
9. Dd1—d2 Sh6—f7
10. 0—0—0 Sb8—c6
11. d4—d5 e7—e5

Die Alternative war 11. .... Sc6—e5 12. Sf3—e5:, Sf7—e5: 13. Lf4—e5:, Lg7—e5: 14. f2—f4, Le5—g7 15. e2—e4 mit Stellungsvorteil für Weiß.

12. d5—e6: e. p. ....

Diese Räumung der Zentralfelder geschieht mit Rücksicht auf den bald folgenden Königsangriff, gestattet aber einige Gegenchancen. Die einfache Fortsetzung 12. d5—c6:, e5—f4: 13. g3—f4:, b7—c6: 14. Sf3—d4 usw. hätte weniger verpflichtet und den Eröffnungsvorteil sichergestellt.

12. .... Lc8—e6:
13. Sc3—d5 Sc6—e5
14. Sf3—d4 Le6—d7
15. Dd2—c2 c7—c6
16. Sd5—e3 Ta8—c8

Ein Vorbereitungszug zu viel! Mit dem sofortigen 16. .... Dd8—b6 konnte Schwarz seine auf der starken Wirkung seines flankierten Läufers beruhenden Gegenchancen folgerichtig wahrnehmen.

17. g3—g4! f5—g4:
18. h3—g4: Dd8—b6

Auf 18. .... Se5—g4: 19. Se3—g4:, Ld7—g4: würde zunächst 20. Lf4—e3 und dann Lg2—e4 oder Td1—g1 usw. folgen und Weiß behielte für den geopferten Bauern gutes Angriffsspiel. Nach dem Textzug aber bildet 19. .... Se5—g4: eine starke Drohung.

19. g4—g5! Se5—g4

Gibt die gewünschte Gelegenheit zu dem geplanten Opferangriff. Nach dem letzten Einengungszug von Weiß befand sich aber der Nachziehende bereits in einer prekären Lage.

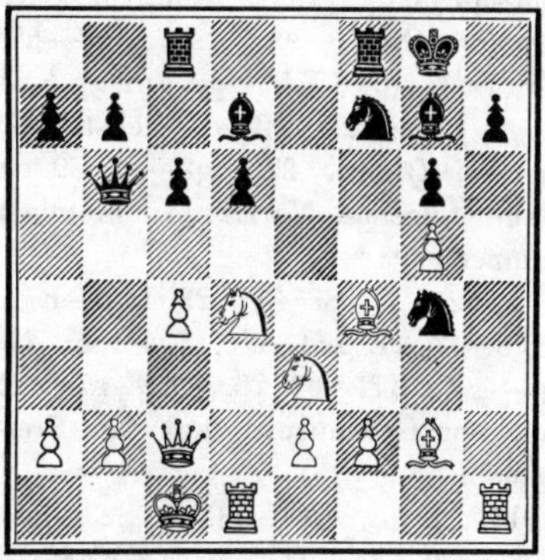

20. Th1—h7: ....

Sehr drastisch zeigt sich in dieser Partie der Unterschied in der Denkweise eines Meisters im Simultanspiel und im Einzelkampf. Weiß verwirft nämlich die einfachere Spielweise 20. Se3—g4:, Ld7—g4: (Lg7—d4: 21. Td1—d4:!, Ld7—g4: 22. Lf4—e3, Lg4—f5 23. Dc2—c3 drohend Th1—h7: usw. ∓), weil er in der Geschwindigkeit berechnet hatte, daß die bestechende Variante 21. Th1—h7:, Kg8—h7: 22. Dc2—g6†, Kh7—g6: 23. Lg2—e4†, Kg6—h5 24. Td1 h1†, Lg4—h3 wegen des ungedeckten Läufers f4 bloß ewiges Schach ergeben würde, und zwar durch 25. Le4—f3† usw., während 25. Th1—h3‡? an Kh5—g4 usw. scheitert. Ein Augenblick weiteren Nachdenkens hätte ihn jedoch belehrt, daß nach 20. .... Ld7—g4: mittels 21. Lf4—e3! das entscheidende Tempo gewonnen und sodann der angegebene Plan siegreich durchgeführt werden konnte.

Der Textzug ist jedenfalls komplizierter.

20. .... Sg4—e3:

Die beste Verteidigung bestand entschieden in der Annahme des Opfers. Nach 20. .... Kg8—h7: 21. Dc2—g6‡, Kh7—g8! (nicht Kh7—g6: wegen 22. Lg2—e4† nebst Matt in drei Zügen). 22. Lg2—e4 hätten dann folgende Varianten entstehen können:

I. 22. .... Sf7—e5 23. Dg6—h7†, Kg8—f7 24. Lf4—e5:, Sg4—e5: 25. g5—g6†, Kf7—e8 26. Dh7—g7: mit leichtem Gewinnspiel dank dem Freibauer;

II. 22. .... Tf8—e8! 23. Se3—g4:, Ld7—g4: 24. Dg6—h7†, Kg8—f8 25. g5—g6!, Te8—e4: (Sf7—e5 26. Lf4—h6, Lg7—h6: 27. Dh7—h6‡, Kf8—e7 28. Le4—f5!, Lg4—f5: 29. Sd4—f5‡, Ke7—d8 30. Sf5—d6: mit Rückgewinn eines großen Teiles des geopferten Materials und trefflichen Siegesaussichten) 26. g6—f7:, Te4—f4: (Te4—d4: 27. Dh7—g8†, Kf8—e7 28. Dg8—g7:, Td4—d1‡ 29. Kc1—d1:, Tc8—f8 30. Lf4—d6‡ und gewinnt) 27. Dh7—g8†, Kf8—e7 28. Dg8—g7:, Tc8—f8 29. Dg7—g5†, Tf4—f6 30. Dg5—g4: und das geringe materielle Übergewicht des Nachziehenden kann den weißen Angriff nicht aufwiegen, man prüfe: a) 30. .... Tf8—f7: 31. Td1—d3! und gegen das drohende Td3—e3† nebst Sd4—e6† gibt es keine ausreichende Verteidigung; b) 30. .... Db6—c5 31. Td1—d3!, Dc5—c4‡ 32. Td3—c3, und nun ergibt sich auf 32. .... Dc4—a2: oder Dc4—d5 die reizende Gewinnwendung 33. Tc3—e3†, Ke7—d8 34. Te3—e8†, Tf8—e8: 35. Dg4—c8†!, Kd8—c8: 36. f7—e8: D† nebst 37. De8—e7† mit Figurgewinn, auf 32. .... Dc4—f7: hingegen entscheidet das schöne Opfer 33. Tc3—c6:!!

Diese Varianten beweisen zwar, daß Weiß seinen Vorteil jedenfalls festhalten konnte, der Nachziehende hätte sich aber den Beweis für die Richtigkeit des Turmopfers auf h7 erst zeigen lassen sollen.

21. Dc2—g6: ....

Auch mit 21. f2—e3: konnte Weiß eine rasche Entscheidung herbeiführen, und zwar: 21. .... Kg8—h7: 22. Dc2—g6‡, Kh7—g8 23. Lg2—e4, Tf8—e8 (Sf7—e5 24. Dg6—h7†, Kg8—f7 25. Lf4—e5:, d6—e5: 26. Le4—g6† und gewinnt) 24. Td1—h1!!, und gegen die Drohung 25. Th1—h7 ist nichts zu erfinden, sie entscheidet sowohl auf 24. .... Te8—e4: als auch auf 24. .... Kg8—f8, während 24. .... Sf7—e5 an 25. Th1—h8† usw. scheitert.

21. .... Se3—f5

Nun konnte Weiß mit 22. Lg2—e4!, drohend sowohl 23. Le4—f5: als auch 23. Th7—g7‡, rasch gewinnen; falls 22. .... Sf7—h8, so 23. Th7—g7‡, Sf5—g7: 24. Dg6—h7†, Kg8—f7 25. g5—g6† oder auch 25. Lf4—d6:

usw. Statt dessen geschah jedoch im opferwütigen Simultanstil ....

22. Th7—g7‡ Sf5—g7:

und jetzt erst ....

23. Lg2—e4 ....

was zwar — ein Beweis für die Stärke des weißen Angriffs! — auch genügt, aber den Kampf wesentlich verlängert. Es folgte:

23. .... Tf8—e8
24. Dg6—h7† Kg8—f8
25. Le4—g6! Db6—c5!
26. Lg6—f7: Kf8—f7:
27. g5—g6† Kf7—e7

Beschleunigt den Verlust, der allerdings auch nach 27. .... Kf7—f6 28. Lf4—h6!, Te8—g8 29. e2—e4! mit der furchtbaren Drohung 30. f2—f4 unabwendbar gewesen wäre, z. B. 29. .... Dc5—c4‡ 30. Kc1—b1, Ld7—e6 31. b2—b3, Dc4—c5 oder Dc4—c3 32. f2—f4, Kf6—e7 33. Lh6—g7: usw.

Auf den Textzug folgte ein Matt in 7 Zügen:

28. Dh7—h4† Ke7—f8
29. Dh4—f6† Kf8—g8
30. Df6—f7† Kg8—h8
31. Td1—h1† Ld7—h3
32. Th1—h3‡ Dc5—h5
33. Th3—h5‡ Sg7—h5:
34. Df7—h7† matt.

Nr. 3. Abgelehntes Damengambit.

(Aus einem Massenspiel in New York, Januar 1924.)

Schwarz: A. Kußman.

1. d2—d4 d7—d5
2. Sg1—f3 Sg8—f6
3. c2—c4 e7—e6
4. Sb1—c3 c7—c5

Dieser alte Zug ist gewagt und überläßt dem Anziehenden zumindest einen fühlbaren Entwicklungsvorsprung.

5. c4—d5: ....

Die Theorie empfiehlt hier als stärkste Fortsetzung 5. Lc1—g5, doch hat dann Schwarz die Möglichkeit, mit 5. .... c5—d4: 6. Dd1—d4:, Sb8—c6 bzw. 6. Sf3—d4:, Lf8—b4! unklare Verwicklungen herbeizuführen. Aus diesem Grunde halte ich den einfachen Textzug für das Richtige.

5. .... e6—d5:?

Damit läßt sich Schwarz die wichtigste Pointe seines vorigen Zuges entgehen. Diese besteht darin, daß die Isolierung des Damenbauern mit 5. .... Sf6—d5:! vermieden werden kann — und soll! Nach 6. e2—e4, Sd5—c3: 7. b2—c3:, c5—d4: 8. c3—d4:, Lf8—b4† 9. Lc1—d2, Lb4—d2‡ (oder auch 9. .... Dd8—a5) 10. Dd1—d2: behält zwar Weiß ein schönes Zentrum mit Angriffsaussichten auf den beiden Flügeln, aber das schwarze Spiel bleibt organisch fest und erlaubt eine planmäßige Verteidigung.

6. Lc1—g5! ....

Und nicht 6. g2—g3. Diese Flankierung ist gegen die Tarrasch-Verteidigung angezeigt, welche nach 1. d2—d4, d7—d5 2. c2—c4, e7—e6 3. Sb1—c3, c7—c5 4. c4—d5:, e6—d5: 5. Sg1—f3, **Sb8—c6** entsteht und dem Nachziehenden die Möglichkeit gibt, gelegentliches d4—c5: mit d5—d4! zu beantworten. Hier aber, wo Schwarz den **Königs**springer entwickelt hat und infolgedessen auf die Eventualparade d5—d4 verzichten muß, steht dem Anziehenden eine viel kräftigere Entwicklungsmethode als 6. g2—g3 zur Verfügung.

6. .... Lc8—e6
7. Lg5—f6: Dd8—f6:
8. e2—e4! d5—e4:
9. Lf1—b5† Le6—d7

Oder 9. .... Sb8—d7 10. Sc3—e4:, Df6—g6 11. Lb5—d7‡, Le6—d7: 12. 0—0 usw.

10. Sc3—e4: Df6—b6
11. Lb5—d7‡ Sb8—d7:
12. 0—0 c5—d4:

Fordert den weißen Angriff heraus; es ist aber begreiflich, daß Schwarz die Einengung seines Spiels mit d4—d5 nicht gestatten wollte. Nach dem Textzug kommt es freilich noch viel schlimmer.

13. Sf3—d4: Ta8—d8

In Erwartung des folgenden Gegenzuges versucht Schwarz den Punkt d6 zu decken.

14. Sd4—f5! Sd7—e5
15. Dd1—e2 g7—g6

Es ist klar, daß die schwarze Stellung auf keine Weise zu halten ist; der Textzug erlaubt einen eleganten Schluß.

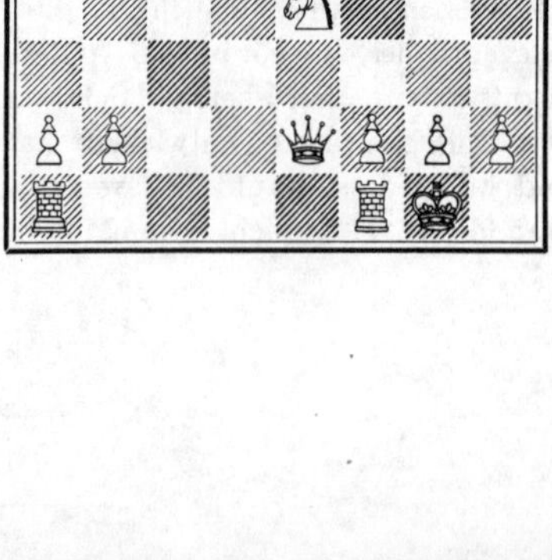

16. De2—b5†!! ....

Der entscheidende Schlag!

16. .... Se5—d7

Die Dame durfte natürlich wegen 17. Se4—f6† matt nicht genommen werden.

17. Tf1—e1 ....

Droht sofortiges Matt.

17. .... Lf8—b4
18. Se4—f6† Ke8—f8
19. Sf6—d7‡ Td8—d7:
20. Db5—e5! Aufgegeben.

Drei Mattdrohungen auf einmal — das ist zuviel!

Nr. 4. Königsfianchetto.

(Gespielt im November 1923 zu Montreal.)

Schwarz: Cartier, G. Maréchal und Dr. Winfrey als Beratende.

1. e2—e4 g7—g6
2. d2—d4 d7—d6
3. Lf1—c4 Lf8—g7
4. Sg1—f3 ....

Schwarz hat sich durch die gewählte Bauernkonfiguration zu einer bestimmten Aufstellung seiner Figuren verpflichtet; demgegenüber reserviert sich Weiß noch verschiedene Entwicklungswege, er zögert z. B. mit dem Zuge Sb1—c3, um sich die Stützung des Zentrums mittels c2—c3 vorzubehalten.

4. .... Sg8—f6
5. Dd1—e2 ....

5. Sb1—c3 hätte den Gegnern erlaubt, ihr Spiel durch die Abtauschkombination 5. .... Sf6—e4: usw. zu erleichtern.

5. .... Sb8—c6
6. h2—h3! ....

Noch immer nicht 6. Sb1—c3 wegen 6. .... Lc8—g4 7. Lc1—e3, Sf6—e4: usw.

6. .... 0—0
7. Sb1—c3 e7—e5

Die logische Notwendigkeit dieses Zuges unterstreicht den Mangel der Flankierung im ersten Zuge; denn jetzt bleibt der Königsläufer außer Spiel, überdies wird das Feld c5 geschwächt. Es wird interessant sein, zu beobachten, wie dieser Umstand in Verbindung mit dem Besitz der d-Linie dem Anziehenden die Möglichkeit gibt, seine Gegner rasch in eine hoffnungslose Stellung zu drängen.

8. d4—e5: d6—e5:

Der Springertausch 8. .... Sc6—e5: 9. Sf3—e5:, d6—e5: hätte das schwarze Spiel auch nicht erleichtert.

9. Lc1—e3 Dd8—e7

Oder 9. .... Sc6—d4 10. De2—d1!, Sd4—f3ǂ 11. Dd1—f3:, c7—c6 12. a2—a4 usw. mit Vorteil für Weiß.

10. 0—0—0 Lc8—e6
11. Sf3—g5! Le6—c4:
12. De2—c4: Tf8—d8

Die Beratenden verteidigen sich geschickt, sie wollen nun durch doppelten Turmtausch völlige Befreiung erreichen. Weiß findet aber eine Möglichkeit, seinen Entwicklungsvorteil durch einen überraschenden Angriff auf dem Damenflügel zu verwerten. Die mit diesem Angriff verbundenen taktischen Verwicklungen sind lehrreich.

13. Le3—c5 De7—e8
14. Sc3—b5 Td8—d1ǂ

Schwarz hat keine Wahl, denn 14. .... Lg7—h6 bliebe nach 15. h3—h4 fruchtlos.

15. Th1—d1: Ta8—c8
16. Lc5—a7:! ....

Dieser Bauernraub, von dem das Schicksal der Partie abhängt, mußte in allen Einzelheiten genau berechnet werden, da es sich um das Opfer einer Figur gegen drei Bauern handelt; es war notwendig, sich zu überzeugen, daß Schwarz darauf ohne genügende Hilfsmittel bleibt.

16. .... b7—b6
17. Kc1—b1 ....

Dieser stille Zug bildet die logische Ergänzung des vorigen. Er war in der Überzeugung gewählt, daß 17. Sg5—f7:, De8—f7: 18. Dc4—c6: wegen Df7—a2: noch nicht ausreiche. Es gab jedoch einen anderen Gewinnweg, nämlich das sofortige Losschlagen 17. La7—b6:, z. B. I. 17. .... Lg7—h6 18. h3—h4, c7—b6: 19. Sb5—d6 usw. II. 17. .... h7—h6 18. Sg5—f7:!, De8—f7: 19. Dc4—c6:, Df7—a2: 20. Lb6—c7:, Da2—a1† 21. Kc1—d2, Da1—b2: 22. Dc6—e6†, Kg8—h7 23. De6—c8:, Db2—b5: 24. f2—f3 usw. in beiden Fällen mit klarem Vorteil für Weiß.

Es ist vom technischen Standpunkte aus schwer zu entscheiden, ob der hier ausgeführte Gewinnweg oder der tatsächlich gewählte genauer war; denn beide führen zum Ziele.

17. .... Sc6—a5

Gegen die Drohung 18. Sg5—f7: nebst Dc4—c6: gerichtet.

18. Dc4—f7ǂ De8—f7:
19. Sg5—f7: Kg8—f7:

20. La7—b6:! ....

Die Pointe der mit 17. Kc1—b1 eingeleiteten Kombination, dank welcher Weiß entscheidenden materiellen Vorteil erlangt.

20. .... Tc8—b8
21. Lb6—a5: Tb8—b5
22. La5—c7: Sf6—e4:
23. Td1—d7† ....

Das Endspiel ist für Weiß unter allen Umständen gewonnen, um so mehr, als der arme schwarze Königsläufer bis zum Schluß vom Kriegsschauplatze völlig abgesperrt bleibt.

23. .... Kf7—f8
24. c2—c4 Tb5—c5
25. b2—b3 Tc5—c6
26. f2—f3 Se4—g5
27. Lc7—d6† Kf8—g8
28. c4—c5 Sg5—f7

Falls 28. .... e5—e4, so einfach 29. b3—b4! usw.

29. Td7—c7 Sf7—d8
30. b3—b4 Tc6—c7:
31. Ld6—c7: Sd8—e6
32. Lc7—d6 Kg8—f7
33. a2—a4 Aufgegeben.

Einer der weißen Bauern geht ohne Unterstützung durch den König zur Dame, z. B. 33. .... Kf7—e8 34. a4—a5, Ke8—d7 35. a5—a6, Kd7—c8 36. b4—b5, Se6—c7 37. Ld6—c7:, Kc8—c7: 38. b5—b6† usw.

Eine von den Beratenden ganz gut gespielte Partie, welche sie hauptsächlich durch die unglückliche, damals dank Réti so beliebt gewordene Flankierung verloren haben.

Nr. 5. Spanische Partie.

(Gespielt am 25. Februar 1924 zu San Franzisco.)

Weiß: Dr. W. R. Lovengrove und E. Gruer beratend.

1. e2—e4 e7—e5
2. Sg1—f3 Sb8—c6
3. Lf1—b5 a7—a6
4. Lb5—a4 Sg8—f6
5. 0—0 Lf8—c5
6. c2—c3 Lc5—a7

Nur dieser Zug macht die Möllersche Verteidigung spielbar. Sofortiges 6. .... Sf6—e4: wäre wegen 7. Dd1—e2 usw. verfehlt.

7. d2—d4 ....

Auf 7. Tf1—e1 folgt am einfachsten 7. .... d7—d6 8. La4—c6‡ (oder 8. d2—d4, Lc8—d7 9. La4—c6:, Ld7—c6: 10. d4—e5:, Sf6—g4 usw.) b7—c6: 9. d2—d4, 0—0! 10. d4—e5:, Sf6—g4 mit ungefähr gleichem Spiel.

7. .... Sf6—e4:
8. d4—d5 ....

Danach erlangt Schwarz bequemes Spiel. Besser wäre daher 8. Dd1—e2 mit der Folge 8. .... f7—f5 9. d4—e5: 0—0 11. Lc1—e3, worauf jedoch Schwarz mit 11. .... d7—d6 12. Tf1—d1, Dd8—e7 usw. die Lage im Zentrum klären könnte und nicht viel zu befürchten hätte.

8. .... Sc6—e7
9. La4—c2 f7—f5
10. Sf3—e5: d7—d6
11. Se5—f3 0—0
12. c3—c4 ....

Etwas besser wäre 12. Sf3—g5, Se4—f6 13. c3—c4, h7—h6 14. Sg5—f3, doch könnte Weiß auch damit keinen Stellungsvorteil erreichen.

12. .... Se7—g6
13. Sb1—d2 Se4—f6!
14. Sd2—b3 ....

Eine mühsame Entwicklung; der Plan Sb3—d4 nebst b2—b3 und Lc1—b2 hat überdies zumindest den Mangel, daß er das Feld f4 dem Gegner überläßt.

14. .... Sg6—e5
15. Sb3—d4 ....

Um sich auf f5 schadlos zu halten, falls Schwarz den Bauer c4 schlägt.

15. .... Sf6—e4
16. b2—b3 ....

Unklar war 16. Dd1—e2, Se5—f3‡ 17. Sd4—f3:, Tf8—e8 18. Lc1—e3 usw. Der Textzug verdirbt vorläufig nichts.

16. .... Dd8—f6!
17. Lc1—b2 ....

Erst dieser Zug, welcher den Königsflügel schwächt, ist der entscheidende Fehler. Notwendig war 17. Sf3—e5:, d6—e5: 18. Sd4—e2 (Df6—h4 19. Lc1—e3), und das weiße Spiel bliebe verteidigungsfähig.

Die nun folgenden Gewinnmanöver sind recht interessant.

17. .... Se5—f3‡
18. g2—f3: Se4—g5

Mit der Doppeldrohung 19. .... Sg5—f3‡ sowie 19. .... La7—d4: usw. Weiß trifft noch den besten Verteidigungszug.

19. f3—f4 ....

Um nach 19. .... Sg5—h3† 20. Kg1—h1, Sh3—f4: 21. Dd1—d2 usw. einige Angriffsaussichten zu behalten. Aber Schwarz spielt einfacher.

19. .... La7—d4:!
20. Lb2—d4: Df6—d4:
21. f4—g5: Dd4—f4

Der Bauer g5 ist nun nicht mehr zu verteidigen, denn 22. Dd1—c1 würde wegen Df4—g4† 23. Kg1—h1, f5—f4 usw. rasch zum Verlust führen.

22. Kg1—h1 ....

Natürlich war nun das Nehmen des Bauern gut genug. Der folgende Zug ist aber unvergleichlich stärker.

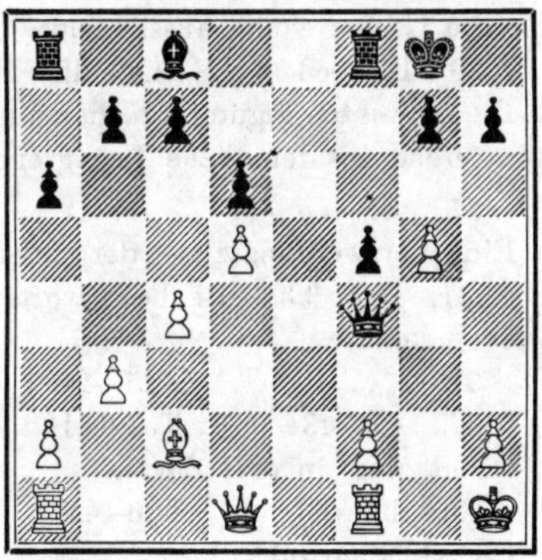

22. .... b7—b5!

Damit deckt Schwarz auch auf dem feindlichen Damenflügel arge Schwächen auf und sichert sich dadurch die Alleinherrschaft über das ganze Brett.

Aus der Schlußphase dieser Partie ist deutlich zu ersehen, daß es viel vorteilhafter ist, einen dauernden Stellungsvorteil festzuhalten als sich bei erster Gelegenheit mit einem kleinen materiellen Vorteil zu begnügen. Nach 22. .... Df4—g5:

23. f2—f4 hätte Weiß noch zähen Widerstand leisten können.

23. Dd1—d3 b5—c4:
24. b3—c4: a6—a5!

Droht 25. .... Lc8—a6 26. Lc2—b3, a5—a4 usw.

25. a2—a4 Lc8—a6
26. Lc2—b3 Ta8—b8

Droht 27. .... Tb8—b3: usw.

27. Ta1—c1 Tf8—e8

Noch immer wird der g-Bauer verschmäht.

28. Tf1—g1 Te8—e4
29. Dd3—g3 g7—g6!

Verhindert das eventuelle 30. g5—g6. Den Damentausch kann Schwarz ruhig zulassen, denn er wäre für die Gegner völlig aussichtslos.

30. Tc1—c3 Df4—d2

Die schwarzen Figuren brechen nun verheerend ins feindliche Lager ein.

31. c4—c5 ....

Ein Verzweiflungszug, der auch mit 31. .... Tb8—b4 beantwortet werden konnte.

31. .... f5—f4
32. Dg3—f3 Te4—e1!

Droht Matt in drei Zügen.

33. h2—h4 La6—e2!

Der Gnadenstoß.

34. Df3—h3 Te1—g1‡
35. Kh1—g1: Dd2—e1†
36. Kg1—h2 Tb8—e8!

Noch stärker als sofort 36. .... De1—f2‡.

37. c5—d6: c7—d6:
38. Lb3—c4 ....

Oder 38. Tc3—c7, De1—f2‡ 39. Dh3—g2, Df2—h4‡ 40. Dg2—h3, Dh4—h3‡ nebst Te8—e3† usw.

38. .... Le2—c4:

Weiß gab auf.

Nr. 6. Spanische Partie.

(Gespielt am 5. Januar 1924 zu Philadelphia.)

Weiß: W. P. Shipley und S. T. Sharp beratend.

1. e2—e4 e7—e5
2. Sg1—f3 Sb8—c6
3. Lf1—b5 a7—a6
4. Lb5—a4 Sg8—f6
5. 0—0 Lf8—c5

Diese Verteidigung verdient viel mehr Aufmerksamkeit als ihr bisher geschenkt wurde. Ihre Lebensfähigkeit wird u. a. durch diese und die vorige Beratungspartie bewiesen.

6. Sf3—e5: ....

Ein Versuch, den Läuferzug zu widerlegen, der jedoch bei richtigem Gegenspiel zu keinen besonders günstigen Wendungen führt.

Wegen 6. c2—c3 siehe vorige Partie!

6. .... Sc6—e5:
7. d2—d4 Sf6—e4:
8. Dd1—e2 ....

Auf 8. Tf1—e1 folgt ebenfalls 8. .... Lc5—e7.

8. .... Lc5—e7
9. De2—e4: Se5—g6
10. f2—f4 ....

Schwächt die Stellung und wird in der Folge widerlegt.

Solider geschah in der Partie Takács-Aljechin, Wien 1922: 10. c2—c4, 0—0 11. Sb1—c3, doch erlangte Schwarz nach 11. .... f7—f5 12. De4—f3, Sg6—h4 13. Df3—d3, b7—b5! ebenfalls ein aussichtsvolles Spiel.

10. .... 0—0
11. f4—f5 d7—d5
12. De4—d3 ....

Auf jeden anderen Damenzug folgt Sg6—h4 mit der Drohung Sh4—f5:; jetzt hingegen scheint es, daß der Springer nach h8 weichen muß, da er auf h4 nichts drohen kann und dem sofortigen Angriff g2—g3 ausgesetzt wäre.

12. .... Sg6—h4!

Trotzdem! Wollte nämlich Weiß jetzt den Springerfang durchführen, käme er in entscheidenden Nachteil, z. B. 13. g2—g3, c7—c5 (drohend c5—c4 und b7—b5) 14. d4—c5: (verhältnismäßig am besten ist wohl 14. g3—h4:) Dd8—a5! 15. La4—b3 (oder 15. Sb1—c3, d5—d4!) Le7—c5‡ 16. Kg1—h1, Sh4—f5: 17. Tf1—f5: (oder 17. Lc1—d2, Da5—b5!) Lc8—f5: 18. Dd3—f5:, Da5—e1† und gewinnt.

13. Lc1—e3 ....

Auch nach 13. c2—c3, Le7—g5! 14. Sb1—d2, Dd8—f6 usw. wäre Schwarz im Vorteil.

13. .... Le7—g5!
14. f5—f6 ....

14. g2—g4 hätte die Königsstellung geschwächt; Weiß zieht es daher vor, den Bauer zu opfern, um seinen Königsläufer ins Spiel zu bringen.

14. .... Lg5—f6:
15. c2—c3 Lf6—g5

Bereitet die folgende Abtauschkombination vor.

16. La4—c2 Lc8—f5!

Noch eine Überraschung! Nach 17. Tf1—f5:, Sh4—f5: 18. Le3—g5:, Dd8—g5: 19. Dd3—f5:, Dg5—c1† 20. Kg1—f2, g7—g6 nebst Dc1—b2: ginge der Turm a1 verloren — der folgende allgemeine Abtausch ist daher erzwungen.

17. Le3—g5: Dd8—g5:
18. Dd3—g3 Dg5—g3:
19. h2—g3: Lf5—c2:
20. g3—h4: ....

20. .... Tf8—e8

Auch das Turmendspiel nach 20. .... Lc2—b1: wäre für Schwarz auf die Dauer gewonnen, die Textfortsetzung ist jedoch besser. Dem Abtausch der Türme folgt ein typischer und lehrreicher Kampf zwischen Läufer und Springer.

21. Sb1—d2 Te8—e2
22. Tf1—f2 Ta8—e8

23. Ta1—f1 Lc2—d3
24. Tf2—e2: Te8—e2:
25. Tf1—f2 Te2—e1†
26. Kg1—h2 f7—f6

Verwehrt dem Springer das Feld e5. Überhaupt ist die Einschränkung des Springers das Leitmotiv der Gewinnführung.

27. Sd2—f3 Te1—e2
28. Tf2—e2: Ld3—e2:
29. Sf3—e1 Kg8—f7
30. Kh2—g3 Kf7—e6
31. Kg3—f4 h7—h6
32. g2—g3 g7—g5†
33. Kf4—e3 Le2—b5
34. h4—g5: h6—g5:
35. g3—g4 b7—b6

Der Läufer soll die Diagonale b1—h7 besetzen, vorerst muß aber dem Springer auch das Feld c5 genommen werden.

36. Se1—f3 Lb5—e8
37. Ke3—f2 Le8—g6
38. Sf3—d2 Lg6—c2
39. Sd2—f1 Lc2—b1
40. a2—a3 f6—f5
41. Kf2—g3 ....

Um nach f5—f4†? noch zähen Widerstand zu leisten. Aber Schwarz greift nun mit dem Läufer g4 an, erzwingt den Tausch auf f5 und schafft dadurch seinem König freie Bahn. Auf diese Weise geht die Gewinnführung ganz mühelos vonstatten.

41. .... Lb1—d3
42. Sf1—d2 Ld3—e2
43. g4—f5: Ke6—f5:
44. Kg3—f2 Le2—d1
45. Kf2—e3 ....

Nach 45. Kf2—g3, Ld1—h5 usw. ginge Weiß an Zugzwang zugrunde.

45. .... Kf5—g4
46. Sd2—f1 a6—a5!

Einfacher als 46. .... Kg4—h3, denn auf 47. Ke3—f2 müßte der schwarze König schließlich nach f4 zurückwandern.

47. Ke3—d2 Ld1—f3
48. Kd2—e3 Lf3—g2
49. Sf1—d2 Kg4—h3

Nun ist der Siegesmarsch des g-Bauern sichergestellt.

50. c3—c4 g5—g4
51. c4—d5: g4—g3
52. Sd2—c4 Lg2—d5:
53. Sc4—e5 g3—g2

Weiß gab auf.

Nr. 7. Spanische Partie.

(Aus einer Handicap-Vorstellung unter Zeitkontrolle, Basel 1925.)

Schwarz: K. Meck.

1. e2—e4 e7—e5
2. Sg1—f3 Sb8—c6
3. Lf1—b5 a7—a6
4. Lb5—a4 Sg8—f6
5. 0—0 d7—d6
6. c2—c3! Lc8—g4

Gegen 6. .... Lc8—d7 ist die von Bogoljubow in unserer 20. Wettpartie angewandte Spielweise 7. d2—d4, Lf8—e7 8. d4—d5, Sc6—b8 9. La4—c2 nebst c3—c4 usw. recht beachtenswert. Allerdings ist auch der Fesselungszug im Text wenig aussichtsvoll, da sich Schwarz schon nach wenigen plausiblen Zügen zum Abtausch seines Damenläufers entschließen muß. Der Zug 5. .... d7—d6 ist eben nicht ganz vollwertig.

7. d2—d4 b7—b5
8. La4—b3 Lf8—e7

9. Lc1—e3	0—0
10. Sb1—d2	....

Man beachte, daß sich Weiß den sonst unumgänglichen, aber für die Formation eines Königsangriffs nicht zweckdienlichen Deckungszug Tf1—e1 hier erspart hat.

10.	Sc6—a5
11. Lb3—c2	c7—c5
12. h2—h3!	....

Mit Rücksicht auf den Bauer e5 ist der folgende Abtausch auf f3 erzwungen. Schwarz wird es nun auf die Dauer kaum vermeiden können, daß sich der Gegner die so wichtige f-Linie öffnet.

12.	Lg4—f3:
13. Dd1—f3:	Sf6—d7
14. Ta1—d1	Dd8—c7
15. Lc2—b1	....

Es drohte 15. .... c5—d4:.

15.	Ta8—d8
16. Df3—g3	Tf8—e8

Etwas besser als dieses passive Verhalten war 16. .... c5—d4: 17. c3—d4:, Sa5—c4 18. Sd2—c4:, b5—c4: usw. Weiß stünde dann zwar ebenfalls vorzüglich, für die Verteidigung wäre es aber angesichts des zu erwartenden Angriffs auf der f-Linie ratsamer gewesen, den Königsturm vorerst auf f8 zu belassen.

17. f2—f4	Sa5—c6
18. f4—e5:	d6—e5:
19. d4—d5	Sc6—a5
20. Sd2—f3	....

Vom technischen Standpunkt war 20. b2—b3 sachgemäßer. Der Stellungsdruck gegen den feindlichen Königsflügel hätte dann in Verbindung mit dem Freibauern langsam, aber sicher die Entscheidung herbeigeführt. Nach dem Textzug hingegen wird Weiß zum Kombinieren gezwungen.

20.	Sa5—c4
21. Le3—h6	g7—g6

Auch nach 21. .... Le7—f8 22. Sf3—g5, Sc4—d6 23. Tf1—f2 nebst Td1—f1 usw. war diese Schwächung der Königsstellung nicht zu vermeiden.

22. Tf1—f2	Le7—f8
23. Dg3—h4	Lf8—e7

Danach wird der weiße Angriff unwiderstehlich. Notwendig war 23. .... f7—f6, wonach zwar Weiß beginnend mit 24. Sf3—h2 einen konzentrischen Druck gegen den Punkt f6 eingerichtet hätte, der Nachziehende aber doch nicht ohne Verteidigungsmittel geblieben wäre. Damit wäre u. a. auch das Unsachgemäße des 20. Zuges von Weiß bewiesen worden.

24. Sf3—g5!	Sc4—d6
25. Td1—f1	Le7—g5:

Eine trostlose Notwendigkeit!

26. Lh6—g5:	Td8—c8

27. Tf2—f7:!	....

Sieht naheliegend aus, erforderte aber eine genaue Berechnung, da ja Schwarz den zweiten Turm nicht nehmen muß! Die folgende Gewinnführung ist zwingend.

27. .... Sd6—f7:
28. Tf1—f7: h7—h5

Die einzige Möglichkeit, der unmittelbaren Mattgefahr zu begegnen; der schwarze Königsflügel bleibt jedoch unheilbar schwach, und darauf hatte Weiß bei seinem Qualitätsopfer gebaut.

29. Tf7—f3 Te8—f8

Auf 29. .... Sd7—f8 folgt das Manöver Lb1—c2—d1 nebst Tf3—f6 und g2—g4, und die weißen Figuren dringen widerstandslos in das feindliche Lager ein.

30. Tf3—g3 ....

Droht 31. Lg5—e7 usw.

30. .... Tf8—f7
31. Lg5—e7 Kg8—h7
32. Lb1—d3 c5—c4
33. Ld3—e2 Dc7—b6†
34. Kg1—h2 Sd7—f6

Die letzten Züge des Nachziehenden bildeten, wie leicht ersichtlich, die einzige Verteidigungsmöglichkeit.

35. d5—d6 Tf7—e7:

Oder 35. .... Db6—f2 36. Le2—f3 usw.

36. Dh4—f6:! ....

Unvergleichlich energischer als das einfache 36. d6—e7:.

36. .... Te7—g7
37. Le2—h5: ....

Führt zum Matt, während 37. d6—d7 „nur“ einen Turm gewonnen hätte.

37. .... Tc8—g8
38. Df6—h4! g6—g5
39. Lh5—g6†† nebst Matt in zwei Zügen.

II. Kapitel.

Blindpartien.

Vom Blindschach habe ich das erstemal als neunjähriger Junge gehört. Damals hatte Pillsbury meine Heimatstadt Moskau besucht und gab hier eine Blindvorstellung auf 22 Brettern. Ich selbst hatte damals im Schachklub noch keinen Zutritt, aber mein älterer Bruder hatte an dieser Vorstellung teilgenommen und ein Remis erzielt. Pillsburys Leistung wirkte auf mich wie ein Wunder, und dies war übrigens auch die Empfindung der gesamten Schachwelt.

Im Alter von etwa 12 Jahren begann ich selbst das Blindspiel zu versuchen. Wegen meiner Jugend durfte ich auch damals noch nicht in Schachkreisen verkehren, beteiligte mich aber dafür um so eifriger an Fernturnieren. Da gab es viel zu analysieren, und ich besorgte dies zum Teil in der Schule. Hier durfte ich natürlich kein Schachbrett benützen, deshalb zeichnete ich mir die betreffenden Stellungen auf und spann die Analysen im Kopf weiter. Dabei überzeugte ich mich bald, daß ich eigentlich das Schachbrett ganz gut entbehren könne.

Als 16jähriger hatte ich die russische Meisterschaft im St. Petersburger Nationalturnier erkämpft. Damals bereiteten mir vier bis fünf gleichzeitig gespielte Blindpartien keine Schwierigkeiten mehr. Ich habe jedoch meine Fähigkeiten in dieser Richtung nicht weiter entwickelt und befaßte mich lediglich mit meiner schachkünstlerischen Ausbildung.

Der erste Anreiz, mich in das Blindspiel zu vertiefen, kam mit dem internationalen Turnier von Mannheim 1914. Dieses Turnier wurde bekanntlich in den ersten Kriegstagen abgebrochen, und ich wurde gemeinsam mit einigen anderen Kongreßteilnehmern russischer Nationalität in Rastatt interniert. Da waren Bogoljubow, Romanowsky, Selesniew, Bogatyrtschuk, Elias, Rabinowitsch, Wainstein und andere. Nichts lag näher, als sich die freie Zeit mit dem Schachspiel zu vertreiben. Da wir jedoch keine Schachbretter zur Verfügung hatten, mußten wir zum Gedächtnisspiel greifen. Ich habe auf diese Art namentlich mit Bogoljubow viele Partien gewechselt — einige von diesen wurden später auch veröffentlicht.

Ende 1914 konnte ich nach Rußland zurückkehren und gab hier im Laufe der Zeit einige Blindvorstellungen zu wohltätigen Zwecken.

Im Jahre 1916 kam ich als Angehöriger des Roten Kreuzes an die galizische Front und erlitt hier eine schwere Rückenquetschung. Monatelang war ich im Spital zu Tarnopol regungslos an das Bett gefesselt. Damals empfand ich das Blindspiel als eine Wohltat. Auf meinen Wunsch besuchten mich öfters verschiedene einheimische Spieler, und ich hatte Gelegenheit, eine Anzahl kleinerer Blindvorstellungen zu geben. Aus einer dieser Vorstellungen stammt auch eine meiner bekanntesten Blindpartien, und zwar die gegen Feldt.

Während der russischen Revolutionszeit hatte ich zum Blindspiel keinerlei Gelegenheit, als ich aber im Jahre 1921 Rußland verließ, wollte ich meine Fähigkeiten wieder auf die Probe stellen. Obwohl ich bisher nie mehr als acht Blindpartien gespielt hatte, ging ich gleich einen Schritt weiter und spielte in Paris gleichzeitig zwölf Partien. Die Sache ging überraschend leicht, und so kam es, daß ich 2 Jahre später zum erstenmal eine Rekordvorstellung wagen konnte. Das geschah anläßlich meiner ersten Amerikareise im Jahre 1923. Ich hatte auch Kanada besucht und trat in Montreal gegen 21 Gegner an. Das bedeutete den amerikanischen Rekord, denn Pillsbury hatte in seiner Heimat nur 20 Blindpartien gleichzeitig gespielt. Mein Versuch glückte, ich erzielte aus den 21 Partien ungefähr 80 Prozent und kam dadurch noch während meines Aufenthaltes in Amerika auf die Idee, den Weltrekord in Angriff zu nehmen. Dieser wurde damals von dem inzwischen verstorbenen ungarischen Meister Breyer mit 25 Partien gehalten. Nach Absolvierung des New-Yorker Großturniers von 1924 nahm ich mir 3 Tage Zeit zur Erholung und trat dann im Alamac Hotel zu New-York, wo auch das genannte Turnier stattgefunden hatte, gegen 26 Spieler an. Die Veranstaltung war nach amerikanischer Sitte trefflich organisiert, es überraschte mich jedoch, daß man mir eine ungewöhnlich starke Mannschaft gegenüberstellte, worauf ich keineswegs vorbereitet war. Es genügt zu sagen, daß die ersten elf Bretter durch erstklassige Amateure besetzt waren, darunter die Vorkämpfer des Manhattan und des Marshall Cheß-Clubs. Von den jetzt international bekannten Namen seien nur Kashdan, Hermann Steiner und der in dem jüngst beendeten New-Yorker Turnier hinter Capablanca und Kashdan placierte Kevitz erwähnt. Demnach war für mich das Ereignis von 16 Siegen, 5 Remis und 5 Niederlagen sehr befriedigend. Ein Jahr später ging ich jedoch daran, meinen eigenen Rekord zu schlagen. Ich spielte am 1. Februar 1925 in Paris gleichzeitig 28 Blindpartien und erreichte einen wesentlich höheren Prozentsatz als in New-York, indem ich 23 Partien gewann, 3 mal Remis erzielte und 2 verlor. Zur Steuer der Wahrheit muß ich allerdings bemerken, daß meine Pariser Gegnerschaft schwächer war als die New-Yorker, wenngleich auch einige angesehene Spieler gegen mich kämpften, wie z. B. der nunmehr verstorbene russische Meisterspieler Potemkin sowie die französischen Meister Götz und Betbeder.

Gleich nach meiner Pariser Vorstellung unternahm Réti zu São Paolo in Brasilien den Versuch, meinen Rekord mit 29 Partien zu überbieten. Er erzielte 20 Siege, 7 Remis und 2 Niederlagen. Wie er aber sofort nach der Vorstellung ritterlich bemerkte, war sein Versuch als mißlungen anzusehen, denn der erreichte Prozentsatz blieb hinter dem meinigen zurück. Das widersprach den Rekordbedingungen, welche Réti mit mir ein Jahr vorher in New-York festgelegt hatte. Wie Réti selbst hervorhob, kann bei gleicher oder höherer Partienzahl nur der erreichte Prozentsatz als Wertmesser gelten.

Was den künstlerischen Wert des Blindspiels anbelangt, so ist dieser im Vergleich zu der sportlichen Bedeutung eigentlich gering. Aus der Beobachtung meiner sowie der Spielweise anderer Meister habe ich festgestellt, daß der Blindspieler nicht nur im allgemeinen schwächer spielt als der Sehende, sondern daß auch Denkweise und Stil eine auffallende Veränderung erfahren. So z. B. würde ich dem Stil nach viele meiner Blindpartien nicht erkennen, und kann mir nicht vorstellen, daß ich als Sehender ebenso gespielt hätte. Wohl mag es eine Rolle spielen, daß der Blindspieler nicht an den Gedanken gewöhnt ist, bei derartigen Gelegenheiten schachliche Bestleistungen zu bieten, stehen doch die mnemotechnische Kunstfertigkeit des Meisters sowie der Propagandawert derartiger Vorstellungen im Vordergrund; aber die Hauptursache für die geringere Kraft des Blindspielers liegt eben in der natürlichen Begrenzung der menschlichen Leistungsfähigkeit. Auch der begabteste Fachmann wird bei einer großen Anzahl von Blindpartien Gedächtnisfehler begehen. Das lehrt mich nicht nur die eigene Erfahrung, sondern das Studium der Partien fremder Meister. Morphy wurde seinerzeit viel bewundert, als er in London gleichzeitig acht Blindpartien spielte, beim Nachspielen zeigt sich aber, daß diese Partien auffallend viele Fehler aufweisen. Pillsbury war einer der größten Blindspieler aller Zeiten, hielt viele Jahre mit 22 Partien den Weltrekord und unternahm es auch einmal — in Hannover 1902 — gleichzeitig gegen 21 Spieler von Hauptturnierstärke zu kämpfen. Er hat diese Vorstellung auch zu Ende geführt, aber das Ergebnis zeigte, daß das Unternehmen seine Kräfte überstieg, denn er konnte bloß drei Partien gewinnen, erzielte 11 mal Remis und verlor 7. Ich habe von dem Schachkünstler Pillsbury die denkbar beste Meinung, habe aber auch gerade deshalb erkannt, um wieviel schwächer er blindlings als sehend spielte. Auch unter den modernen Meistern gibt es einige gute Blindspieler, doch gibt es nur sehr wenige veröffentlichte Blindpartien. Offenbar haben die Meister selbst erkannt, daß ihre Blindpartien in künstlerischer Beziehung nicht sehr hoch stehen. Von allen modernen Meistern, die ich beim Blindspiel zu beobachten Gelegenheit hatte, gefiel mir Sämisch am besten; seine große Technik, seine Schnelligkeit und Sicherheit haben mir imponiert.

Auch die Partien, die der Leser in diesem Kapitel finden wird, sind nicht frei von den typischen Denkfehlern des Blindspielers. Nach bereits erlangter Gewinnstellung tritt ein merkwürdiges Nachlassen der Spannkraft ein, selten wird der schnellste Gewinnweg eingeschlagen, meistens der ästhetische Eindruck gestört, da die Ausnützung eines bereits erlangten Vorteils keineswegs eine tadellose ist.

Man hat mich häufig gefragt, wie ich eigentlich imstande wäre, eine derart große Anzahl von Blindpartien zu spielen. Ich glaube, daß es sich um eine angeborene Gedächtnisschärfe handelt, die durch gründliche Kenntnis des Schachbrettes und ein tiefes Eindringen in das Wesen des Schachspiels in die entsprechenden Bahnen gelenkt wurde. Weiter spielt auch die sogenannte Eröffnungs- bzw. Endspieltechnik eine große Rolle. Irgendwelche mnemotechnischen Schemata habe ich niemals benützt. Wenn aber das breite Publikum glaubt, die wesentlichste Schwierigkeit bestünde darin, sich immer die betreffenden Stellungen zu merken, so denkt es nicht daran, daß der Blindspieler eine zweite, noch viel größere Schwierigkeit zu überwinden hat, nämlich blindlings zu kämpfen, blindlings in jeder Position ungefähr den besten Zug zu finden! Dies ist sehr wichtig, um einzelne Partien rasch zu beenden und dadurch die Gesamtzahl zu kürzen. Knapp vor jeder größeren Vorstellung entwerfe ich rasch einen einfachen Plan, indem ich die Gesamtzahl der Bretter in Eröffnungsgruppen einteile. Dies kann ganz willkürlich geschehen. Anläßlich meiner New-Yorker Rekordvorstellung habe ich mir die 26 Bretter in der Weise eingeteilt, daß ich zunächst 6 Partien mit dem Damenbauer, dann 6 mit dem Königsbauer, dann wieder 6 mit dem Damenbauer und 6 mit dem Königsbauer und schließlich die 2 letzten mit dem Damenläuferbauer eröffnete. Beim Aufrufen der einzelnen Brettnummern muß man sich dann im Laufe des Spiels nur an die betreffende Eröffnung erinnern, erinnert sich auf diese Weise an die verschiedenen Pläne, Drohungen und Paraden, erinnert sich an die Stellung und an den letzten Zug und kann sodann weiter kombinieren. Die größten Anforderungen an das Gedächtnis stellt die Eröffnungsphase, denn solange die einzelnen Partien noch keinen bestimmten Charakter haben, findet das Erinnerungsvermögen nur geringe Anhaltspunkte. Der weitaus größte

Teil einer derartigen Produktion wird mit dem sogenannten logischen Gedächtnis bewältigt, das heißt, der Spieler läßt nicht etwa das ganze Brett mit seinen weißen und schwarzen Feldern, seinen weißen und schwarzen Figuren vor dem geistigen Auge auftauchen — wie übrigens die meisten Laien glauben —, sondern er erinnert sich bloß wie an einen Freund, ein Buch oder irgendeinen Gegenstand. So spiele ich und so spielen meines Wissens auch alle anderen bekannten Blindspieler. Das visuelle Gedächtnis, also die Vorstellungskraft wird nur dann zu Hilfe genommen, wenn es gilt, eine Stellung in einem besonders kritischen Moment zu überprüfen, einen eventuellen Irrtum aufzuklären oder dergleichen. Im Notfalle muß der Blindspieler auch in der Lage sein, eine Stellung entweder für sich oder laut nochmals Zug um Zug zu rekonstruieren, je nachdem, ob es gilt, einen eigenen oder einen gegnerischen, etwa durch einen Hörfehler hervorgerufenen Zweifel zu beseitigen. Natürlich kommt diese letztere Prüfung nur in seltenen Ausnahmefällen in Frage, da sie sehr zeitraubend ist. Über den Wert des Blindspiels im allgemeinen herrschen geteilte Ansichten. In Amerika z. B. wird es sehr hoch geschätzt, wogegen es in Sowjetrußland sogar gesetzlich verboten ist, da man es in künstlerischer Beziehung für unnütz, in gesundheitlicher Hinsicht aber für schädlich hält. Ich selbst bin — obwohl gegenwärtig Rekordinhaber — kein besonders warmer Anhänger dieser Richtung und schätze das Blindspiel nur als Propagandamittel. Möge es dem Schachspiel zu jener Verbreitung und jener sozialen Wertschätzung verhelfen, die es wohl verdient, aber nicht überall genießt!

Vom rein wissenschaftlichen Standpunkt harrt das Blindschach noch seiner näheren Erfassung. Bekannt ist die Abhandlung von Binet, welche aber schon 40 Jahre alt ist und in ihren Schlußfolgerungen einen Mangel an Fachkenntnissen verrät. Der deutsche Altmeister Mieses hat einmal eine Broschüre über das Blindspiel veröffentlicht, die aber nur persönliche Erfahrungen wiedergibt, daher wohl als Material für wissenschaftliche Forschung dienen kann, aber keinerlei selbständige wissenschaftliche Bedeutung besitzt. Die moderne Forschung hat hier noch ein interessantes Gebiet vor sich.

Nr. 8. Abgelehntes Damengambit.

(Aus einer Blindvorstellung auf 21 Brettern in Montreal, November 1923.)

Schwarz: J. Sawyer.

1. d2—d4 d7—d5
2. c2—c4 c7—c6
3. Sg1—f3 Sg8—f6
4. Sb1—c3 d5—c4:
5. e2—e3 ....

Heutzutage gilt 5. a2—a4 als weit aussichtsvoller.

5. .... b7—b5
6. a2—a4 b5—b4
7. Sc3—a2 e7—e6
8. Lf1—c4: Lf8—e7

9. 0—0 0—0
10. Dd1—e2 a7—a5

Die Partie deckte sich bisher mit meiner gegen Dr. Tarrasch aus Hastings (siehe „Meine besten Partien“ Nr. 71); in dieser geschah 10. .... Lc8—b7, doch bildet die Zugumstellung keinen wesentlichen Unterschied. Da es Schwarz versäumt hatte, sich der Schwäche c6 durch 8. .... Sb8—d7 nebst c6—c5 rechtzeitig zu entledigen, wird ihm dieser organische Stellungsmangel ebenso wie in der erwähnten Partie zum Verhängnis.

11. e3—e4 Sb8—d7

Auf 11. .... c6—c5 wäre nun sowohl 12. Tf1—d1 als auch das einfache 12. d4—c5: für den Anziehenden günstig.

12. Lc1—g5 Tf8—e8
13. Sa2—c1 Lc8—b7

Da Schwarz diesen Läufer zwei Züge später doch auf a6 zum Abtausch stellt, konnte er mit 13. .... Dd8—b6 nebst Lc8—a6 ein Tempo ersparen. Allerdings kommt es in dieser Lage, wo der einzig mögliche Befreiungsversuch c6—c5 nur zu einer für Weiß vorteilhaften Linienöffnung führen muß, auf ein Tempo mehr oder weniger nicht mehr an.

14. Sc1—b3 Dd8—b6
15. Ta1—c1 Lb7—a6
16. Tf1—d1 La6—c4:
17. Tc1—c4: h7—h6
18. Lg5—e3 Db6—b7

Natürlich nicht 18. .... Sf6—e4: 19. d4—d5 usw.

19. De2—c2 Ta8—a6

Auf 19. .... Te8—c8, womit die Abwicklung 20. .... Sd7—b6 usw. drohen würde, steht dem Anziehenden die starke Antwort 20. Sf3—e5 zur Verfügung. Falls dann 20. .... Sd7—b6, so 21. Tc4—c6:, Sb6—a4: (Tc8—c6: 22. Se5—c6: ±) 22. Sb3—a5: usw.

20. Td1—c1 Te8—c8

21. h2—h3 ....

Da Schwarz nun völlig gebunden steht, beginnt Weiß mit einer Umgruppierung, welche einen dreifachen Zweck verfolgt: 1. Abtausch des zum Gewinn überflüssigen Materials, zunächst eines Springers; 2. Befestigung des wunden Punktes a4 durch b2—b3, wodurch dem Gegner die Möglichkeit genommen wird, sich gelegentlich, mit Sd7—b6 beginnend, durch Abtausch des Bauern c6 gegen a4 Erleichterung zu schaffen; 3. allmähliche Bedrohung des feindlichen Königsflügels, wodurch Schwarz schließlich gezwungen wird, die Deckung von c6 aufzugeben. — Die folgerichtige Durchführung eines solchen Planes, welche am Brett für den Meister nur Handwerksarbeit bedeutet, ist wohl im Laufe einer großen Blindvorstellung weit höher einzuschätzen als eine scharfe Gewinnkombination.

21. .... Le7—f8
22. Le3—f4 Lf8—e7

Verlegenheit!

23. Sf3—e5 Sd7—e5:
24. Lf4—e5: Sf6—d7
25. Le5—f4 Sd7—f6
26. Dc2—e2 Db7—a8
27. De2—f3 Sf6—d7
28. e4—e5! ....

Im richtigen Augenblick, da nun der schwarze Springer das Feld d5 nur über die Leiche des Bauern c6 erreichen kann.

28. .... Da8—b7
29. Sb3—d2 Db7—a8
30. Sd2—e4 Da8—b7

Die Züge von Schwarz wirken wohl etwas eintönig — aber was tun? 30. .... Sd7—b6 wäre ja noch immer wegen 31. Tc4—c6: ungenügend, z. B. 31. .... Tc8—c6: 32. Tc1—c6:, Sb6—a4: 33. Tc6—c7, Da8—d8 (oder 33. .... Le7—d8 34. Lf4—h6:!, Ld8—c7: 35. Df3—g4 usw. mit gewinnendem Angriff) 34. Tc7—b7 usw. ±.

31. b2—b3 Db7—a8
32. g2—g4! ....

Nach glücklich durchgeführter Zentralisierung folgt nun das seit langem geplante Vorgehen am Königsflügel, welches in wenigen Zügen die Entscheidung bringt.

32. .... Tc8—f8

Ein versöhnendes Opferangebot, welches im Falle von 33. Tc4—c6:, Ta6—c6: 24. Tc1—c6:, Tf8—c8 usw. mit einigen Hoffnungen in Verbindung mit der offenen c-Linie verknüpft ist. Weiß spielt aber aufs Ganze.

33. g4—g5! h6—g5:
34. Lf4—g5: f7—f6

Nach weiterem Tausch auf g5 würde es auf h7 bzw. f7 platzen. Nach dem Textzuge entsteht aber noch eine Schwäche auf e6.

35. e5—f6: Da8—e8

Da 35. .... Sd7—f6: 36. Lg5—f6:, Le7—f6: 37. Se4—f6‡, Tf8—f6: 38. Df3—e4 usw. zu einem trostlosen Endspiel führen würde, versucht es Schwarz noch mit einem kleinen Bluff, dessen Mißlingen allerdings nur den Endkampf verkürzt.

36. Tc4—c6:! Ta6—c6:
37. Tc1—c6: Le7—f6:

Die vorgespiegelte „Drohung“ 37. .... Sd7—e5 war nämlich keine: 38. d4—e5:, De8—c6: 39. f6—f7†!, Tf8—f7: 40. Se4—f6† und gewinnt.

38. Se4—f6‡ Sd7—f6:
39. Lg5—f6: De8—g6†

Oder 39. .... Tf8—f6: 40. Df3—e4 usw. mit Gewinnvorteil.

40. Df3—g4! Dg6—b1†
41. Kg1—g2 Tf8—f6:

42.	Tc6—e6:	Db1—f5
43.	Dg4—f5:	Tf6—f5:
44.	Te6—e5	Tf5—f4
45.	Te5—a5:	Tf4—d4:
46.	Ta5—b5	Aufgegeben.

Nr. 9. Abgelehntes Damengambit.

(Gespielt in New-York 1924, anläßlich einer Blindvorstellung gegen zehn Spieler erster Klasse.)

Schwarz: M. Shapiro.

1.	d2—d4	d7—d5
2.	c2—c4	e7—e6
3.	Sb1—c3	Sg8—f6
4.	Lc1—g5	Lf8—e7
5.	e2—e3	Sb8—d7
6.	Sg1—f3	0—0
7.	Ta1—c1	b7—b6

Dieser veraltete Zug dürfte bald, von der Theorie mit einem Fragezeichen geschmückt, aus der Praxis völlig verschwinden. Schwarz kann bei dieser Entwicklungsweise niemals auf einen wirklichen Ausgleich rechnen.

8.	c4—d5:	e6—d5:
9.	Lf1—b5	....

Dieser Zug wurde von Capablanca in die moderne Meisterpraxis eingeführt (gegen Teichmann, Berlin 1913) und ist recht gut.

9.	....	Lc8—b7
10.	0—0	a7—a6
11.	Lb5—a4	c7—c5

Vorsichtiger als dieses Öffnen der Karten wäre zunächst 11. .... Ta8—c8. Aber auch der Textzug kompromittiert noch nicht die schwarze Stellung.

12. d4—c5: b6—c5:?

Erst das ist schlecht! Nötig war 12. .... Sd7—c5:, um als Ersatz für den isolierten Damenbauer ein Spiel auf den offenen Linien anzustreben. Nun erlangt Weiß rasch eine Gewinnstellung.

13.	La4—d7:!	Dd8—d7:
14.	Sc3—a4!	Dd7—b5

Die einzige Möglichkeit, Qualitäts- oder Bauernverlust zu vermeiden — allerdings auf Kosten einer fatalen Schwächung der Königsstellung.

15. Lg5—f6: g7—f6:

Ebenso hoffnungslos wäre 15. .... Le7—f6: 16. Tc1—c5: usw.

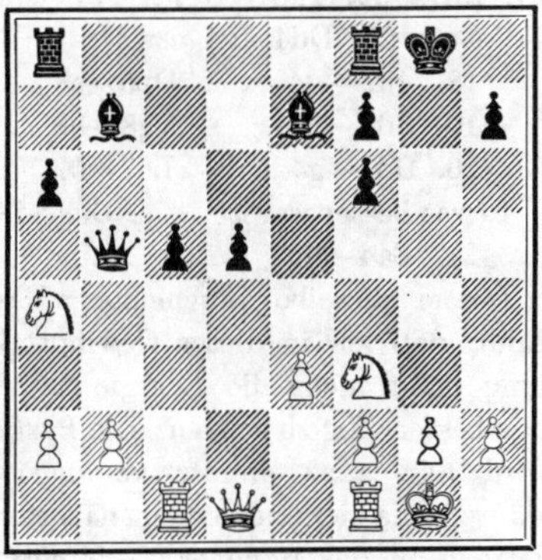

16. b2—b4! ....

Das Hauptverdienst an diesem Zuge besteht in der richtigen Erwägung, daß Schwarz gegen das anscheinend sehr energische 16. Sf3—h4 zwar nur eine einzige, aber ausreichende Parade zur Verfügung hätte; er würde nämlich nach 16. .... Lb7—c8 17. Dd1—d5:, Lc8—e6 usw. viel besser davonkommen als in der Partie.

16. .... Tf8—c8

Ganz hoffnungslos wäre 16. .... c5—b4: wegen 17. Sf3—d4, Db5—e8 18. Tc1—c7, Lb7—c8 19. Sa4—b6, Ta8—b8 20. Sb6—c8:, Tb8—c8:,

21. Sd4—f5 usw. Schwarz konnte aber 16. .... c5—c4 versuchen. Danach war der Gewinn für Weiß nur auf folgende Art zu erzwingen: 17. Sf3—d4, Db5—e8 18. e3—e4!, d5—e4: 19. Tc1—c3, Le7—b4: 20. Dd1—g4† Kg8—h8 21. Tc3—h3, Tf8—g8 (21. .... Lb7—c8 22. Sd4—f5! usw.) 22. Th3—h7‡ nebst Matt in vier Zügen.

17. b4—c5: Ta8—b8

Auf 17. .... Le7—c5: könnte folgen: 18. Sa4—c5:, Tc8—c5: 19. Sf3—d4, Db5—b6 20. Sd4—f5, Kg8—h8 21. Dd1—d4, Ta8—c8 22. Tc1—c5:, Tc8—c5: 23. Dd4—g4 usw.

18. Sf3—d4 Db5—e8
19. Sd4—f5 Kg8—h8
20. Dd1—g4 Le7—f8

Etwas besser war 20. .... De8—f8.

21. Sa4—b6 ....

Immer dieselbe Geschichte! Man fühlt, daß ich in dieser Gewinnstellung nicht mehr die Energie hatte, den besten Zug zu suchen. Die Partie wird nun ganz unnütz verlängert, während sie hier und auch im nächsten Zuge durch das Manöver f2—f4 nebst Tf1—f3—g3 (falls d5—d4, so e3—d4: nebst Tc1—c3—g3) sehr rasch beendet werden konnte. Solche Unterlassungen sind für das Spiel ohne Brett charakteristisch.

21. .... Tc8—c6

Wahrscheinlich nur, um den „blinden" Gegner zu verwirren. Sonst hätte Schwarz wohl 21. .... Tc8—c7 gezogen. Für das vorhin angegebene Schlußmanöver f2—f4 usw. wäre allerdings dieser letztere Zug bedeutungslos gewesen.

22. Sb6—d5: ....

Mit der mörderischen Drohung 23. Sd5—e7.

22. .... Tc6—e6
23. c5—c6 ....

Oder 23. Sd5—c7, Te6—e4 24. Sc7—e8:, Te4—g4: 25. c5—c6, Lb7—c6: 26. Tc1—c6:, Tb8—e8: 27. Tc6—a6: usw. Mit dem Textzuge will Weiß unter Zugumstellung dieselbe Variante erzwingen.

23. .... Lb7—c8

Schwarz hofft auf ein Wunder.

24. Sd5—c7 Te6—e4
25. Sc7—e8: Te4—g4:
26. c6—c7 Tb8—b6
27. f2—f3 Tg4—b4
28. e3—e4 h7—h5
29. Tf1—d1 Tb4—a4
30. Se8—d6 Ta4—a2:
31. Sd6—c8: Tb6—b2

Die letzte Hoffnung!

32. Sf5—h4 Aufgegeben.

Nr. 10. Abgelehntes Damengambit.

(Aus einer Simultanvorstellung gegen 10 Spieler erster Klasse in New-York, Januar 1924.)

Schwarz: H. Phillips.

1. d2—d4 d7—d5
2. c2—c4 e7—e6
3. Sb1—c3 Sg8—f6
4. Lc1—g5 Lf8—e7
5. e2—e3 0—0
6. Sg1—f3 c7—c6

Zu diesem Zuge liegt bekanntlich erst dann Veranlassung vor, wenn Ta1—c1 geschehen ist und keine Hoffnung mehr besteht, c7—c5 durchzusetzen. Richtig ist nur 6. .... Sb8—d7.

7. Lf1—d3! Sb8—d7
8. 0—0 d5—c4:
9. Ld3—c4: Sf6—d5
10. Sc3—e4 ....

Da Weiß bereits rochiert hat, ist

dieser Zug korrekt. Andernfalls wäre, wie ich schon in „Meinen besten Partien“ nachgewiesen habe, der vorherige Abtausch auf e7 nötig.

10. .... h7—h6
11. Lg5—e7: Dd8—e7:
12. Se4—g3 Tf8—d8
13. Ta1—c1 ....

Um b7—b6, wofür sich Schwarz im vorigen Zuge entscheiden konnte, nunmehr zu erschweren. Es würde nämlich 14. Lc4—d5:, c6—d5: 15. Dd1—a4! usw. ± folgen; vergleiche meine Partie gegen Dr. Vajda aus dem Turnier zu Portsmouth 1923 (siehe „Meine besten Partien“ Nr. 87).

13. .... e6—e5

Jedenfalls ein heroischer Entschluß, sich aus der gedrückten Stellung zu befreien. Auf 14. d4—e5: würde nun nicht 14. .... Sd7—e5: wegen 15. Sf3—e5:, De7—e5: 16. e3—e4 usw., sondern 14. .... Sd7—b6 15. Lc4—d5:, Td8—d5: nebst Lc8—g4 folgen.

14. e3—e4 ....

Gut und einfach wäre auch 14. Lc4 d5:, c6—d5: 15. d4—e5:, Sd7—e5: 16. Sf3—e5:, De7—e5: 17. Dd1—d4 und Weiß behält einen kleinen, aber klaren Vorteil — gleichgültig, ob der Gegner die Damen tauscht oder nicht.

14. .... Sd5—b6

Auf 14. .... Sd5—f4 folgt 15. Sg3—f5, De7—f6 16. Sf3—e5:, Sd7—e5: 17. d4—e5:, Df6—g5 (oder 17. .... Td8—d1: 18. e5—f6:, Td1—f1‡ 19. Kg1—f1:, g7—f6: 20. g2—g3, Sf4—h5 21. Tc1—d1 ±) 18. Dd1—f3, Lc8—f5: 19. e4—f5:, Dg5—f5: 20. Tf1—e1 ±.

15. Sg3—f5! ....

Die Einleitung zu der folgenden Kombination.

15. .... De7—f6

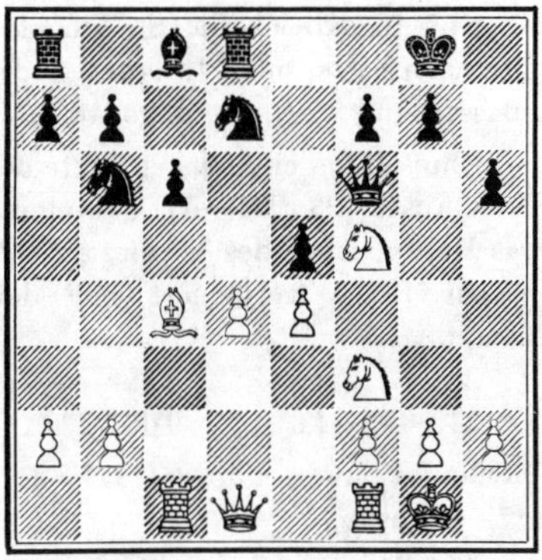

16. Lc4—f7‡! ...

Eine interessante Idee, nicht nur für eine Blindsimultanpartie. Falls jetzt 16. ... Df6—f7:, so einfach 17. d4—e5: und fast alle schwarzen Figuren sind patt. Beispielsweise könnte folgen: 17. .... Td8—f8 18. Dd1—d6!, Sb6—c4 19. Sf5—h6‡, g7—h6: 20. Tc1—c4:, Df7—c4: 21. Dd6—g6†, Kg8—h8 22. Dg6—h6‡, Kh8—g8 23. Dh6—g6†, Kg8—h8 24. Sf3—g5 und gewinnt. Schwarz entscheidet sich daher, den Bauer aufzugeben, um wenigstens die unmittelbare Gefahr zu bannen.

16. .... Kg8—f7:
17. d4—e5: Sd7—e5:

Es ist klar, daß ein Damenrückzug ganz hoffnungslos wäre.

18. Sf3—e5‡ Kf7—g8
19. Se5—g4! ....

Nur auf diese Weise kann Weiß seinen materiellen Vorteil festhalten.

19 .... Df6—f8
20. Dd1—b3† Kg8—h7
21. Sg4—e3 Lc8—f5:
22. Se3—f5: Td8—d7
23. Tc1—c3 ....

Ebenso wie in einer Reihe anderer Partien beginnt auch hier von dem

Moment an, wo ich die Stellung für gewonnen halte, mein Interesse nachzulassen und ich spiele ungenau.

Technisch am einfachsten hätte der Turmtausch (23. Tf1—d1) gewonnen. Das Herumziehen des Turmes auf der dritten Reihe verlängert nur den Kampf.

23. .... Ta8—e8
24. Tc3—f3 Td7—f7

Schwarz lauert auf 25. Tf1—e1?, Tf7—f5: usw.

25. Tf3—e3 Tf7—d7
26. h2—h3 Df8—c5
27. Tf1—d1 ....

Ohne Turmtausch geht es doch nicht.

27. .... Te8—d8
28. Td1—d7: Td8—d7:
29. Db3—e6 Dc5—c4

Falls 29. .... Dc5—c1† 30. Kg1—h2, Dc1—b2:, so 31. Sf5—e7 usw.

30. De6—e8! Dc4—f7

Wenn die schwarze Dame auf Bauernraub ausgeht, folgt Te3—g3 mit vernichtendem Angriff.

31. De8—b8 Sb6—c4
32. Te3—g3 Df7—f6
33. Db8—e8 Td7—c7
34. Kg1—h2 Df6—b2:?

Verliert sofort. Dagegen hätte 34. .... Sc4—b2: noch hartnäckigen Widerstand ermöglicht, da sowohl 35. Sf5—h6:, Df6—h6: 36. De8—e5, Tc7—f7 37. De5—b2:, Dh6—f4! als auch 35. De8—b8, Tc7—f7 36. Db8—a7:, g7—g6 zu keinem klaren Gewinn für Weiß geführt hätte. Ich hatte eben den technischen Teil der Partie etwas oberflächlich behandelt.

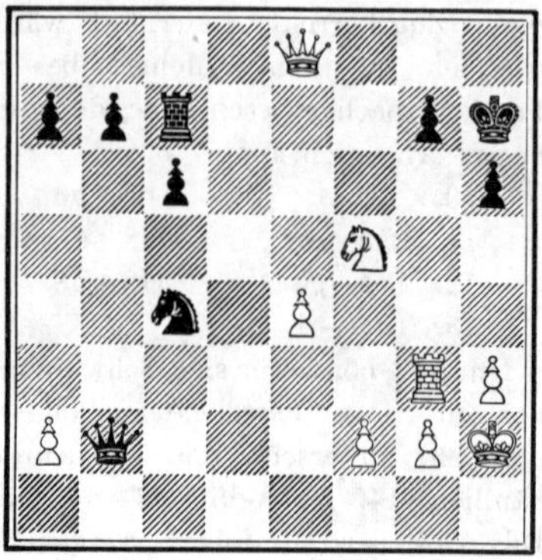

35. Sf5—h6:! g7—g5

Weiß setzt in drei Zügen matt: 36. De8—g8†, Kh7—h6: 37. Dg8—g5‡, Kh6—h7 38. Dg5—h5† matt.

Nr. 11.
Sizilianische Partie.

(Gespielt im Mai 1924 zu New-York, anläßlich der Rekord-Blindvorstellung von gleichzeitig 26 Partien.)

Schwarz: H. Steiner.

1. e2—e4 c7—c5
2. Sg1—f3 g7—g6
3. d2—d4 c5—d4:
4. Sf3—d4: Lf8—g7
5. c2—c4 Sb8—c6
6. Lc1—e3 Sg8—f6
7. Sb1—c3 d7—d6
8. Lf1—e2 Lc8—d7
9. f2—f3 0—0
10. Ta1—c1 Ta8—c8
11. 0—0 a7—a6
12. Sc3—d5 ....

Der Nachziehende hatte eine recht beschwerliche Variante gewählt, indem er ohne weiteres c2—c4 gestattete, was bekanntlich durch die exakte Zugsfolge 2. .... Sb8—c6 3. d2—d4, c5—d4: 4. Sf3—d4:, Sg8—f6! vermieden werden kann. Abgesehen von dieser Eröffnungsfrage verlief jedoch die Partie bis dahin durchaus normal, Weiß hatte eine gute Stellung erlangt. Mein letzter Zug ist aber ebenso wie die folgenden von einer Vereinfachungstendenz diktiert, welche meinem sonstigen Stil ganz fremd ist. In einer Turnierpartie würde ich sicherlich zunächst die Stellung im Zentrum durch 12. Dd1—d2 und Tf1—d1 verstärkt haben.

12. .... Sf6—d5:

Befangenheit oder auch Mangel an Routine! Mit 12. .... e7—e6 13. Sd4—c6:, Tc8—c6: 14. Sd5—f6†, Dd8—f6: 15. b2—b3, Tf8—d8 oder Tf8—c8 konnte Schwarz die Spiele ausgleichen.

13. e4—d5: ....

Natürlich nicht 13. c4—d5:?, worauf Schwarz mit Sc6—d4: usw. eine Figur gewinnen würde.

13. .... Sc6—b8

Der weitere doppelte Tausch auf d4 würde dem Nachziehenden wegen der schwachen Punkte im Zentrum (e7 und eventuell auch d6) ebenfalls wenig Freude bereiten.

14. Dd1—d2 a6—a5

Mit der klaren Absicht, den Springer nach c5 zu bringen.

15. Tf1—e1 Sb8—a6
16. b2—b3 ....

Zwar nicht unnütz, aber in diesem Zeitpunkt auch nicht notwendig; die logische Fortsetzung war 16. Le2—f1.

16. .... Sa6—c5
17. Tc1—d1 ....

Weiß verschwendet viel Zeit mit Vorbereitungen. Der Gegner konnte sich dies zunutze machen und 17. .... Tf8—e8 spielen, um Le3—h6 mit Lg7—h8 beantworten zu können. Beiderseits wird das Spiel ungenau behandelt, obwohl keine direkten Fehler nachzuweisen sind.

17. . Dd8—c7
18. Le3—h6 Lg7—h6:
19. De3—h6: e7—e5
20. d5—e6: e. p. f7—e6:
21. Sc3—b5 ...

Wieder die Vereinfachungstendenz, um schleunigst ein Endspiel herbeizuführen, obwohl Weiß die natürliche Fortsetzung 21. Le2—f1 zur Verfügung hatte!

21. .... Ld7—b5:
22. c4—b5: d6—d5
23. Le2—f1 ....

Endlich!

23. .... Tf8—f5

Die mit diesem Zuge verbundene Drohung Tf5—h5 ist auch für einen blinden Gegner zu durchsichtig. Es zeigt sich bald, daß der Turm einen verlorenen Posten bezieht. Besser war 23. .... Dc7—f4 24. Dh6—f4:, Tf8—f4: 25. Td1—c1, Tf4—f8 mit wahrscheinlichem Remisschluß.

24. Dh6—e3 Dc7—d6
25. a2—a3 Tc8—e8
26. b3—b4 ....

Vorsichtiger wäre erst De3—c3 und dann b3—b4, um sich ein Übergewicht auf dem Damenflügel zu sichern. Aber auch der „folgerichtige“ Textzug ist gut.

26. .... a5—b4:
27. a3—b4: Sc5—d7
28. De3—c3 Tf5—h5

Konsequent (siehe den 23. Zug von Schwarz), aber ebenso wie der folgende Damentausch ungünstig. Besser geschah 28. .... Tf5—f4.

29. g2—g3 Dd6—b6†
30. Kg1—g2 Te8—f8

31. Dc3—d4! Db6—d4:
32. Td1—d4: Sd7—e5

Auch nach 32. .... Tf8—f6 33. f3—f4 würde der Th5 außer Spiel bleiben.

33. f3—f4 ....

Kein bloßer Mißgriff, sondern eine mangelhafte Kombination — mangelhaft um so mehr, als sich Weiß mit 33. Lf1—e2 ein gewonnenes Endspiel sichern konnte. Ich ließ mich von der Idee verführen, den Springer auf folgende Art zu fangen: 33. .... Th5—h2‡ 34. Kg2—h2:, Se5—f3† 35. Kh2—g2, Sf3—e1‡ 36. Kg2—f2, Se1—c2 37. Td4—d2, Sc2—b4:?? (Tf8—c8! ∓) 38. Td2—b2 usw. Dabei hatte ich weder diese Variante genau geprüft noch das Nehmen des anderen Turmes (Sf3—d4:) in Erwägung gezogen. Der Irrtum darf freilich nicht wundernehmen, denn er wurde nach einem zehnstündigen ununterbrochenen Kampfe um zwölf Uhr nachts begangen.

33. .... Th5—h2‡
34. Kg2—h2: Se5—f3†
35. Kh2—g2 Sf3—d4:

Noch besser war es, den anderen Turm zu schlagen. Siehe vorige Anmerkung!

36. Te1—c1 Tf8—f7
37. b5—b6 Sd4—c6

Offenbar in der Absicht, 38. b4—b5 zu provozieren und auf diese Weise den Läufer unschädlich zu machen. Der Zug gibt aber dem Anziehenden Gelegenheit, neuerlich in Vorteil zu kommen. Nach 37. .... Sd4—f5 38. Lf1—d3 wäre die Partie wohl schließlich remis geworden. Jetzt hingegen wird das Spiel noch recht amüsant.

38. Lf1—a6!! ....

Eine ganz eigenartige Stellung! Der Textzug ist noch stärker als er aussieht. Es ist wohl klar, daß der Läufer nicht geschlagen werden darf, denn nach 39. Tc1—c6: wäre der freie weiße b-Bauer nicht aufzuhalten. Aber man sollte meinen, daß Schwarz nach irgendeinem Springerzug leicht Remis halten könne. Dies ist keineswegs der Fall. Auf 38. .... Sc6—b8 oder d4 folgt wie in der Partie 39. La6—b7!: ± und nach 38. .... Sc6—d8! 39. Tc1—c8, Tf7—f8 (oder Tf7—d7 40. La6—b7:, Td7—b7: 41. Tc8—d8‡, Kg8—f7 42. Td8—d6, Kf7—e7 43. Td6—c6, Ke7—d7 44. b4—b5 ±) 40. b4—b5!! nebst Tc8—b8, La6—b7: usw. wäre der weiße Vorteil ebenfalls evident. Trotzdem mußte Schwarz 38. .... Sc6—d8 ziehen, denn sein nächster Zug kostet eine Figur.

38. .... Sc6—b4:
39. La6—b7:! Tf7—e7

Es ist klar, daß 39. .... Tf7—b7:? wegen 40. Tc1—c8†—c7† sofort verlieren würde.

40. Lb7—c8 Kg8—f7
41. b6—b7 Sb4—a6

42. Tc1—a1 Sa6—b8
43. Ta1—a8 Sb8—c6
44. b7—b8D Sc6—b8:
45. Ta8—b8: ....

Da Schwarz die beiden feindlichen Bauern nicht abtauschen kann, steht das folgende Endspiel für ihn hoffnungslos.

45. .... Kf7—f6
46. Kg2—f3 h7—h6
47. Tb8—b6 g6—g5
48. f4—g5:† h6—g5:
49. Kf3—g4 Te7—e8
50. Lc8—d7 Te8—e7
51. Ld7—c6 d5—d4
52. Lc6—e4 Kf6—e5
53. Le4—d3 Te7—c7
54. Tb6—b5† Ke5—f6
55. Kg4—f3 Tc7—c1
56. Tb5—b1 Tc1—c3
57. Tb1—d1 ....

Noch einfacher wäre 57. Kf3—e4.

57. .... Kf6—e5
58. Kf3—g4 Ke5—d5
59. Kg4—g5: e6—e5
60. Kg5—f5 Tc3—d3:
61. Td1—d3: e5—e4
62. Td3—d1 d4—d3
63. Kf5—f4 Kd5—d4
64. Td1—a1 d3—d2
65. Ta1—a8! Aufgegeben.

Nr. 12.
Sizilianische Partie.

(Gespielt im Mai 1924 zu New-York anläßlich der Rekord-Blindvorstellung von gleichzeitig 26 Partien.)

Schwarz: M. Pinkus.

1. e2—e4 c7—c5
2. Sg1—f3 Sb8—c6
3. d2—d4 c5—d4:
4. Sf3—d4: Sg8—f6
5. Sb1—c3 d7—d6
6. Lf1—e2 g7—g6
7. 0—0 Lf8—g7
8. Lc1—e3 ....

Ein allgemein üblicher — Tempoverlust! Viel nachhaltiger ist 8. Sd4—b3, 0—0 9. f2—f4 usw. mit klarem Eröffnungsvorteil für Weiß.

8. .... 0—0
9. Sd4—b3 Lc8—d7

Ebenfalls üblich und ebenfalls untauglich, denn nun geht die Uhr wieder für Weiß richtig. Es ist theoretisch nachgewiesen, daß 9. .... Lc8—e6 ein zum Ausgleich genügendes Gegenspiel sichert, da der Gegner die schließliche Befreiung d6—d5 nicht verhindern kann.

10. f2—f4 Ta8—c8
11. Le2—f3 Tf8—e8
12. Dd1—d2 ....

Ebenso wie in anderen Partien derartiger Simultanvorstellungen hatte ich hier den gewohnten theoretischen Weg gewählt, um die Stellungen nicht unnötig zu verwickeln. Infolge der schablonenhaften Entgegnungen Lc8—d7 und Tf8—e8 hatte ich auch bereits ein klares positionelles Übergewicht erlangt, der Textzug aber ist ungenau und gestattet dem Gegner die Erleichterung 12. .... Sc6—a5!, die an 13. Le3—a7: scheitern würde, wenn ich richtig mit 12. Dd1—e2! fortgesetzt hätte. Schwarz läßt jedoch diese Chance vorübergehen und gerät statt dessen in eine einfache positionelle Falle.

12. .... Sf6—g4(?)
13. Lf3—g4: Ld7—g4:
14. f4—f5! ....

Droht Läufergewinn und erzwingt dadurch eine arge Schwächung der schwarzen Königsstellung. Damit ist der Gang aller kommenden Ereignisse bestimmt.

14.	....	g6—f5:
15.	Le3—h6!	e7—e6
16.	Lh6—g7:	Kg8—g7:
17.	h2—h3	Lg4—h5
18.	e4—f5:	e6—f5:

19. Sc3—d5!

Mein bester Zug in dieser Partie. Weiß verzichtet vorläufig auf den Rückgewinn, später auch auf den Gewinn eines Bauern und stützt seine weitere Spielführung nur auf die Einsperrung des feindlichen Läufers sowie den beherrschenden Springerposten f4. In der Tat hätte die einfache Fortsetzung 19. Tf1—f5:, Lh5—g6 20. Tf5—d5, Dd8—b6† 21. Kg1—h1, Db6—e3 22. Td5—d6:, De3—d2: 23. Td6—d2:, Sc6—e5 usw. wegen der vortrefflichen Stellung der schwarzen Figuren zum Gewinn nicht ausgereicht.

19.	...	Te8—e2
20.	Dd2—f4	Lh5—g6

Auf 20. .... Te2—c2: wäre der folgende Gegenzug tödlich.

21.	Sb3—d4	Sc6—d4:
22.	Df4—d4‡	f7—f6
23.	c2—c4	....

In der Absicht, 23. .... Te2—e4 mit 24. Dd4—a7: zu beantworten. Hier sowie in den nächsten Zügen konnte Weiß den feindlichen Turm mittels Sd5—f4 auf die siebente Reihe zurückwerfen, denn sowohl Te2—e4 als auch Te2—e5 wäre an Dd4T:! gescheitert. Wie man aber sehen wird, hatte es mit der Vertreibung des Turmes keine Eile.

23.	....	b7—b6
24.	b2—b3	Dd8—f8
25.	Ta1—d1	...

25. Sd5—f4 war wegen 25. .... Te2—e8 26. Ta1—e1, Lg6—f7 usw. noch nicht entscheidend.

25.	....	Tc8—d8
26.	Tf1—e1	....

Aber das ist ungenau, wenn es auch nichts verdirbt. Die Zeit zu Sd5—f4 war gekommen, auf 26. .... Te2—e7 konnte dann der Angriff mit 27. h3—h4 usw. fortgesetzt werden.

26.	....	Te2—e5
27.	Sd5—f4	Df8—e7
28.	Te1—f1	Te5—e4
29.	Dd4—c3	De7—e5
30.	Dc3—c1	....

Die letzten „aggressiven" Züge des Nachziehenden brachten nichts ein, denn der organische Nachteil seines Spiels, die entwerteten Bauern und die damit verbundene Absperrung des Läufers ist nicht zu beseitigen.

30.	....	Kg7—f7
31.	h3—h4	....

Zuerst 31. Td1—d5! und dann h3—h4 hätte die Partie um einige Züge verkürzt.

31.	....	De5—c5†
32.	Kg1—h1	Lg6—h5
33.	Td1—d5	Dc5—c8
34.	Sf4—h3	....

Hier war nun 34. Dc1—d2, Dc8—d7 35. Td5—d4 einfacher — der Springer sollte das Wunderfeld f4 nicht verlassen. — Ich war eben schon zu siegesbewußt und vertiefte mich nicht mehr in die Einzelheiten der Stellung.

34. .... Lh5—g6
35. h4—h5 ....

Und nicht 35. Dc1—h6 wegen Kf7—g8 36. h4—h5?, Te4—h4! usw.

35. .... Lg6—h5:
36. Td5—f5: Lh5—g6
37. Tf5—f6† Kf7—g7!

Auf 37. .... Kf7—g8 folgt 38. Dc1 —h6 mit raschem Gewinn.

38. Dc1—c3 Kg7—g8
39. Dc3—g3 Te4—g4
40. Dg3—f2 Lg6—e4

Eine verhältnismäßig harmlose Demonstration, aber auch die wäre unmöglich gewesen, wenn Weiß seinen Springer von f4 nicht entfernt hätte.

41. Sh3—f4 Dc8—b7

Beschleunigt den Untergang, der allerdings auch nach 41. .... Dc8—a8 42. Df2—e2, Tg4—g5 43. Tf6—e6 usw. unvermeidlich war.

42. Sf4—e6! ....

Entscheidet sofort, denn das Matt oder Damenverlust ist unvermeidlich.

42. .... Le4—g2†
43. Kh1—h2 Aufgegeben.

Nr. 13. Abgelehntes Damengambit.

(Aus der Rekord-Blindvorstellung von 26 Partien in New-York, Mai 1924.)

Schwarz: J. Monsky.

1. d2—d4 d7—d5
2. c2—c4 e7—e6
3. Sb1—c3 Sg8—f6
4. Lc1—g5 Lf8—e7
5. e2—e3 Sb8—d7
6. Sg1—f3 0—0
7. Ta1—c1 c7—c6
8. Lf1—d3 h7—h6

Wie aus vielen Partien bekannt, ist der Textzug in diesem Augenblick übereilt, da er dem Anziehenden die Gelegenheit gibt, seinen Damenläufer dem Abtausch zu entziehen — wenigstens in der hier von Schwarz gewählten Hauptvariante.

9. Lg5—h4 d5—c4:
10. Ld3—c4: Sf6—d5
11. Lh4—e7: ....

In einer ernsten Partie am Brett hätte ich sicherlich 11. Lh4—g3 gezogen, aber im Blindspiel ist es erstrebenswert, die Stellungen zu vereinfachen. Ich stand außerdem unter dem Einfluß einer neuen Idee, welche ich später im Wettkampf gegen Capablanca wiederholt durchgeführt habe.

11. .... Dd8—e7:
12. Sc3—e4 ....

Das ist die erwähnte Idee. Aus meinen Partien mit Capablanca geht hervor, daß jetzt Schwarz am besten 12. .... Sd5—f6 13. Se4—g3,

De7—b4† 14. Dd1—d2†, Db4—d2† 15. Ke1—d2:, Tf8—d8 zieht und ein, wenn auch nur auf Verteidigung beschränktes, so doch befriedigendes Spiel behält.

12.	....	Sd5—f6
13.	Se4—g3	e6—e5

Einfacher 13. .... De7—b4† usw. — vergleiche vorige Anmerkung.

14.	0—0	e5—d4:
15.	e3—d4:	Sd7—b6
16.	Tf1—e1	De7—d6
17.	Lc4—b3	Lc8—g4

Schablonenhaft auf weitere Figurenentwicklung gespielt, was Schwarz bald bereuen wird. Der richtige Plan bestand in 17. .... Sb6—d5 nebst Lc8—e6 und Ta8—d8 usw. mit Druck gegen den Bauer d4.

18.	h2—h3!	....

Die richtige Antwort, worauf sich Schwarz am besten mit dem Rückzuge 18. .... Lg4—d7 begnügt hätte.

18.	....	Lg4—f3:
19.	Dd1—f3:	Sb6—d5

Auf 19. .... Dd6—d4: hatte ich 20. Sg3—f5, Dd4—b2: 21. Tc1—c2, Db2—a3 22. Sf5—h6† mit siegreichem Angriff beabsichtigt. Aber auch nach der Ablehnung des Bauernopfers ist das schwarze Spiel wegen der beherrschenden Stellung, die der weiße Springer auf f5 einnehmen wird, schwerlich verteidigungsfähig.

20.	Te1—e5	....

Nicht sofort 20. Sg3—f5 wegen der Antwort Dd6—f4.

20.	....	Sf6—d7
21.	Te5—e2	....

Auch sofort Te5—e4 war gut.

21.	....	Sd5—f4

Falls aber jetzt 21. .... Dd6—f4: so einfach 22. Df3—f4:, Sd5—f4, 23. Te2—e7, Ta8—d8 24. d4—d5!, Sf4—d5: 25. Lb3—d5:, c6—d5: 26. Tc1—c7, Sd7—f6 27. Tc7—b7: usw. ±.

22.	Te2—e4	Sf4—g6
23.	Sg3—f5	Dd6—f6
24.	Tc1—e1	....

Der Versuch, die Stellung mit 24. h3—h4 sofort zu stürmen, könnte zu unklaren Verwicklungen führen, z. B. 24. .... Ta8—e8 25. Te4—g4, h6—h5! oder 25. h4—h5, Te8—e4: 26. Df3—e4:, Df6—g5! (der einzige Zug!) 27. h5—g6:, Dg5—c1† 28. Kg1—h2, Sd7—f6, und Weiß müßte sich zunächst gegen das ewige Schach durch Dc1—f4† usw. schützen.

24.	....	Kg8—h7
25.	h3—h4	Sd7—b6
26.	h4—h5	Sg6—h8
27.	Lb3—c2	Sb6—d5
28.	Te4—h4	....

Von den vielen Wegen, die hier nach Rom führten, war 28. Te4—e7, g7—g6 29. h5—g6†, Sh8—g6: 30. Te7—b7: usw. der kürzeste. In der Überzeugung, gewonnenes Spiel zu haben, machte ich hier und in der

Folge einige ungenaue, flüchtige Züge.

28. .... Kh7—g8

29. Th4—g4 ....

Einfacher war der Gewinn auf folgende Art zu erzwingen: 29. Sf5—e7†, Sd5—e7: 30. Df3—f6:, g7—f6: 31. Te1—e7: z. B. mit der Folge 31. .... Tf8—b8 32. Th4—g4†, Kg8—f8 33. Te7—c7, Tb8—c8 34. Lc2—h7!, Tc8—c7: 35. Tg4—g8†, Kf8—e7 36. Tg8—a8: nebst Ta8—h8:.

29. .... g7—g5

30. h5—g6: e. p. f7—g6:

31. Sf5—h6‡ ....

Nun hat Weiß bei fortdauerndem Angriff einen Bauer erobert.

31. .... Kg8—g7

Auf 31. .... Kg8—h7 könnte Weiß ebenfalls rasch gewinnen, und zwar mit 32. Sh6—f5!.

32. Sh6—f5† Kg7—h7

33. Df3—h3† Kh7—g8

34. Dh3—h6 Tf8—f7

35. Te1—e5 Tf7—h7

36. Dh6—d2 Ta8—f8

37. Lc2—e4 ....

Dieser Zug ist an sich nicht schlecht und genügt zum Gewinn, aber er läßt den Unterschied zwischen dem Blindspiel und dem Spiel am Brett deutlich erkennen. Jeder einigermaßen geübte Spieler würde am Brett instinktiv das Stärkste gewählt, nämlich mit 37. Lc2—b3 den Springer gefesselt haben. Als ich diese Partie nachspielte, konnte ich keinen Gedächtnisfehler feststellen, der mich abgehalten haben könnte, den Läufer auf b3 zu stellen. Offenbar hat das Blindspiel seine eigenen Gesetze.

37. .... Sd5—c7

38. Dd2—c2! ....

Mit der Idee, sich der Diagonale a2—g8 zu bemächtigen. Dies beweist, daß mir die Wichtigkeit dieser Schräge schon beim vorigen Zuge klar sein mußte. Aber wie ist dann der vorige Zug psychologisch zu erklären?

38. .... Sc7—e6

39. Dc2—c4 Tf8—e8

40. Sf5—d6 Te8—e7

41. Le4—f5 Th7—f7

42. Sd6—f7: Te7—f7:

43. Dc4—e6: Aufgegeben.

Nr. 14. Nordisches Gambit.

(Gespielt im Mai 1924 zu New-York anläßlich der Rekord-Blindvorstellung von gleichzeitig 26 Partien.)

Schwarz: S. Freeman.

1. e2—e4 e7—e5

2. d2—d4 e5—d4:

3. c2—c3 d7—d5

Zweifellos die beste Verteidigung; Schwarz erlangt auf diese Weise gleiches Spiel.

4. e4—d5: Dd8—d5:

Noch besser ist 4. .... Sg8—f6.

5. c3—d4: Lf8—b4†

6. Sb1—c3 Sb8—c6

7.	Sg1—f3	Sg8—f6
8.	Lf1—e2	0—0
9.	0—0	Lb4—c3:

Bisher hatte Schwarz die Eröffnung ganz gut behandelt, aber sein letzter Zug ist verfehlt, denn er stärkt das weiße Zentrum. Besser war z. B. 9. .... Dd5—a5.

10.	b2—c3:	b7—b6

Auch das ist schwach, denn nun können die weißen Mittelbauern unter Tempogewinn vorrücken.

11.	c3—c4	Dd5—d8
12.	d4—d5	Sc6—e7
13.	Sf3—d4!	....

Erschwert die feindliche Entwicklung, insbesondere durch Entwertung der Diagonale c8—h3.

13.	....	Lc8—b7
14.	Lc1—b2	....

Einfacher war 14. Le2—f3 oder Lc1—g5. Aber der Textzug, bei welchem Weiß zwecks rascher Entwicklung ein Bauernopfer plant, ist viel energischer.

14.	....	c7—c6
15.	Le2—f3!	c6—d5:
16.	Tf1—e1	Tf8—e8

Auch 16. .... Dd8—d7 17. Sd4—b5! war nicht besser.

17.	Dd1—c1!	Ta8—b8

Auf 17. .... Ta8—c8 würde 18. Dc1—g5 (Tc8—c4 19. Sd4—e6!!) folgen.

18.	Dc1—g5	....

Droht 19. Sd4—e6!.

18.	....	Se7—g6
19.	Sd4—f5	....

Durch das Bauernopfer hat Weiß eine Gewinnstellung erlangt. Nun droht vor allem einfach 20. c4—d5:.

19.	....	Te8—e1‡
20.	Ta1—e1:	d5—c4:

Verliert sofort. Allerdings war die Partie keinesfalls zu retten.

21.	Lf3—b7:	Tb8—b7:
22.	Lb2—f6:	Dd8—f6:

Oder 22. .... g7—f6: 23. Dg5—h6, Dd8—f8 24. Te1—e8 usw.

Weiß kündigt Matt in vier Zügen an:

23.	Te1—e8†	Sg6—f8
24.	Sf5—h6†	Df6—h6:
25.	Te8—f8‡	Kg8—f8:
26.	Dg5—d8† matt.	

Nr. 15. Aljechins Verteidigung.

(Aus der Rekord-Blindvorstellung von 28 Partien gleichzeitig zu Paris am 1. Februar 1925.)

Schwarz: P. Potemkin.

1.	e2—e4	Sg8—f6
2.	Sb1—c3	d7—d5
3.	e4—d5:	Sf6—d5:
4.	Lf1—c4	Sd5—b6

Das von Weiß gewählte Bekämpfungssystem der Verteidigung 1. .... Sg8—f6 ist wenig wirkungsvoll, denn es überläßt dem Gegner einige Mittelfelder völlig, während die übrigen neutral bleiben. Überdies steht dem Schwarzen auch die chancenreiche Fortsetzung 4. .... Sd5—c3: zur Verfügung. Darauf muß Weiß entweder I. mit 5. b2—c3: ohne Ersatz eine Verschlechterung seiner Bauernstellung in Kauf nehmen, oder nach II. 5. Dd1—f3!, e7—e6 6. Df3—c3:, Sb8—c6! 7. Sg1—f3, Dd8—f6 8. Dc3—f6:, g7—f6: 9. d2—d4, Th8—g8 nebst Lc8—d7 und 0—0—0 in ein „Halbendspiel" übergehen, welches ihm — ohne die Verlustgefahr auszuschließen — keinerlei Siegesaussichten verspricht.

5. Lc4—b3 c7—c5
6. d2—d3 Sb8—c6
7. Sg1—f3 Sc6—a5?

Es wird lehrreich sein, zu beobachten, wie grausam Schwarz für dieses Abschwenken vom normalen Wege bestraft wird. Nach Lf8—e7 nebst 0—0 usw. hätte er fürs Mittelspiel vortreffliche Aussichten gehabt.

8. Sf3—e5! Sa5—b3:

Auf 8. .... e7—e6 wäre schon 9. Dd1—h5! (Dd8—c7 10. Sc3—b5, Dc7—e7 11. Lc1—g5 usw. ±) recht unangenehm.

9. a2—b3: Sb6—d7

Etwas besser war 9. .... Lc8—e6 mit der Absicht g7—g6, Lf8—g7 usw.

10. Se5—c4! Sd7—b6

Zu seinem Unglück stoßen jetzt schon die natürlichsten Entwicklungszüge des Nachziehenden auf beträchtliche Schwierigkeiten, z. B. 10. .... e7—e6 11. Sc3—b5 drohend 12. Lc1—f4 oder 10. .... e7—e5 11. Dd1—e2 mit baldiger Eroberung des e-Bauern. Hingegen bestanden nach 10. .... g7—g6 11. Dd1—e2 (drohend 12. Sc4—d6† matt) Lf8—g7 12. Lc1—f4 (schwächer 13. Sc4—d6†, Ke8—f8), a7—a6 13. Sc3—d5, Ke8—f8 einige Aussichten auf mühsame Konsolidierung.

11. Lc1—f4 Sb6—d5

Hier sollte 11. .... a7—a6 12. 0—0 (drohend 13. Sc4—b6: nebst 14. Sc3—d5), e7—e6 (nicht 13. .... Sb6—c4:? 14. d3—c4:! ±) versucht werden, was wenigstens die unmittelbaren Drohungen pariert hätte.

Nach dem Textzuge ist die Partie nicht mehr zu retten.

12. Sc3—d5: Dd8—d5:
13. 0—0 ....

Mit der Drohung 14. Sc4—b6 usw., die vorläufig wegen 13. .... Dd5—e6† nicht gegeben war.

13. .... b7—b5
14. Sc4—e3 Dd5—c6
15. d3—d4! e7—e6

Gibt dem Gegner Gelegenheit zu einer weiteren Linienöffnung und beschleunigt dadurch die Katastrophe. Auf den besseren Zug 15. .... Lc8—b7 wäre 16. Tf1—e1! gefolgt.

16. d4—d5 e6—d5:
17. Se3—d5: ....

Mindestens ebenso rasch hätte 17. Dd1—d5: entschieden, z. B. 17. .... Lc8—b7 18. Tf1—e1, Dc6—d5: 19. Se3—d5‡, Ke8—d7! 20. Sd5—c7, Ta8—c8 21. Sc7—b5: usw. Diese Gewinnführung war sogar in technischer Hinsicht vorzuziehen.

17. .... Lf8—d6
18. Tf1—e1† ....

Hier sowie im nächsten Zuge wäre Sd5—f6†, Ke8—e7 noch nicht überzeugend genug.

18. .... Lc8—e6
19. Lf4—d6:

Auch 19. Dd1—f3, Ta8—c8 (19. .... Ke8—d8 20. Ta1—d1 und gewinnt, oder 19. .... Ke8—f8 20. Te1—e6: und gewinnt) 20. Ta1—a7: usw. war sehr stark.

19. .... Dc6—d6:

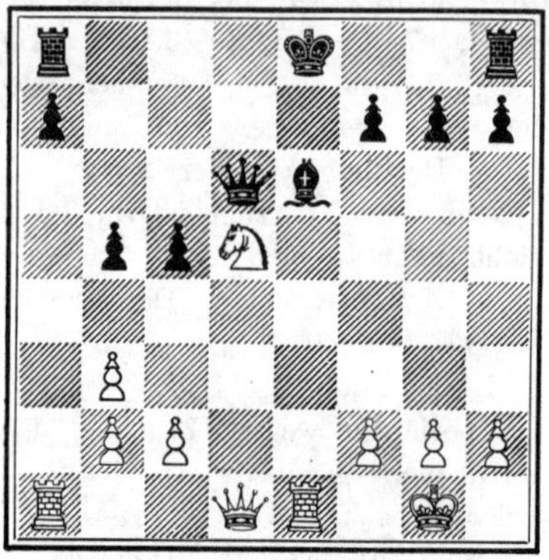

20. Ta1—a6! ....

Die mit diesem Zuge beginnende Kombination entscheidet viel rascher als das prosaische 20. Sd5—f6†, Ke8—e7 21. Dd1—d6‡, Ke7—d6: 22. Sf6—e4† mit Bauerngewinn und langem Endspiel.

20. .... Dd6—d8

Auch auf 20. .... Dd6—d7 entscheidet 21. Te1—e6‡, z. B.: 21. .... f7—e6: 22. Ta6—e6‡, Ke8—d8 23. Te6—e7, Dd7—d6 24. Dd1—d2, a7—a5 25. Te7—g7:, h7—h6 26. Tg7—g6, Dd6—d7 27. Dd2—f4 usw.

21. Te1—e6‡! f7—e6:
22. Ta6—e6‡ Ke8—f7
23. Te6—e7† Dd8—e7:

Auf 23. .... Kf8—g8 folgt 24. Dd1—g4 mit sofortigem Gewinn.

24. Sd5—e7: Kf7—e7:
25. Dd1—e2† Ke7—f7
26. De2—h5†! ....

Eine kleine Feinheit: Weiß will nicht nur den Bauer gewinnen, sondern auch den feindlichen König ins Freie treiben.

26. .... Kf7—f6
27. Dh5—c5: Th8—d8
28. g2—g4! ....

Jetzt gewinnt Weiß durch die Drohung Dc5—f5†h7: einen weiteren Bauer und damit wird jeder Widerstand aussichtslos.

Schwarz gab auf.

Nr. 16. Königsindische Verteidigung.

(Aus einem Blind-Simultanspiel in London am 15. Januar 1926.)

Schwarz: N. Schwartz.

1. d2—d4 Sg8—f6
2. c2—c4 g7—g6
3. g2—g3 ....

Galt seinerzeit als die nachhaltigste Entwicklungsmethode gegen die frühzeitige Fianchettierung des schwarzen Königsläufers.

3. .... Lf8—g7
4. Lf1—g2 0—0
5. Sb1—c3 d7—d6

Auf 5. .... c7—c6 könnte nun ganz gut 6. d4—d5 folgen.

6. Sg1—f3 Sb8—c6
7. d4—d5 Sc6—a5

Eine neue, aber wenig empfehlenswerte Idee. Indes ist auch 7. .... Sc6—b8 für Weiß vorteilhaft, z. B. 8. 0—0, e7—e5 9. d5—e6:!, f7—e6: 10. Lc1—g5! ± (Aljechin-Thomas, Karlsbad 1923 und Aljechin-Snosko-Borowski, Paris 1925) oder 8. 0—0, Lc8—g4 9. h2—h3!, Lg4—f3: 10. e2—f3:! ± (Aljechin-Réti, New-York 1924).

8. Dd1—d3 b7—b6

Der Springer soll nach c5 geführt werden, wo er sich aber nur kurze Zeit behaupten kann. Immerhin besser war 8. .... e7—e5, da die Antwort 9. b2—b4 wegen 9. .... e5—e4! usw. in diesem Fall für Schwarz nicht zu fürchten war.

9. Sf3—d4 Sa5—b7
10. Sd4—c6 Dd8—d7
11. 0—0 a7—a5
12. b2—b3 ....

Die bekannte Vorbereitung zur Deplacierung des Sc5.

12. .... Sb7—c5
13. Dd3—c2 Lc8—b7
14. h2—h3 ....

Um eventuelles Sf6—g4—e5 zu verhindern.

14. .... Ta8—e8

Weder dieser Turmzug, noch der folgende Tausch waren am Platze. Eine bessere Chance und eine erfolgreichere Verteidigung bot (hier oder im nächsten Zuge) das Vereinfachungsverfahren 14. .... Sf6—e4 15. Lc1—b2, Se4—c3: usw.

15. a2—a3 Lb7—c6:
16. d5—c6: Dd7—c8
17. b3—b4 a5—b4:
18. a3—b4: Sc5—a6

Nach diesem Zuge wird der Springer lebendig begraben. Aber auch nach 18. .... Sc5—e4 (e6) 19. Sc3—b5! usw. stünde Schwarz schon sehr schlecht.

19. Ta1—a4! Sa6—b8

Auch sonst erzwingt Weiß diesen Rückzug durch 20. Dc2—a2.

20. b4—b5 h7—h6
21. Ta4—a7 e7—e5
22. Kg1—h2 ....

Um nach f2—f4 nicht mit der Antwort Sf6—h5 rechnen zu müssen. Ein beim Blindspiel typischer Gedankengang.

22. .... Kg8—h7
23. f2—f4 Te8—e7
24. f4—e5: Te7—e5:
25. Lc1—f4 Te5—e8

Oder 25. .... Te5—h5 26. Sc3—d5, Sf6—d5: 27. c4—d5: und der Turm wird schließlich abgesperrt.

26. Sc3—d5 Sf6—d5:
27. Lg2—d5: ....

Noch besser als 27. c4—d5:, weil Weiß sich damit die Möglichkeit des Durchbruches c4—c5 vorbehält.

27. .... Dc8—d8
28. h3—h4 Dd8—e7
29. e2—e3 Kh7—h8
30. Kh2—g2 ....

Pariert die Drohung 30. .... g6—g5 (31. h4—g5:, h6—g5: 32. Tf1—h1† usw.).

30. .... f7—f5
31. Tf1—e1 Kh8—h7
32. e3—e4! Lg7—e5
33. e4—f5: g6—f5:

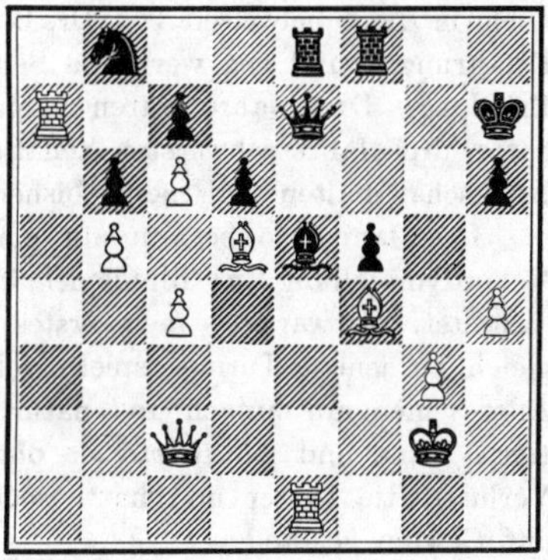

34. c4—c5! ....

Der Einleitungszug zu einer 10-zügigen (Pointe: 43. Ld5—e6) Kombination, die erzwungenermaßen zu Figurengewinn führt.

34. .... b6—c5:
35. b5—b6 Te8—c8
36. Dc2—c3! Tf8—e8

Es ist klar, daß 36. .... Le5—c3: 37. Te1—e7‡ usw. aussichtslos wäre.

37. Lf4—e5: d6—e5:
38. Dc3—e5:! ....

Ohne diese Möglichkeit wäre das Vorige natürlich zwecklos.

38. .... De7—e5:
39. Te1—e5: Te8—e5:
40. Ta7—c7‡ Tc8—c7:
41. b6—c7: Te5—e8
42. c7—b8:D Te8—b8:
43. Ld5—e6! ....

Entscheidend.

43. .... Kh7—g6
44. c6—c7 Tb8—f8
45. c7—c8D Tf8—c8:
46. Le6—c8: c5—c4
47. Lc8—a6 c4—c3
48. La6—d3 Kg6—f6
49. Kg2—f3 Kf6—e5
50. Kf3—e3 h6—h5
51. Ld3—c2 Ke5—f6
52. Ke3—f4 Kf6—g7
53. Kf4—f5: Kg7—h6

Vielleicht zieht der Blindspieler 54. Kf5—f6.

54. Kf5—f4! Aufgegeben.

Dies ist eine meiner besten Leistungen im Blindschach.

III. Kapitel.

Turniere: Paris, Baden-Baden 1925.

Nach meiner Rückkehr aus Amerika verging das Jahr 1924 mit literarischer Arbeit. Ich arbeitete an dem New-Yorker Turnierbuch und habe bei dieser Gelegenheit viel gelernt. Mit besonderem Interesse vertiefte ich mich in die Spielweisen von Dr. Lasker und Capablanca, sammelte neue Erfahrungen und zog wertvolle Schlüsse. Nebenbei fand ich auch Zeit zur Erholung. Drei Jahre waren vergangen, seit ich Sowjetrußland verlassen hatte, drei Jahre schwersten Schaffens. In meinen Mußestunden konnte ich Rückschau halten und meine bisherigen Leistungen überdenken.

Das Jahr 1925 begann mit einer Kampfperiode. Nach meiner Pariser Rekordvorstellung im Blindspiel wurde ebendort ein kleines Turnier veranstaltet. Es war dies mein erstes Auftreten seit New-York 1924. Im Vergleich zu jenem Turnier spielte ich aber diesmal mit großer Leichtigkeit. Alles schien mir einfach und natürlich, wie von selbst kamen mir die richtigen Pläne und ich führte sie ohne Anstrengung durch. Ich wurde ohne Verlustpartie Erster und hatte sogar in all meinen Remispartien ungefähr auf Gewinn gestanden.

Es folgte ein Ausflug nach Bern. Diese Veranstaltung trug mehr den Charakter einer freundschaftlichen Zusammenkunft als eines Turniers. Zu spielen gab es bloß 6 Partien, ich verlor zwar gegen Michel, wurde aber trotzdem Erster.

Nun folgte der Großkampf zu Baden-Baden. Mein Vorteil gegenüber den Konkurrenten stützte sich namentlich auf die volle Ausnutzung gegnerischer Unterlassungen in der Eröffnung sowie eine genaue Behandlung des Endspiels. Verlauf und Ergebnis des Turniers sagten mir, daß ich den anderen teilnehmenden Meistern wohl überlegen sei, und es drängte sich mir die Frage auf, welches also mein Nachteil gegenüber Capablanca sein könne. Eine gewissenhafte Beantwortung dieser Frage sagte mir, daß dieser Nachteil sogar zweifacher Art sei: einerseits die vielleicht übertriebene Dogmatik meiner Spielweise, nämlich das unbedingte Bestreben, bestimmte Vorteile vollends auszunutzen, wodurch sich ein gewisser Mangel an Elastizität ergab, anderseits die noch unvollendete Technik im Übergehen vom Mittelspiel in ein möglichst günstiges Endspiel. Vom dogmatischen Standpunkt im guten Sinne sind einige meiner Partien sehr bezeichnend, namentlich diejenigen gegen Dr. Treybal und Thomas. In allgemein technischer wie in schachmethodischer Hinsicht fühlte ich mich damals dem Weltmeister schon vollauf gewachsen.

Nr. 17. Abgelehntes Damengambit.

(Aus dem Fünfmeister-Turnier zu Paris, Februar 1925.)

Schwarz: E. Colle.

1. d2—d4 d7—d5
2. c2—c4 Sb8—c6
3. Sg1—f3 Lc8—g4
4. Dd1—a4 ....

Ein vielleicht nicht neuer, aber jedenfalls ungebräuchlicher Zug. Ich wollte meinen Gegner von den ihm geläufigen Varianten abbringen und ihn zum selbständigen Denken veranlassen. Die vorliegende sowie meine Baden-Badener Partie gegen denselben Gegner beweisen, daß der Damenzug dem Anziehenden eine dauernde Initiative sichert, ohne die unliebsamen taktischen Probleme nach 4. c4—d5:, Lg4—f3: 5. g2—f3:, Dd8—d5: 6. e2—e3, e7—e5 usw. heraufzubeschwören.

4. .... Lg4—f3:
5. e2—f3: e7—e6

Nach 5. .... d5—c4: hätte Weiß die Wahl zwischen der soliden Fortsetzung 6. Lc1—e3 nebst Lf1—c4: und der schärferen Opfervariante 6. Lf1—c4:, Dd8—d4: 7. Sb1—c3 nebst Lc1—e3; in beiden Fällen hätte er treffliche Aussichten.

6. Sb1—c3 Lf8—b4
7. a2—a3 ....

Zwingt den Läufer zu sofortiger Entscheidung und bildet den einfachsten Weg, den Eröffnungsvorteil festzuhalten.

7. .... Lb4—c3†
8. b2—c3: Sg8—e7
9. Ta1—b1 Ta8—b8
10. c4—d5: ....

Noch etwas günstiger ist 10. Lf1—d3, d5—c4: 11. Ld3—c4:, wie ich später in Baden-Baden spielte.

10. .... Dd8—d5:
11. Lf1—d3 0—0
12. 0—0 Dd5—d6!

Ein guter Stellungszug, der nicht nur das Mittelfeld d5 für die Springer räumt, sondern vor allem den wichtigen Gegenzug Lc1—f4 verhindert.

13. Da4—c2 Se7—g6
14. f3—f4 Sc6—e7

Da nunmehr e6—e5 unmöglich ist, will Schwarz versuchen, die gegnerische Zentralstellung mit dem c-Bauer anzugreifen.

15. g2—g3 Tf8—d8
16. Tf1—d1 b7—b6

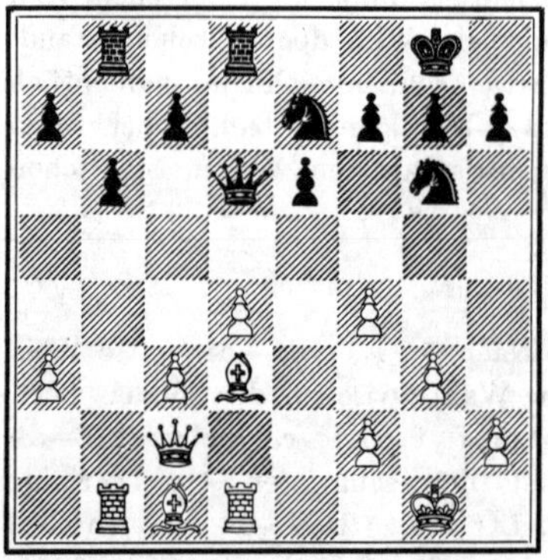

17. a3—a4 ....

Diese Schwächung des Punktes b4 wird vom Nachziehenden schlagfertig zu einem beinahe ausgleichenden Gegenspiel ausgenutzt. Um den Eröffnungsvorteil festzuhalten, mußte Weiß selbst durch 17. Lc1—b2 eine Initiative im Zentrum vorbereiten. Falls dann 17. .... c7—c5 (auf Se7—c6 folgt erst recht 18. c3—c4), so 18. c3—c4!, c5—d4: 19. Lb2—d4: mit Vorteil, da sowohl 19. .... Dd6—d4: 20. Ld3—g6:, als auch 19. .... Dd6—a3:, 20. Tb1—a1, Da3—b4 21. Ta1—a4, Db4—d6 22. Ld4—e5! usw. für Schwarz ungünstig wäre.

17. .... Se7—d5!
18. Lc1—d2 c7—c5
19. f4—f5 ....

Da die Zentrumsaktion des Gegners gelungen ist, rettet Weiß von seinem ursprünglichen Vorteil, was zu retten ist. Die Variante 19. c3—c4, Sd5—b4 20. Ld2—b4:, c5—b4: 21. c4—c5, b6—c5: 22. d4—c5:, Dd6—c7 usw. versprach im Gewinnsinne noch weniger.

19. .... e6—f5:
20. Ld3—f5: c5—d4:
21. c3—d4: Sd5—e7
22. Ld2—b4 ....

Aus dem Läuferpaar wäre nach etwa 22. Lf5—h3, Se7—d5 usw. kaum noch Kapital zu schlagen. Weiß verlegt daher alle Gewinnhoffnungen auf den Freibauer und den Besitz der benachbarten c-Linie.

22. .... Dd6—f6
23. Lb4—e7: Df6—e7:
24. Tb1—c1 ....

Aber hier hätte logischerweise sofort 24. d4—d5 geschehen müssen. Den Textzug sollte Schwarz mit 24. .... b6—b5! beantworten, denn dieser Tausch hätte seine Remisaussichten bedeutend verbessert.

24. .... Td8—d5
25. Lf5—e4 Td5—d7
26. d4—d5 De7—f6
27. Td1—e1! ....

Eine überraschende Konzeption! Es klingt kaum glaubhaft, daß mit dem harmlosen Turmzug eine Mattkombination eingeleitet wird.

27. .... Tb8—d8
28. Dc2—c6! Df6—g5

Es ist anscheinend durchaus sachgemäß, daß Schwarz dem ungünstigen Damentausch ausweicht (Weiß würde auch nach 28. .... Sg6—e7 29. Dc6—f6:, g7—f6: 30. d5—d6! klaren Vorteil behalten) und für seine Dame das plausible Feld g5 wählt. Aber gerade auf die Herbeiführung dieser Stellung war die Taktik des Anziehenden zugespitzt! Jedenfalls besser war daher 28. .... Df6—d4.

29. Le4—g6:! h7—g6:

Verliert sofort. Wohl oder übel mußte 29. .... f7—g6: geschehen. Nach 30. Dc6—e6†, Td7—f7! (nicht Kg8—f8 wegen 31. Tc1—c4! mit entscheidenden Mittelspielwendungen) 31. Tc1—c8, Td8—c8: 32. De6—c8‡, Tf7—f8 hätte Weiß zwar die angenehme Wahl gehabt zwischen einem günstigen Damenendspiel (33. Te1—e8, Dg5—f6 34. Te8—f8‡, Df6—f8: 35. Dc8—c6 usw.) und einem siegverheißenden Mittelspiel (33. Dc8—e6†, Kg8—h8 34. d5—d6, Dg5—d2 35. Te1—e2, Dd2—c1† 36. Kg1—g2, Dc1—c6† 37. Kg2—h3 usw.), aber die Stellung wäre nicht ohne kleine Probleme geblieben. Jetzt hingegen folgt ein eigenartiger Schluß.

30. Dc6—d7:! ....

Die Pikanterie dieser Mattwendung besteht darin, daß zunächst die schwarze Dame just nach g5 gelockt werden mußte, um dem eigenen König die Fluchtwege zu verstellen.

30. .... Td8—d7:
31. Te1—e8† Kg8—h7
32. Tc1—c8 Td7—d8
33. Te8—d8: Aufgegeben.

Nr. 18. Aljechins Verteidigung.

(Aus dem Turnier zu Paris 1925.)

Weiß: E. Snosko-Borowski.

1. e2—e4 Sg8—f6
2. e4—e5 Sf6—d5
3. c2—c4 Sd5—b6
4. d2—d4 d7—d6
5. f2—f4 d6—e5:
6. f4—e5: Sb8—c6
7. Lc1—e3 Lc8—f5
8. Sg1—f3 e7—e6
9. Sb1—c3 ....

Angebracht erscheint 9. a2—a3, um den folgenden Zentrumsangriff zu verhindern. Der Textzug erlaubt dem Gegner bequemen Ausgleich.

9. .... Sc6—b4
10. Ta1—c1 c7—c5
11. a2—a3 c5—d4:

Nun hatte Weiß nichts Besseres, als die Spiele wie folgt auszugleichen: 12. Sf3—d4:, Sb4—c6 13. Sd4—c6:, Dd8—d1‡ 14. Tc1—d1:, b7—c6: usw. Sein nächster spekulativer Zug ermöglicht dagegen ein naheliegendes Damenopfer, welches zum Siege führen sollte.

12. Le3—g5 ....

(S. Stellungsbild)

12. .... d4—c3:!

Auf andere Züge wie 12. .... f7—f6 12. .... Lf8—e7 12. .... Dd8—d7 oder Dd8—c8 würde Weiß allerdings mit 13. a3—b4: bzw. 13. Sc3—b5 in Vorteil kommen. Die

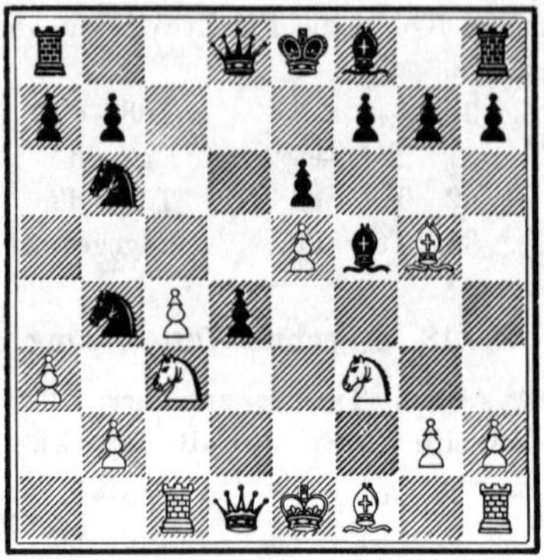

Textkombination hingegen sollte dem Nachziehenden ein rasch entscheidendes Zusammenspiel seiner Figuren gegen den feindlichen König verschaffen.

13. Lg5—d8: Ta8—d8:

Ein Flüchtigkeitsfehler, der mir leider auch zum guten Teil die Freude am Weiterspielen verdorben und dadurch sicherlich mitgewirkt hat, wenn ich meinen Gegner schließlich endgültig entschlüpfen ließ. Folgerichtig und ursprünglich auch beabsichtigt war das Nehmen des Bauern b2; das Spiel hätte sich dann wie folgt gestalten können (13. .... c3—b2:):

I. 14. Ld8—b6: (14. a3—b4:, Ta8—d8: und gewinnt), b2—c1:D 15. Dd1—c1:, Sb4—c2† 16. Ke1—f2, a7—b6: nebst Lf8—c5† oder Ta8—a3: usw.

II. 14. Ld8—g5!, b2—c1:D 15. Lg5—c1:, Sb4—c2† 16. Ke1—f2, Ta8—d8 17. Dd1—e2, Lf8—c5† 18. Kf2—g3, 0—0 drohend Lf5—d3 oder auch einfach Sc2—a3:.

In beiden Fällen hätte Schwarz bei materiellem Vorteil heftige Drohungen behalten und zweifellos gewonnen — ein Resultat, welches nach dem allzu „einfachen" Textzuge erst nach längerem Kampfe erreicht werden sollte.

14. Dd1—b3! c3—b2:
15. Db3—b2: Sb6—a4
16. Db2—a1! ....

Die Kraft dieses Rückzuges hatte ich bei dem Wiedernehmen auf d8 unterschätzt. Jede andere Fortsetzung würde glatt verlieren.

16. .... Sb4—c2†

Wichtiger als der sofortige Qualitätsgewinn war die Beseitigung des feindlichen Königsläufers. Nach 16. .... Sb4—d3†! 17. Lf1—d3:, Td8—d3: hätte Weiß wegen des Damenverlustes durch 18. .... Td3—a3: nicht rochieren dürfen und es wäre ihm nichts Besseres übrig geblieben, als die Qualität nebst einem Bauern zu opfern: 18. c4—c5!, Lf8—c5: 19. Tc1—c5:, Sa4—c5: 20. 0—0; Schwarz hätte aber dann nach 20. .... 0—0 21. Sf3—d4, Lf5—g6 usw. entscheidenden materiellen Vorteil behalten.

17. Tc1—c2: Lf5—c2:
18. Sf3—d4 Lc2—g6

Besser als der plausible Rückzug nach e4, weil nun nach 19. Sd4—b5 der Abtausch des Königsläufers vermieden werden kann: 19. .... Lf8—c5 20. Sb5—d6†, Ke8—e7! (21. Sd6—b7:?, Td8—b8!) ∓. Weiß verschafft sich aber jetzt auf andere Art ein aussichtsreiches Gegenspiel.

19. c4—c5! Sa4—c5:

Hier verlor ich geraume Zeit mit der Durchrechnung eines bestechenden Figurenopfers, das mit 19. .... Lf8—c5: (nicht 19. .... a7—a6? 20. c5—c6! usw.) eingeleitet werden sollte. Nach 20. Lf1—b5†, Ke8—e7

21. Sd4—b3, Lc5—b6! 22. Lb5—a4:, Td8—d3! mit den Drohungen Td3—e3† oder Th8—d8 bzw. Th8—c8 wäre die weiße Stellung tatsächlich äußerst gefährdet. Dennoch gäbe es, wenn auch nur eine einzige, so doch genügende Verteidigung, und zwar: 23. Sb3—c1!, Td3—e3† 24. Sc1—e2, Lg6—h5 25. La4—d1 mit allmählicher Rettung, z. B. 25. .... Th8—d8 26. Da1—b2, Td8—d4 27. h2—h3 usw.

Der bescheidene Textzug bildet daher die einzig spielbare Fortsetzung.

20. Lf1—b5† Sc5—d7
21. Da1—c3 ....

Alles mit großer Geistesgegenwart gespielt!

21. .... a7—a6

Zum drittenmal kräht der Siegeshahn, aber Schwarz, durch seine früheren Versäumnisse enttäuscht und entmutigt, bleibt nach wie vor taub. Einen entscheidenden Tempogewinn bedeutete hier 21. .... Lf8—e7, denn das anscheinend starke 22. Dc3—c7 war darauf nicht zu fürchten: 22. .... a7—a6 23. Lb5—a4, Lg6—e4! 24. 0—0, b7—b5 25. La4—c2, Le7—c5 usw. mit leichter Abwicklung. Nun entzieht sich Weiß durch ein geistreiches Figurenopfer jeder Gefahr und erlaubt sich sogar den Luxus, bei gesichertem Remis noch ein wenig auf Gewinn zu spielen.

22. Lb5—d7‡ Td8—d7:
23. Dc3—c8† Td7—d8
24. Dc8—b7:! Td8—d4:
25. Db7—c6† Td4—d7
26. 0—0! Lg6—d3

Die einfachste Verteidigung gegen den drohenden Turmgewinn bestand in 26. .... Ke8—e7, worauf Weiß nichts Besseres gehabt hätte, als sofort ewiges Schach zu geben, denn 27. Tf1—c1? würde an 27. .... f7—f6! scheitern. Ich wollte jedoch meinen Gegner zu weiteren Verwicklungen verleiten, daher der Textzug.

27. Tf1—f7: ....

Und da sind sie schon! Mit 27. Dc6—c8† usw. war natürlich sofortiger Friedensschluß zu erzwingen.

27. .... Lf8—c5†!
28. Kg1—h1 ....

28. .... Ld3—b5!

Damit vermeidet Schwarz folgende ernste Verführung: 28. .... Lc5—e7 29. Dc6—e6:, Ld3—g6!? 30. Tf7—e7‡

Td7—e7: 31. De6—c8†, Ke8—f7 32. Dc8—h8:, Te7—e5:! (nicht 32. .... Te7—e8 wegen 33. e5—e6† usw.) 33. Kh1—g1, Te5—e8 mit Damengewinn. Weiß würde aber in dieser Variante mit 30. Tf7—f1! (statt Tf7—e7‡?) infolge der Drohungen 31. De6—a6: bzw. 31. Tf1—c1 usw. in klaren Vorteil kommen.

29. Dc6—e6‡ Td7—e7!

Natürlich nicht 29. .... Lc5—e7 wegen 30. Tf7—e7‡ usw. Ungünstig wäre auch das verführerische 29. .... Ke8—d8, da nach 30. Tf7—d7‡, Lb5—d7: 31. De6—d5!, Th8—f8 32. g2—g4! eine Figur verloren ginge.

30. Tf7—e7‡ Lc5—e7:
31. De6—c8† Le7—d8
32. Dc8—e6† Ld8—e7

Am einfachsten; auf 32. .... Ke8—f8 folgt 33. a3—a4!, Lb5—a4: 34. De6—f5†, Kf8—e7 (richtig ist 34. .... Kf8—e8, worauf 35. Df5—e6† usw. mit Remisschluß folgt) 35. Df5—g4!, Th8—f8 36. Dg4—b4†! und Weiß gewinnt.

33. De6—c8† Le7—d8
34. Dc8—e6† ....

Remis.

Nach seinem mißlungenen Versuch im 12. Zuge hat Snosko-Borowski alle Rettungschancen tadellos ausgenützt und eine achtunggebietende taktische Schlagfertigkeit bewiesen.

Nr. 19. Abgelehntes Damengambit.

(Aus dem Turnier zu Paris Februar 1925.)

Schwarz: K. Opočenský

1. d2—d4 d7—d5
2. c2—c4 c7—c6
3. Sb1—c3 ....

Es ist schwer zu entscheiden, ob der Textzug oder 3. Sg1—f3 bessere Aussichten auf das Festhalten des Anzugsvorteils bietet. Die Entwicklung des Königsspringers hat jedenfalls den Vorzug, daß Schwarz nach 3. .... Lc8—f5 4. c4—d5: genötigt ist, mit dem Bauer wiederzunehmen, denn auf 4. .... Sf6—d5: würde 6. Sb1—d2! folgen und Weiß bleibt Sieger im Eröffnungskampfe um die Zentralfelder.

3. .... Sg8—f6
4. e2—e3 Lc8—f5

Korrekt ist an dieser Stelle nur 4. .... e7—e6.

5. c4—d5:! ....

Damit kommt Weiß auf jeden Fall in Vorteil.

5. .... Sf6—d5:

Womöglich noch bedenklicher gestaltet sich die Lage des Nachziehenden nach 5. .... c6—d5:, denn es folgt 6. Sg1—f3, e7—e6 7. Dd1—b3! usw., bzw. 6. .... Sb8—c6 oder Sb8—d7 7. Sf3—e5 (Bogoljubow!), e7—e6 8. g2—g4! mit klarer Überlegenheit für Weiß.

6. Lf1—c4 e7—e6
7. Sg1—e2 ....

Dieses von Rubinstein (gegen Bogoljubow, Hastings 1922) eingeführte System stellt den Nachziehenden vor schwere, vielleicht unlösbare Aufgaben, da sein Damenläufer in den meisten Fällen nach g6 abgedrängt wird und ausgesperrt bleibt.

7. .... Sb8—d7
8. e3—e4 ....

Das ist der Sinn der Aufstellung des Anziehenden! Schwarz konnte den Vorstoß des Königsbauern keinesfalls verhindern und bleibt nun infolge des drohenden feindlichen Zentrums ohne Gegenspiel.

8. .... Sd5—c3:
9. Se2—c3: Lf5—g6
10. 0—0 Dd8—h4

Schwarz verwirft die normale Entwicklung 10. .... Lf8—b4, da er nach 11. f2—f3! (zweifelhaft wäre der Versuch, mittels Bauernopfer die schwarzen Felder zu erobern: 11. f2—f4, Lb4—c3: 12. b2—c3:, Lg6—e4: 13. Lc1—a3 usw.) nebst 12. Lc1—e3 usw. keine befriedigende Fortsetzung hätte, Der Damenausfall, welcher die gelegentliche lange Rochade vorbereitet und auch die Drohung 11. f2—f4 wegen der Möglichkeit 11. .... Lg6—h5 abschwächt, stellt eine scharfe und keineswegs harmlose Idee dar. Weiß wählt zu ihrer Bekämpfung einen anscheinend recht gefährlichen Weg, der jedoch ebenfalls den Vorzug der Schärfe hat. Similia similibus!

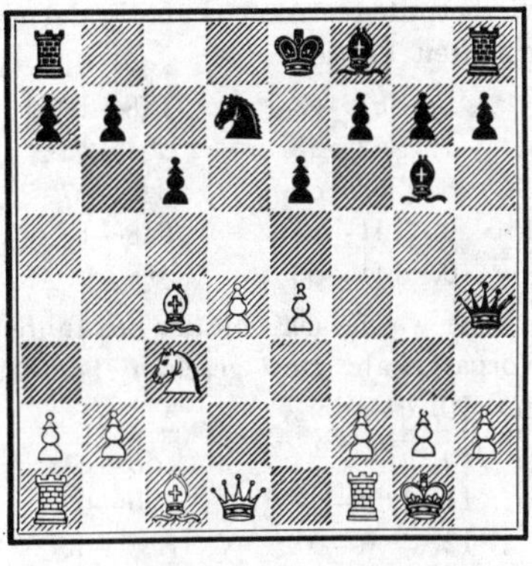

11. d4—d5! ....

Die Folgen dieses Durchbruches mußten sehr genau berechnet werden, denn die angestrebte Linienöffnung wird nur auf Kosten einer unangenehmen Schwächung der Königsstellung erreicht. Bei anderen Zügen, wie z. B. 11. f2—f3 oder f2—f4 käme Schwarz zu Atem und könnte mittels 11. .... 0—0—0 seine eigenen Ziele verfolgen.

11. .... e6—d5:
12. g2—g3 Dh4—f6
13. e4—d5: Lf8—c5

Der erste wirkliche, aber auch entscheidende Fehler! Schwarz verliert die Rochade und geht an der Unmöglichkeit, seine Türme entsprechend zu verwerten, zugrunde. Es mußte unbedingt 13. .... Sd7—e5 geschehen, um auf 14. Lc4—e2! mit 14. .... Lf8—c5 15. Kg1—g2 (die Drohung f2—f4—f5 erneuernd), h7—h5! fortzufahren. Zwar konnte dann Weiß die Front wechseln und 16. h2—h4 nebst Lc1—g5 ± ziehen — aber der Ausgang des Kampfes stünde damit noch keineswegs fest. Was jetzt folgt, ist ein typisches Beispiel für die kräftige Ausnützung einer geschwächten gegnerischen Basis.

14. Tf1—e1† Ke8—f8
15. Lc1—f4 Sd7—b6
16. Lc4—b3 h7—h5
17. h2—h4 ....

Von seinem 14. Zuge an bis zur entscheidenden Kombination verfolgt Weiß immer das gleiche Ziel, er stört die Verbindung der feindlichen Türme.

17. .... Kf8—g8
18. d5—c6: b7—c6:
19. Ta1—c1 Lc5—d4

Schwarz kann den Abtausch eines seiner Läufer nicht mehr vermeiden.

20. Sc3—e4 Lg6—e4:
21. Te1—e4: c6—c5

Oder 21. .... Ld4—b2: 22. Tc1—c5!, Sb6—d5 23. Lb3—d5:, c6—d5: 24. Tc5—d5: usw. mit rasch entscheidendem Vorteil.

22. Dd1—e2 ....

Der Beginn eines entscheidenden Angriffs auf den Punkt f7.

22. .... g7—g6
23. Lf4—g5 Df6—d6

Greift g3 an!

24. De2—f3 Dd6—f8

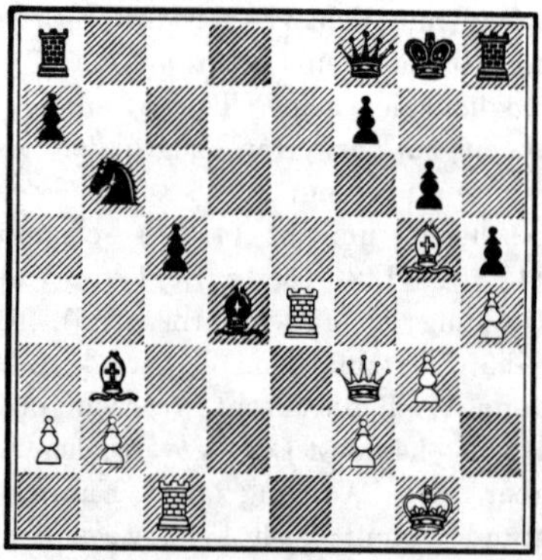

25. Te4—d4:! ....

Beseitigt die einzige gut postierte Figur des Gegners und bricht sofort jeden Widerstand.

5. .... c5—d4:
26. Tc1—c6! Kg8—h7

Weiß „hoffte" auf die logischere Antwort 26. .... Kg8—g7, worauf 27. Tc6—g6‡!, Kg7—g6: (f7—g6: 28. Df3—b7† nebst Matt in zwei Zügen) 28. Df3—f6†, Kg6—h7 29. Lb3—f7:, Th8—g8 30. Df6—f5†, Kh7—g7 31. Df5—g6†, Kg7—h8 32. Lg5—f6† und Matt im nächsten Zuge gefolgt wäre.

27. Lb3—f7: Ta8—c8
28. Tc6—g6: Aufgegeben.

Nr. 20. Abgelehntes Damengambit.

(Aus dem Turnier zu Baden-Baden 1925.)

Schwarz: E. Colle.

1. d2—d4 d7—d5
2. c2—c4 Sb8—c6

Der belgische Vorkämpfer hat eine Vorliebe für diese alte Verteidigung. Sie ist zwar wohl besser als ihr Ruf, aber nach meiner Ansicht doch nicht ganz befriedigend.

3. Sg1—f3 Lc8—g4
4. Dd1—a4! ....

Meines Erachtens stärker als das übliche 4. c4—d5:, Lg4—f3:! 5. g2—f3:, Dd8—d5: 6. e2—e3, e7—e5! usw. Der Textzug verhindert e7—e5. Vergleiche übrigens meine Partie gegen denselben Gegner aus dem vorangegangenen Fünfmeister-Turnier zu Paris 1925!

4. .... Lg4—f3:
5. e2—f3: e7—e6

Über 5. .... d5—c4: vergleiche die betreffende Anmerkung in der erwähnten Partie.

6. Sb1—c3 Lf8—b4
7. a2—a3 Lb4—c3‡
8. b2—c3: Sg8—e7
9. Ta1—b1 Ta8—b8
10. Lf1—d3 ....

Hier weiche ich von der erwähnten Vorpartie ab. Dort geschah ebenfalls gut 10. c4—d5:.

10. .... d5—c4:
11. Ld3—c4: 0—0
12. 0—0 Se7—d5
13. Da4—c2 Sc6—e7
14. Lc4—d3 h7—h6

Auf 14. .... Se7—g6 würde Weiß vorteilhaft g2—g3 und f3—f4 spielen, um seinen f-Bauer bei erster Gelegenheit zu entdoppeln.

15. c3—c4 Sd5—b6
16. Tf1—d1 Sb6—c8

Um sich mit einem Springer auf f5 festzusetzen, was aber Weiß in der Folge verhindert.

17. f3—f4 b7—b6
18. Lc1—b2 c7—c6

Nicht sofort 18. .... Sc8—d6 wegen 19. d4—d5!

19. Dc2—e2! Sc8—d6
20. De2—e5 Sd6—e8

Augenscheinlich erzwungen. Auf 20. .... Se7—f5 folgt 21. Ld3—f5:, Sd6—f5: 22. d4—d5, c6—d5: 23. g2—g4 und Weiß gewinnt.

21. a3—a4 ....

Hauptsächlich, um b6—b5 zu verhindern.

21. .... Tb8—b7
22. Td1—e1 Se8—f6
23. Tb1—d1 Tb7—d7
24. Ld3—c2 ....

Es drohte c6—c5.

24. .... a7—a6

In der Absicht, durch b6—b5 das Feld d5 zu erobern.

25. De5—e2! ....

Plant entweder d4—d5 oder g2—g4—g5; dagegen gibt es keine genügende Verteidigung.

25. .... Dd8—b8

(S. Stellungsbild)

26. d4—d5! ....

Diese Verwicklung, welche ein zeitweiliges Bauernopfer involviert, sichert dem Anziehenden mindestens das bedeutend bessere Endspiel.

26. .... c6—d5:
27. Lb2—f6: g7—f6:
28. De2—g4† Kg8—h8
29. Dg4—h4 ....

Um Bedenkzeit zu gewinnen.

29. .... Kh8—g7
30. Dh4—g4† Kg7—h8

Noch schlimmer wäre 30. .... Se7—g6 wegen 31. Lc2—g6:, f7—g6: 32. Te1—e6: usw.

31. f4—f5! ....

Zersplittert die feindliche Bauernstellung, denn 31. .... e6—e5 scheitert an 32. Dg4—h4, Kh8—g8 oder Kh8—g7 33. Td1—d3 und Schwarz ist gegen die Drohung Td3—g3† usw. machtlos.

31. .... Se7—f5:

Oder 31. .... e6—f5: 32. Lc2—f5:, Tf8—g8 33. Dg4—h4! und Weiß gewinnt viel rascher als in der Partie.

32. Lc2—f5: e6—f5:
33. Dg4—f5: Db8—d8
34. c4—d5: Td7—d6

Auf 34. .... Tf8—g8 folgt 35. Df5—f4 nebst d5—d6 usw.

(S. Stellungsbild)

35. Df5—f4! ....

Ein tief durchdachtes Manöver, um die noch immer bestehende Drohung b6—b5 zu beseitigen.

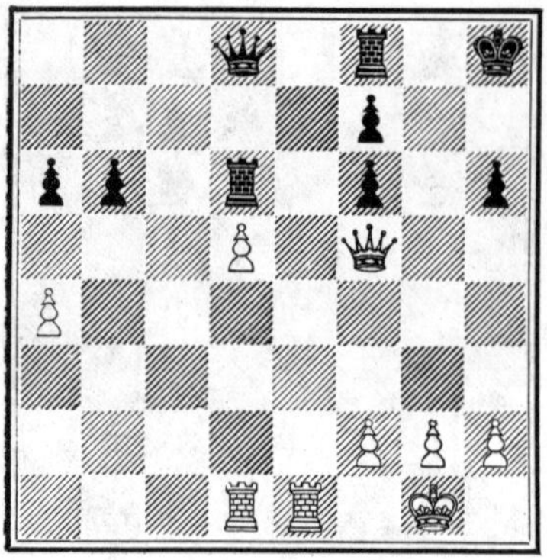

35. .... Kh8—h7
36. Df4—e4† Kh7—h8
37. De4—e3 Kh8—g7

Auf 37. .... f6—f5 folgt 38. De3—d3! mit Bauerngewinn.

38. De3—d3! a6—a5

In diesem Zwangszug (38. .... Dd8—a8?? 39. Dd3—g3† usw.) liegt die Pointe des erwähnten Manövers. Weiß kann jetzt nach Belieben schalten und walten, denn infolge der Lahmlegung des feindlichen Damenflügels ist ein ernster Widerstand nicht mehr zu erwarten.

39. Te1—e3 Tf8—g8
40. Te3—h3 ....

Erzwingt bald die weitere Schwächung f6—f5.

40. .... Dd8—d7
41. Dd3—e3 f6—f5
42. Th3—g3† Kg7—h7
43. Tg3—g8: Kh7—g8:
44. De3—g3† Kg8—h7
45. Dg3—b3 Kh7—g7
46. h2—h3 Dd7—d8
47. Db3—g3† Kg7—h7
48. Dg3—e5! ....

Und nun wird Schwarz durch Zugzwang auch noch zu f7—f6 genötigt.

48. .... Dd8—d7
49. Td1—d3 f7—f6

Der Zugzwang ist eingetreten.

50. De5—d4 Dd7—d8

Oder 50. .... b6—b5 51. a4—b5:, Dd7—b5: 52. Td3—c3!, Db5—d5: 53. Tc3—c7† K beliebig 54. Dd4—a7 mit Mattangriff.

51. Dd4—c4! Dd8—d7
52. Td3—d4 Kh7—g7
53. Dc4—d3 Kg7—f7

Gegen das drohende g2—g4 gibt es keine Verteidigung.

54. g2—g4! Kf7—f8

Auf 54. .... f5—g4: gewinnt 55. Dd3—h7†, Kf7—f8 56. Dh7—h8†, Kf8—f7 57. Td4—g4: usw.

55. g4—f5: Dd7—e8
56. Td4—e4 De8—h5
57. Te4—g4 Dh5—f7
58. Dd3—e3 Df7—h7
59. Tg4—g6 Schwarz gibt auf.

Nach 59. .... Kf8—f7 entscheidet 60. De3—c3.

Nr. 21. Italienische Partie.

(Aus dem Turnier zu Baden-Baden 1925.)

Weiß: Dr. S. Tarrasch.

1. e2—e4 e7—e5
2. Sg1—f3 Sb8—c6
3. Lf1—c4 Lf8—c5
4. c2—c3 Lc5—b6
5. d2—d4 Dd8—e7

Eine Zugumstellung — gewöhnlich pflegt man Dd8—e7 schon im vierten Zuge zu spielen. Das hier gewählte Verteidigungssystem ergibt ein für beide Teile schweres Spiel, Weiß behält aber mehr Bewegungsfreiheit.

6. 0—0 Sg8—f6!

Gegenüber der üblichen Spielweise 6. .... d7—d6 — worauf 7. a2—a4, a7—a6 8. Lc1—e3 usw. zugunsten des Anziehenden folgen kann — ist der Textzug jedenfalls als eine Verstärkung zu betrachten; Weiß wird gezwungen, sich zunächst um seinen Königsbauer zu kümmern.

7. Tf1—e1 d7—d6
8. a2—a4 a7—a6
9. h2—h3 ....

Mangelhaft wäre sofort 9. Lc1—e3 wegen Sf6—g4!

9. .... 0—0

Der unmittelbare Angriff h7—h6 nebst g7—g5 usw. wäre bei der Schwebestellung im Zentrum zu gewagt.

10. Lc1—g5 ....

Jetzt aber war 10. Lc1—e3 folgerichtig, um nicht den folgenden, für Schwarz vorteilhaften Zug h7—h6 direkt herauszufordern.

10. .... h7—h6
11. Lg5—e3 ....

Auf 11. Lg5—h4 würde Kg8—h8 nebst Tf8—g8, g7—g5 usw. folgen.

11. .... De7—d8!!

Der schwerste Zug in der Partie! Er zwingt den stark postierten feindlichen Königsläufer zu einer Erklärung, denn einerseits droht jetzt oder später die Auflösung e5—d4:, c3—d4:, d6—d5! usw., anderseits bereitet er gegen den Normalzug 12. Sb1—d2 die Antwort 12. .... Sf6—e4: nebst d6—d5 usw. vor; in beiden Fällen würde der Nachziehende ein recht bequemes Spiel erlangen. Nebenbei hat der Textzug auch den Vorteil, daß er dem schwarzen Königsturm die e-Linie freigibt.

12. Lc4—d3 Tf8—e8
13. Sb1—d2 Lb6—a7!

Um der gelegentlichen Störung Sd2—c4 vorzubeugen.

14. Dd1—c2 e5—d4:

Zur rechten Zeit, da jetzt 15. c3—d4: wegen Sc6—b4—d3: schwach wäre.

15. Sf3—d4: Sc6—e5
16. Ld3—f1 d6—d5!

Dieser Zug wird dadurch ermöglicht, daß sich f2—f4 bis auf weiteres wegen Se5—g6, e4—e5, Sf6—h5 usw. verbietet.

17. Ta1—d1 c7—c5
18. Sd4—b3 Dd8—c7
19. Le3—f4 ....

Weiß hat bereits kein vollwertiges Spiel, doch würde man die Abwicklung 19. e4—d5:, Sf6—d5: 20. Sd2—c4, Se5—c4: 21. Lf1—c4:, Sd5—e3: 22. Te1—e3:, Te8—e3: 23. f2—e3: vorziehen, obzwar der Gegner auch dann mit 23. .... Dc7—e7 etwas im Vorteil bleiben würde.

19. .... Se5—f3†
20. Sd2—f3: Dc7—f4:
21. e4—d5:? ....

Der entscheidende Fehler. Unerläßlich war 21. e4—e5, worauf die Folge Lc8—f5 22. Dc2—d2, Df4—d2: 23. Td1—d2:, Sf6—e4 24. Td2—d1 (24. Td2—d5:?, Lf5—e6!), Ta8—d8 zwar für Schwarz günstig, aber noch nicht ausschlaggebend wäre.

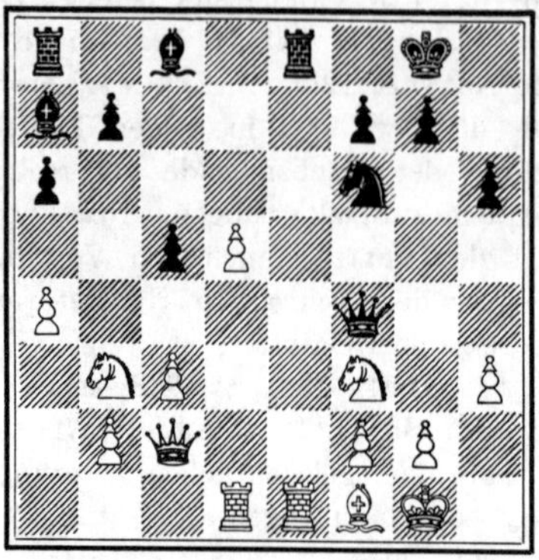

21. .... Lc8—f5!
22. Lf1—d3 ....

Ungenügend wäre auch 22. Dc2—d2 wegen Df4—a4: 23. Sb3—c1, Lf5—c2 24. Te1—e8‡, Ta8—e8: 25. Td1—e1, Sf6—e4 26. Dd2—f4, c5—c4 27. Sf3—d4, La7—d4: 28. c3—d4:, Da4—b4! usw.

22. .... Lf5—h3:

Nicht aber 22. .... Lf5—d3: 23. Dc2—d3:, c5—c4 wegen 24. Dd3—d2 usw.

23. g2—h3: Df4—f3:
24. Te1—e8‡ ....

Das weiße Spiel stand natürlich hoffnungslos; aber durch den Turmtausch, welcher die e-Linie preisgibt, wird eine sofortige Katastrophe heraufbeschworen.

24. .... Ta8—e8:
25. Ld3—f1 Te8—e5
26. c3—c4 ....

Auch 26. d5—d6 würde die Textfortsetzung nicht beeinflussen.

26. .... Te5—g5†
27. Kg1—h2 Sf6—g4†!
28. h3—g4: Tg5—g4:

Aufgegeben; das Matt ist nicht zu decken.

Nr. 22. Englische Partie.

(Aus dem Turnier zu Baden-Baden 1925.)

Weiß: A. Nimzowitsch.

1. c2—c4 e7—e5
2. Sb1—c3 Sb8—c6
3. g2—g3 Lf8—c5

Ein zweischneidiger Zug. Nach e2—e3 wird dieser Läufer nur eine sehr geringe, lediglich auf das Feld d4 beschränkte Wirksamkeit entfalten können. Allerdings wird der Zug e2—e3 auch seine Nachteile haben, er wird nämlich die weißfarbigen Felder auf der Königsseite des Anziehenden schwächen und dadurch dem Gegner die Handhabe zur Einleitung eines direkten Angriffs bieten.

4. Lf1—g2 d7—d6
5. e2—e3 Sg8—e7
6. a2—a3 a7—a5
7. Sg1—e2 0—0

7. .... Lc8—g4 könnte Weiß mit 8. h2—h3, Lg4—h5 9. g2—g4 nebst d2—d4 beantworten. Schwarz will sich aber die Möglichkeit, den weißfarbigen Läufer des Gegners abzutauschen, nicht entgehen lassen.

8. d2—d4 Lc5—b6

Bei 8. .... Lc5—a7 käme Weiß eher zu b2—b4.

9. 0—0 Lc8—d7
10. b2—b3 ....

Das vorbeugende 10. h2—h3 würde nach 10. .... e5—d4: 11. e3—d4:, Se7—f5 12. Lc1—e3 (noch angenehmer für Schwarz wäre 12. d4—d5), Sf5—e3: zu einer weiteren Schwächung der weißen Königsstellung führen. In Betracht kam aber 10. d4—d5 nebst 11. h2—h3.

10. .... Dd8—c8
11. Lc1—b2 Ld7—h3

12. Dd1—d3 Lh3—g2:
13. Kg1—g2: e5—d4:
14. e3—d4: Dc8—f5!
15. Ta1—d1 ....

Nach 15. Dd3—f5:, Se7—f5: 16. Sc3—b5, Tf8—e8 würde Schwarz durch die Turmverdopplung auf der e-Linie in Vorteil kommen.

15. .... Ta8—e8
16. Td1—d2 ....

Auf 16. Tf1—e1 folgt 16. .... Df5—d3: 17. Td1—d3:, Se7—f5 usw. mit gutem Spiel für Schwarz. Auch der geschehene Zug konnte in dieser Weise beantwortet werden, ich zog es aber vor, bei mindestens gesichertem Remis einen direkten Königsangriff einzuleiten.

16. .... Df5—g5
17. Tf1—d1 Lb6—a7

Um den Se7 ziehen zu können, ohne mit Sc3—d5 rechnen zu müssen.

18. Se2—f4 Se7—f5

Auf das Nehmen des Bauern d4 kann sich Schwarz wegen 19. Sc3—e4 natürlich nicht einlassen.

19. Sc3—b5 La7—b8
20. Sf4—d5 Te8—e6!

Dieser Zug mußte schon bei 16. .... Df5—g5 genau berechnet werden. Auf 21. Sd5—c7: würde nun 21. .... Te6—h6 zum Remis ausreichen, z. B. 22. f2—f4 (oder 22. Sc7—d5, Dg5—g4), Dg5—h5 23. Kg2—g1, Lb8—c7: 24. Sb5—c7:, Sf5—g3:! usw.

21. Lb2—c1 Dg5—g4!
22. Sd5—f4 ....

Oder 22. h2—h3, Sf5—h4† 23. Kg2—h2, Sh4—f3† 24. Kh2—g2, Sf3—h4† usw. mit Remis, bzw. 22. f2—f3, Sf5—h4† 23. Kg2—f2, Dg4—h3 und Schwarz hat mindestens Remis.

22. .... Sf5—h4†
23. Kg2—h1 Sh4—f3!

24. Sf4—e6: ....

Nimzowitsch überschätzt offenbar seine Stellung. Er hatte nichts Besseres, als mit 24. h2—h3! auf Remis zu spielen, z. B. 24. .... Te6—h6 25. Kh1—g2, Th6—h3:! 26. Sf4—h3:, Sf3—h4† 27. Kg2—h2, Sh4—f3† usw. Nach dem geschehenen Zug wird der schwarze Stellungsvorteil entscheidend.

24. .... f7—e6:
25. Td1—g1 ....

Erzwungen, da nach 25. Dd3—f1 durch Sf3—d2: nebst Dg4—f3† ein Bauer verloren ginge.

25. .... Tf8—f5!
26. Tg1—g2 ....

Oder 26. Td2—e2, Dg4—h3 27. Tg1—g2, Sf3—h2:! und Schwarz gewinnt.

26. .... Sf3—d2:

Damit wird das gegnerische Spiel etwas erleichtert, der Druck auf die geschwächten weißfarbigen Felder bleibt jedoch aufrecht und ist durchaus genügend, um den erlangten Stellungsvorteil festzuhalten. Demnach dürfte der Textzug die beste Fortsetzung bilden.

27. Lc1—d2: Tf5—f3
28. Ld2—e3 ....

Oder 28. Dd3—e2, h7—h5! usw.

28. .... Sc6—e7
29. Sb5—c3 ....

Sonst folgt c7—c6 nebst d6—d5, und der schwarze Läufer wird befreit.

29. .... Se7—f5
30. Tg2—g1 ....

Führt zu einem unhaltbaren Endspiel. Allerdings hätten auch andere Fortsetzungen nicht genügt, denn Schwarz hätte immer Gelegenheit gefunden, nach dem Abtausch auf e3 ins feindliche Lager einzudringen.

30. .... Sf5—e3:
31. f2—e3: Tf3—f2
32. Dd3—e4 ....

Natürlich erzwungen.

32. .... Dg4—e4†
33. Sc3—e4: Tf2—e2
34. Se4—g5! ....

Die einzige, allerdings schwache Gegenchance.

34. .... Te2—e3:

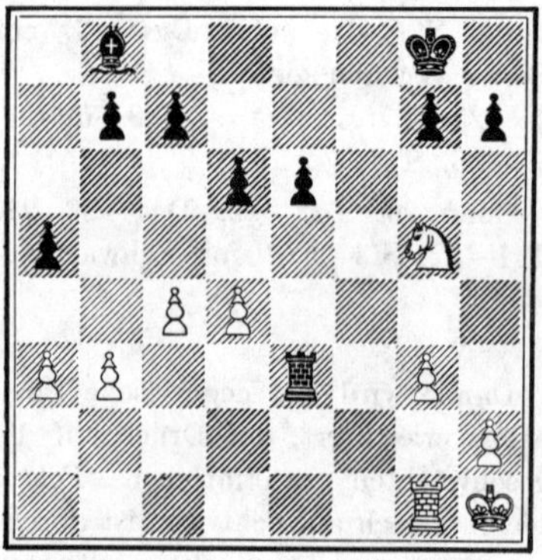

35. Kh1—g2 ....

Hier bestand aber die logische Fortsetzung in 35. d4—d5 z. B. 35. .... e6—d5: 36. c4—d5:, Te3—e5 37. Sg5—e6, Kg8—f7! (37. .... Te5—d5:? 38. Tg1—f1!) usw. Allerdings müßte schließlich auch bei dieser Spielweise das materielle Übergewicht des Nachziehenden den Ausschlag geben.

Der Textzug gestattet ein interessantes Manöver, welches die Festsetzung des Springers auf e6 verhindert und die Gewinnführung wesentlich erleichtert. Es entsteht ein Turmendspiel, in welchem Weiß den Tod auf der Stirne trägt.

35. .... Lb8—a7!
36. Tg1—d1 h7—h6
37. Kg2—f2 Te3—e5!

Entscheidend, da Weiß gegen die weitere Vereinfachung nichts erfinden kann und bald noch einen zweiten Bauer verliert.

Der Rest gehört der Technik.

38. Sg5—f3 Te5—e4
39. Td1—e1 ....

Sonst folgt 39. .... e6—e5.

39. .... La7—d4†
40. Sf3—d4: Te4—d4:
41. Te1—e6: Td4—d2†!
42. Kf2—e1 ....

Oder 42. Kf2—e3, Kg8—f7! 43. Te6—h6:, Td2—b2 mit Gewinn der Bauern a und b.

42. .... Td2—h2:
43. Te6—e7 Th2—b2
44. Te7—c7: Tb2—b3:
45. Ke1—f2 Tb3—a3:
46. Tc7—b7: Ta3—c3
47. Tb7—a7 ....

Auf 47. Tb7—d7 folgt Tc3—c4: 48. Td7—d6:, a5—a4 49. Td6—a6, h6—h5! nebst Tc4—g4 und g7—g6, worauf der Königsmarsch nach dem Damenflügel entscheidet.

47. .... Tc3—c4:
48. Ta7—a5: Tc4—c7
49. Ta5—a6 Tc7—d7
50. Kf2—f3 Kg8—f7
51. Kf3—e4 Kf7—e6
52. Ta6—a8 d6—d5†
53. Ke4—f4 d5—d4
54. Kf4—e4 d4—d3
55. Ta8—a1 d3—d2
56. Ta1—d1 Ke6—f6
57. Ke4—f4 Td7—d4†
58. Kf4—f3 Kf6—f5
59. Kf3—e3 Td4—d7
60. Ke3—f3 Td7—d3†

Aufgegeben.

Nr. 23. Königsfianchetto.

(Aus dem Turnier zu Baden-Baden 1925.)

Weiß: R. Réti.

1. g2—g3 e7—e5
2. Sg1—f3 ....

Führt zur Aljechin-Verteidigung mit vertauschten Farben. Das Anzugstempo hat Réti benutzt, um die Flankierung des Königsläufers vorzubereiten. Die Idee ist interessant, aber von zweifelhaftem Wert. Schwarz könnte nämlich jetzt die Variante 2. .... e5—e4 3. Sf3—d4, c7—c5 4. Sd4—b3 (vielleicht etwas besser 4. Sd4—b5), c5—c4 5. Sb3—d4, Lf8—c5 wählen, zu der sich der erste Zug des Anziehenden ganz und gar nicht reimt, denn die natürliche Fortsetzung 6. e2—e3 würde nun auf dem Königsflügel gefährliche Schwächen schaffen.

2. .... e5—e4
3. Sf3—d4 d7—d5
4. d2—d3 e4—d3:

Die Folge 4. .... c7—c5 5. Sd4—b3, e4—d3: 6. Dd1—d3: oder c2—d3: wäre nur für Weiß erstrebenswert.

5. Dd1—d3: Sg8—f6
6. Lf1—g2 Lf8—b4†

Um c2—c3 zu provozieren. Wenn in diesem Falle später e2—e4 folgt, wird das Feld d3 schwach. Der folgende Zug ist daher durchaus angezeigt, um so mehr, als der Läufertausch die Entwicklung des Anziehenden fördert.

7. Lc1—d2 Lb4—d2‡
8. Sb1—d2: 0—0
9. c2—c4! ....

Damit sichert sich Réti eine dauernde Initiative auf dem Damenflügel.

9. .... Sb8—a6

Am besten.

10. c4—d5: Sa6—b4
11. Dd3—c4 Sb4—d5:
12. Sd2—b3 c7—c6
13. 0—0 Tf8—e8
14. Tf1—d1 Lc8—g4
15. Td1—d2 ....

Nach 15. h2—h3 würde Schwarz den Läufer über h5 und g6 nach e4 bringen.

15. .... Dd8—c8
16. Sb3—c5 Lg4—h3!
17. Lg2—f3 ....

Mit seinem vorigen Zuge hatte Schwarz ein Bauernopfer angeboten, dessen Annahme jedoch verderblich wäre: 17. Lg2—h3:, Dc8—h3: 18. Sc5—b7:, Sf6—g4 19. Sd4—f3, Sd5—e3 20. f2—e3:, Sg4—e3: 21. Dc4—f7‡, Kg8—h8! 22. Sf3—h4, Te8—f8 und Schwarz gewinnt.

17. .... Lh3—g4

Nun steht Weiß vor einer unangenehmen Wahl. Offenbar kann er den Läufertausch nicht gut zulassen, weil dies seine Königsstellung schwächen und dem Gegner mindestens Ausgleich gestatten würde; mit einem automatischen Remis durch Zugwiederholung würde Weiß aber indirekt eingestehen, daß seine neuartige Eröffnungsbehandlung keinerlei Beweiskraft besitzt; bleibt also nur noch der bescheidene Rückzug nach h1, für den er sich schließlich entscheidet. Dabei gewinnt aber Schwarz ein wichtiges Tempo.

18. Lf3—g2 Lg4—h3
19. Lg2—f3 Lh3—g4
20. Lf3—h1 h7—h5!

Mit dem Ziel, den Punkt g3 zu schwächen. Der Kampf gestaltet sich nun sehr scharf.

21. b2—b4 a7—a6
22. Ta1—c1 h5—h4
23. a2—a4 h4—g3:
24. h2—g3: Dc8—c7
25. b4—b5 ....

Folgerichtig, aber sehr gewagt. Mit 25. e2—e4, Sd5—b6 26. Dc4—b3 konnte Weiß den jetzt folgenden Überfall auf seinen König vereiteln. Allerdings hätte dann Schwarz nach 26. .... Ta8—d8 oder Sb6—d7 auf dem Damenflügel nichts zu fürchten gehabt.

25. .... a6—b5:
26. a4—b5: ....

26. .... Te8—e3!

Dieser Turm ist offenbar tabu: 27. f2—e3:?, Dc7—g3‡ nebst Sd5—e3: usw. Anderseits droht aber 27. .... Te3—g3‡ usw. Der weiße König befindet sich plötzlich in höchster Gefahr.

27. Sd4—f3 ....

Sonderbarerweise führt dieser so natürlich scheinende Zug klar zum Verlust. Allerdings hätte der schwarze Angriff auch bei bestem Gegenspiel mindestens ein Remis verbürgt, z. B. 27. Kg1—h2, Ta8—a3! 28. Sc5—b3!, Dc7—e5! 29. b5—c6:, b7—c6: und 30. f2—e3:? würde wegen 30. .... De5—h5† 31. Kh2—g1, Dh5—h3! usw. noch immer zum Verlust führen. Auch nach 27. Lh1—f3!, Lg4—f3: 28. e2—f3:, c6—b5: 29. Sd4—b5:, Dc7—a5! stünde Schwarz sehr gut, z. B. würde 30. Td2—d5:? an 30. .... Te3—e1† 31. Tc1—e1:, Da5—e1‡ 32. Kg1—g2, Ta8—a1 usw. scheitern.

Die Stellung ist äußerst verwickelt und voll schöner Kombinationen.

27. .... c6—b5:
28. Dc4—b5: ....

Auf 28. Dc4—d4 folgt Ta8—a4!.

28. .... Sd5—c3!
29. Db5—b7: ....

Auf 29. Db5—c4 gewinnt b7—b5! mindestens einen Bauer.

29. .... Dc7—b7:

Aber nicht 29. .... Sc3—e2‡ wegen 30. Td2—e2:, Dc7—b7: 31. Te2—e3:! und Weiß hat Remisaussichten.

30. Sc5—b7: Sc3—e2‡
31. Kg1—h2 ....

Oder 31. Kg1—f1, Se2—g3‡ 32. f2—g3:, Lg4—f3: 33. Lh1—f3:, Te3—f3‡ 34. Kf1—g2, Ta8—a3 35. Td2

—d8†, Kg8—h7 36. Tc1—h1†, Kh7—g6 37. Th1—h3, Tf3—b3 und Schwarz gewinnt.

31. .... Sf6—e4!

Der Gewinnzug! Weiß kann den Turm noch immer nicht nehmen, da er nach 32. .... Se4—d2: eine Qualität einbüßen würde. Sein folgender Zug bereitet dem Gegner noch die meisten Schwierigkeiten.

32. Tc1—c4! Se4—f2:!

Ungenügend wäre sowohl 32. .... Se4—d2: wegen 33. Sf3—d2:!, als auch 32. .... Lg4—f3: wegen 33. Tc4 e4:! usw.

33. Lh1—g2 Lg4—e6!

Leitet eine zehnzügige, auf Figurgewinn berechnete Kombination ein.

34. Tc4—c2 ....

Augenscheinlich erzwungen.

34. .... Sf2—g4†
35. Kh2—h3 Sg4—e5†
36. Kh3—h2 Te3—f3:!
37. Td2—e2: Se5—g4†
38. Kh2—h3 Sg4—e3†
39. Kh3—h2 Se3—c2:
40. Lg2—f3: Sc2—d4!

Der Schlüsselzug! Nach 41. Te2—e3 oder Te2—f2, Sd4—f3‡ nebst Le6—d5 geht der Springer verloren. Weiß gab daher auf.

Nr. 24. Abgelehntes Damengambit.

(Aus dem Turnier zu Baden-Baden 1925.)

Schwarz: J. te Kolsté.

1. d2—d4 d7—d5
2. c2—c4 c7—c6
3. Sb1—c3 Sg8—f6

Hier kommt nach Grünfeld 3. .... e7—e5 4. c4—d5:, c6—d5: 5. Sg1—f3, e5—e4 6. Sf3—e5, Dd8—a5! usw. stark in Betracht.

4. e2—e3 e7—e6
5. Sg1—f3 Sb8—d7
6. Lf1—d3 d5—c4:

Die berühmte Meraner Variante, über deren Hauptziel man damals noch im Unklaren war.

7. Ld3—c4: b7—b5
8. Lc4—d3 a7—a6
9. e3—e4! c6—c5
10. e4—e5 Sf6—d5

Erweist sich als ungenügend. Das Beste ist bekanntlich 10. .... c5—d4: und auf 11. Sc3—b5: (weniger ausanalysiert ist 11. Sc3—e4), Sd7—e5:! usw.

11. Sf3—g5 ....

Ein scharfer Zug. Aber auch das einfache 11. Sc3—d5:, e6—d5: 12. d4—c5:, Sd7—c5: 13. Sf3—d4 usw. war gut genug.

11. .... c5—d4:
12. Sc3—d5:! ....

Ein Hereinfall wäre 12. Sg5—e6: wegen 12. .... Dd8—a5! usw.

12. .... e6—d5:
13. 0—0 Lf8—e7?

Verderblich. Notwendig war 13. .... Sd7—c5!, worauf Weiß den Angriff mit 14. f2—f4 fortgesetzt hätte.

(S. Stellungsbild)

14. e5—e6! ....

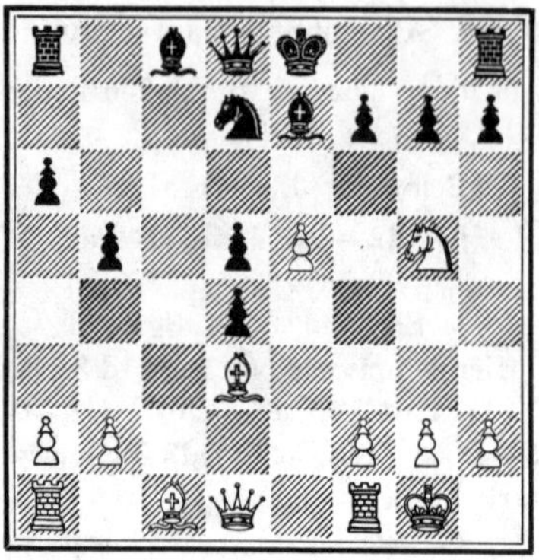

Damit zertrümmert Weiß die gegnerische Königsstellung und kommt nebenbei in materiellen Vorteil. Die Antwort von Schwarz ist erzwungen, da 14. .... Le7—g5: wegen 15. Dd1—h5! sofort verderblich wäre.

14.	....	Sd7—e5
15.	e6—f7‡	Ke8—f8

Ganz trostlos wäre 15. .... Se5—f7: 16. Tf1—e1 usw.

16.	Sg5—h7‡	Kf8—f7:
17.	Dd1—h5†	g7—g6
18.	Dh5—e5:	Th8—h7:
19.	De5—d4:	Th7—h4

Auch 19. .... Le7—f6 wäre wegen 21. Dd4—c5 usw. nicht genügend.

20.	Dd4—e3	Dd8—h8
21.	Ld3—g6‡	Kf7—g6:
22.	De3—e7:	Ta8—a7

Noch ein verzweifelter Ausfall, welcher von Weiß auf die einfachste Weise pariert wird.

23.	De7—a7:	Th4—h2:
24.	Da7—b6†	Kg6—f5

Sonst 25. Db6—c7†.

25.	g2—g4†!	....

Falls nun 25. .... Kf5—g4:, so Matt in 5 Zügen.

Schwarz gab auf.

Nr. 25. Abgelehntes Damengambit.

(Aus dem Turnier zu Baden-Baden 1925.)

Schwarz: Dr. K. Treybal.

1.	c2—c4	e7—e6
2.	d2—d4	d7—d5
3.	Sb1—c3	Sg8—f6
4.	Lc1—g5	Sb8—d7
5.	e2—e3	Lf8—e7
6.	Sg1—f3	0—0
7.	Ta1—c1	c7—c6
8.	Lf1—d3	d5—c4:
9.	Ld3—c4:	Sf6—d5
10.	Lg5—e7:	....

Auch Janowskis Zug 10. h2—h4 ist aussichtsreich. In der vorliegenden Partie versucht Weiß ein neues System.

10.	....	Dd8—e7:

Das Bestreben, die Stellung mit 10. .... Sd5—c3: zu vereinfachen, würde wie folgt scheitern: 11. Le7—d8:, Sc3—d1: 12. Ld8—e7, Tf8—e8 13. Le7—a3 usw.

11.	Sc3—e4	....

Dieses Manöver geschieht hier in der richtigen Zugfolge. Ohne vorherigen Läufertausch, wie der Zug einige Male versucht wurde, ist er sehr zweischneidig, und zwar: 10. Sc3—e4, f7—f6 I. 11. Lg5—h4, Dd8—a5† (Schwarz darf sich auch den Läuferfang 11. .... g7—g5 nebst f6—f5—f4 leisten) 12. K beliebig Sd7—b6 mit solidem Gegenspiel; II. 11. Lg5—f4, Sd7—b6 und Weiß muß entweder den Tausch seines Königsläufers oder die Gefangennahme seines Damenläufers (g7—g5 usw.) zulassen.

11.	....	Sd7—f6

Danach kommt Schwarz lange zu keinem Gegenspiel im Zentrum, da die wichtigen Punkte e5 und c5 völlig in der Gewalt des Anziehenden bleiben. Richtig ist nur 11. .... Sd5—f6!. Vergleiche diesbezüglich meine Wettpartien mit Capablanca aus dem letzten Kapitel.

12. Se4—g3! ....

Der nun folgende Damentausch entwickelt nur den weißen König für das Endspiel.

12. .... De7—b4†
13. Dd1—d2 Db4—d2:†
14. Ke1—d2: Tf8—d8
15. Th1—d1 Lc8—d7
16. Sf3—e5 Ld7—e8
17. Kd2—e2 Kg8—f8
18. f2—f4 g7—g6

Ein Zug, der weder notwendig noch erstrebenswert war, da er die ohnehin empfindliche Schwäche der schwarzen Felder noch verschlimmert. Geboten war 18. .... Ta8—c8.

19. Ke2—f3! ....

Bereitet den Vorstoß des g-Bauern vor, um u. a. den Sf6 zu vertreiben.

19. .... Ta8—c8
20. Lc4—b3 Tc8—c7
21. Sg3—e2 Sd5—e7
22. g2—g4 Td8—c8

23. Se2—g3! ....

Damit wird die vom Gegner geplante Befreiung c6—c5 indirekt verhindert.

23. .... Sf6—d5

Schweren Herzens geht Schwarz von seinem Plane ab. Es war harter Zwang, man prüfe folgende Varianten: 23. .... c6—c5 24. g4—g5 I. 24. .... Sf6—d5 25. d4—c5:, Tc7—c5: 26. Tc1—c5:, Tc8—c5: 27. Sg3—e4, Tc5—c7 28. Se4—d6, Se7—c6 29. Se5—g4! mit gewaltigem Stellungsvorteil für Weiß; II. 24. .... Sf6—d7 25. Se5—d7:†, Le8—d7: 26. Tc1—c5:, Tc7—c5: 27. d4—c5:, Kf8—e8 28. Kf3—f2 mit Bauerngewinn.

Allerdings kann auch der geschehene Zug nicht befriedigen, da er eine weitere Einengung des schwarzen Spiels gestattet.

24. Sg3—e4 Tc8—d8

Zu einem sofortigen Zusammenbruch würde 24. .... f7—f6 führen: 25. Se4—c5!, f6—e5: (Le8—f7 26. Se5—f7: nebst e3—e4) 26. Sc5—e6:†, Kf8—g8 27. Se6—c7:, e5—e4† (sonst 28. e3—e4) 28. Kf3—e4:, Tc8—c7: 29. Ke4—f3, und die weiße Bauernlawine setzt sich zermalmend in Bewegung.

25. Se4—c5 b7—b6
26. Sc5—a6 Tc7—c8
27. e3—e4 f7—f6

Eine Verzweiflungstat in höchster Erstickungsgefahr! Nach 27. .... Sd5—f6 (27. .... Sd5—c7 28. Sa6—c7:, Tc8—c7: 29. d4—d5 usw.) 28. g4—g5, Sf6—d7 29. Se5—g4, Kf8—g7 30. h2—h4 müßte Schwarz schließlich an Luftmangel zugrunde gehen.

28. e4—d5: f6—e5:
29. d5—d6! ....

Damit sichert sich Weiß ein entscheidendes materielles Übergewicht.

29. .... Td8—d6:

Oder 29. .... e5—e4† 30. Kf3—e4:, Td8—d6: 31. Ke4—e5!, Te8—d8 32. Sa6—c7 und gewinnt.

30. f4—e5: Td6—d5

Die relativ beste Fortsetzung. Nach 30. .... Td6—d8 31. Lb3—e6: würde Weiß noch leichter gewinnen.

31. Lb3—d5: Se7—d5:

Nun hat Schwarz eine Qualität weniger, aber seine Stellung ist gefestigt. Der folgende Partieteil liefert ein Beispiel, wie man in derartigen Stellungen zu verfahren hat, um den materiellen Vorteil einfach und rasch in Gewinn umzusetzen.

32. a2—a3 ....

Erst müssen die Springer getauscht werden.

32. .... g6—g5
33. Sa6—b4 Sd5—e7
34. Sb4—d3 Se7—d5
35. h2—h4! g5—h4:

Auf 35. .... h7—h6 folgt 36. h4—g5:, h6—g5: 37. Sd3—f2 nebst Sf2—e4 oder Sf2—h3 usw.

36. Sd3—f4 Sd5—f4:
37. Kf3—f4: ....

Nun wird der König den Bauer h4 erbeuten, dann zurückwandern und die Deckung des Damenbauern übernehmen. Auf diese Weise wird der Td1 frei und Schwarz muß durch die ständige Verpflichtung, die Punkte e6 und c6 zu decken, schließlich in Zugzwang geraten.

37. .... Tc8—d8
38. Kf4—g5! ....

Droht 39. Kg5—f6.

38. .... Kf8—g7
39. Kg5—h4: Td8—d5
40. Kh4—g5 Td5—d8
41. Kg5—f4 Td8—d7
42. Kf4—e3 Td7—b7
43. b2—b4 a7—a6
44. Td1—f1 Tb7—a7
45. Tf1—f6 Ta7—e7
46. a3—a4 Kg7—g8

Auf 46. .... Le8—d7 würde 47. Te1—f1 nebst Tf6—f8 folgen.

47. a4—a5 b6—b5

48. d4—d5! ....

Dieser Durchbruch ermöglicht das entscheidende Eingreifen des weißen Königs.

48. .... e6—d5:

Oder 48. .... c6—d5: 49. Tc1—c8, Kg8—g7 50. Tc8—a8 usw.

49. e5—e6! Kg8—g7
50. g4—g5 h7—h5
51. Ke3—d4 Te7—c7
52. Kd4—c5 Tc7—c8
53. Kc5—b6 d5—d4
54. e6—e7! Aufgegeben.

Nr. 26. Aljechins Verteidigung.

(Aus dem Turnier zu Baden-Baden 1925.)

Weiß: Sir G. Thomas.

1.	e2—e4	Sg8—f6
2.	d2—d3	c7—c5
3.	f2—f4	Sb8—c6
4.	Sg1—f3	g7—g6
5.	Lf1—e2	Lf8—g7
6.	Sb1—d2	....

Ein gekünstelter Zug, der das weiße Spiel einengt. In Betracht kam 6. c2—c4, was zwar den Punkt d4 preisgeben, aber den Gegenstoß d7—d5 sehr erschweren würde.

6.	....	d7—d5
7.	0—0	0—0
8.	Kg1—h1	b7—b6
9.	e4—d5:	Dd8—d5:

Sf6—d5: würde dem weißen Damenspringer das Feld e4 überlassen; der Textzug ist besser.

10.	Dd1—e1	....

Das Bauernopfer 10. Sf3—e5 würde sich nach 10. .... Sc6—e5: 11. f4—e5:, Dd5—e5: 12. Sd2—c4 (oder 12. Le2—f3, Ta8—b8 13. Sd2—c4, De5—c7), De5—e6 13. Le2—f3, Sf6—d5 usw. als inkorrekt erweisen.

10.	....	Lc8—b7
11.	Sd2—c4	Sc6—d4
12.	Sc4—e3	Dd5—c6
13.	Le2—d1	....

(S. Stellungsbild)

13.	....	Sf6—d5!

Provoziert den Abtausch von drei leichten Figuren, wonach Schwarz greifbaren Stellungsvorteil erlangt.

14.	Sf3—d4:	....

Ganz verfehlt wäre offenbar das Spiel auf Bauerngewinn: 14. Se3—d5:, Dc6—d5: 15. De1—e7:, Tf8—e8 16. De7—g5, Sd4—f3: 17. Ld1—f3: (noch trauriger 17. g2—f3: bzw. 17. Dg5—d5: nebst g2—f3:), Dd5—g5: 18. f4—g5:, Lb7—f3: 19. g2—f3:, Te8—e2 ∓.

14.	....	c5—d4:
15.	Se3—d5:	Dc6—d5:
16.	Ld1—f3	Dd5—d7
17.	Lf3—b7:	Dd7—b7:
18.	c2—c4	....

Sonst behält Weiß eine fürchterliche Schwäche auf c2.

18.	....	d4—c3:! (e. p.)
19.	b2—c3:	....

Nun wird sich der Anziehende früher oder später zu d3—d4 entschließen müssen, und Schwarz wird gegen die geschwächten weißen Felder im feindlichen Lager leichtes Spiel haben.

Der folgende Partieteil ist vom technischen Standpunkt sehr lehrreich.

19.	....	Ta8—c8
20.	Lc1—b2	....

Etwas besser wäre Lc1—d2.

20.	....	Tf8—d8
21.	Tf1—f3	Lg7—f6

Mobilisiert die Dame.

22. d3—d4 ....

Die positionelle Kapitulation! Da der weiße Damenturm durch zarte Rücksichten an den a-Bauer gebunden ist und der Gegner im Begriffe steht, mit Db7—a6 nebst Td8—d7 und Turmverdopplung auf der d- oder c-Linie fortzufahren, gab es aber für Weiß — um wenigstens vorläufig Ärgeres zu verhüten — keine andere Möglichkeit.

22. .... Db7—d5
23. De1—e3 Dd5—b5!
24. De3—d2 Td8—d5
25. h2—h3 e7—e6
26. Ta1—e1 Db5—a4
27. Te1—a1 b6—b5
28. Dd2—d1 Tc8—c4
29. Dd1—b3 Td5—d6
30. Kh1—h2 Td6—a6
31. Tf3—f1 Lf6—e7
32. Kh2—h1 Tc4—c6

Damit beginnt eine Umgruppierung, welche den Zweck hat, den Gegner zum Damentausch zu zwingen.

33. Tf1—e1 ....

Eine Falle! Auf 33. .... Le7—d6? würde 34. Te1—e6:!, f7—e6: 35. Db3—e6‡, Kg8—g7 36. d4—d5 nebst c3—c4† usw. folgen.

33. .... Le7—h4!

Vertreibt den Turm von der e-Linie, denn auf z. B. 34. Te1—e2 würde folgen: 34. .... Da4—b3:! 35. a2—b3:, Ta6—a1‡ 36. Lb2—a1:, Tc6—a6 37. La1—b2, Ta6—a2 38. b3—b4 (38. Kh1—h2, a7—a5! ∓), Lh4—g3 39. d4—d5, Lg3—f4: (einfacher als e6—d5: 40. c3—c4 usw.) und Schwarz gewinnt.

34. Te1—f1 Da4—c4
35. Db3—c4: ....

Sonst folgt Ta6—a4 nebst Tc6—a6 usw.

35. .... Tc6—c4:
36. a2—a3 Lh4—e7
37. Tf1—b1 Le7—d6!

Zwingt auch die Bauern des feindlichen Königsflügels auf schwarze Felder.

38. g2—g3 Kg8—f8
39. Kh1—g2 Kf8—e7
40. Kg2—f2 Ke7—d7
41. Kf2—e2 Kd7—c6

Nun ist der Bauer b5 gedeckt und es droht Tc4—a4.

42. Ta1—a2 Tc4—a4
43. Tb1—a1 Kc6—d5
44. Ke2—d3 Ta6—a5
45. Lb2—c1 a7—a6
46. Lc1—b2 h7—h5!

Droht h5—h4.

47. h3—h4 f7—f6

Die Vorbereitung zum Durchbruch im Zentrum, gegen den Weiß bei seiner allseits gelähmten Stellung völlig wehrlos ist.

48. Lb2—c1 e6—e5
49. f4—e5: f6—e5:
50. Lc1—b2 ....

Oder 50. d4—e5:, Ld6—e5: 51. Lc1—f4 (sonst folgt vernichtend 51. .... Ta4—g4), Le5—f4: 52. g3—f4:, Kd5—e6! und Schwarz gewinnt.

50. .... e5—d4:
51. c3—d4: b5—b4!

und Schwarz gab nach einigen weiteren Zügen auf.

Nr. 27. Englische Eröffnung.

(Aus dem Turnier zu Baden-Baden 1925.)

Schwarz: F. Sämisch.

1. c2—c4 c7—c5
2. Sg1—f3 Sg8—f6
3. d2—d4 c5—d4:
4. Sf3—d4: b7—b6

Offenbar, um die Flankenentwicklung des weißen Königsläufers zu verhindern. Der Plan kostet aber viel Zeit, die Weiß benutzen wird, um sich des Zentrums zu bemächtigen.

5. Sb1—c3 Lc8—b7
6. Lc1—g5! ....

Ein starker Zug, dessen Hauptzweck in der Verhinderung von g7—g6 besteht.

6. .... Sf6—e4
7. Sc3—e4: Lb7—e4:
8. f2—f3 Le4—b7
9. e2—e4 f7—f6

Schwarz hat schon ein unbequemes Spiel. Auf 9. .... Sb8—c6 z. B. folgt 10. Sd4—b5 mit der Drohung 11. Sb5—d6† und auch auf 9. .... g7—g6 würde 10. Sd4—b5! nebst Dd1—d4 den Zug f7—f6 doch erzwingen.

10. Lg5—e3 Sb8—c6
11. Sd4—b5 Dd8—b8

Auch auf 11. .... g7—g6 könnte Weiß Dd1—d2 nebst Le3—h6 spielen.

12. Dd1—d2! g7—g6
13. 0—0—0 d7—d6
14. Le3—h6 ....

Präziser als 14. h2—h4, denn nach 14. .... h7—h5 hätte es Weiß dann nicht so leicht gehabt, die feindliche Stellung zu stürmen.

14. .... a7—a6
15. Sb5—c3 Lf8—h6:
16. Dd2—h6: Db8—a7

Ein vergeblicher Versuch, zur langen Rochade zu kommen.

17. Sc3—d5! Ke8—f7

Erzwungen, denn falls 17. .... 0—0—0, so 18. Dh6—e3 mit Bauerngewinn.

18. c4—c5! ....

Das einleitende Opfer zu einem entscheidenden Angriff.

18. .... b6—c5:

19. Sd5—e7:! ....

Dies sollte eigentlich den Gegner in wenigen Zügen zum Aufgeben zwingen. Ungenügend wäre dagegen der Qualitätsgewinn 19. Sd5—c7, Sc6—a5! 20. Sc7—a8:, Lb7—a8: 21. Dh6—d2, Da7—b6 usw. mit sehr guten Gegenchancen für Schwarz.

19. .... Sc6—e7:
20. Td1—d6: ....

Einfacher war zunächst 20. Lf1—c4†, Kf7—e8 (d6—d5 21. e4—d5:, Se7—d5: 22. Td1—d5:! usw. ±) 21. Td1—d6: usw. mit gewinnendem Angriff. Der Textzug gestattet dem Nachziehenden noch eine geistreiche, aber doch nicht genügende Parade:

20. .... Lb7—d5!
21. Td6—a6: ....

Erst dieser Zug und nicht der vorige — wie in Baden-Baden behauptet wurde — gibt den Gewinn aus der Hand. Zwar wäre sowohl 21. Td6—d5:, Se7—d5: 22. Lf1—c4, Ta8—c8! 23. Lc4—d5‡, Kf7—e8 usw. als auch 21. Dh6—f4, Ld5—e6 22. Td6—e6:, Kf7—e6: 23. Lf1—c4†, Ke6—d7 nebst Kd7—c8 usw. nicht ganz überzeugend gewesen, aber mit 21. Dh6—f4, Ld5—e6 22. **Lf1—c4!** war ein müheloser Gewinn zu erzielen, z. B. 22. .... Le6—c4: 23. Df4—f6‡, Kf7—g8 24. Th1—d1, Lc4—d5 25. e4—d5:, Ta8—f8 26. Df6—e6† nebst Td6—d7 usw.

21. .... Da7—b7
22. Ta6—a8: Db7—a8:

Nicht das Beste. Richtig war 22. .... Th8—a8: 23. e4—d5:, Ta8—a2:, und Weiß hätte sich entschließen müssen, durch 24. Dh6—h7‡, Kf7—e8 25. Dh7—h8†, Ke8—f7 26. Dh8—h7† usw. Remis zu halten, da nach 24. Dh6—d2, Db7—b3! der schwarze Gegenangriff zu stark geworden wäre.

23. e4—d5: Da8—a2:

Auch auf 23. .... Da8—d5: hätte Weiß 24. Dh6—f4 gespielt.

24. Dh6—f4! ....

Der einzige Zug, aber genügend; denn damit wird 24. .... Th8—b8 verhindert und auch 24. .... Se7—d5: 25. Lf1—c4, Da2—a1† 26. Kc1—c2, Da1—h1: 27. Df4—c7†! usw. würde zu einem Débacle führen.

24. .... c5—c4

Führt zu einer Klärung der Stellung, wobei Weiß einen Mehrbauer behält, welcher allerdings noch gar nicht leicht zur Geltung zu bringen sein wird.

25. d5—d6! Da2—a1†
26. Kc1—c2 Da1—a4†
27. Kc2—b1 Da4—d1†
28. Df4—c1 Dd1—d6:
29. Lf1—c4‡ Kf7—g7
30. Th1—d1! Dd6—c6

30. .... Dd6—h2: 31. Td1—h1 nebst 32. Dc1—h6‡.

31. Td1—e1 Se7—c8
32. Dc1—c3 Th8—e8
33. Te1—e8: Dc6—e8:

34. Dc3—d4! ....

Mit diesem und dem nächsten Zuge trifft Weiß den richtigen Gewinnplan, der im Vorstoß der Königsflügelbauern besteht. Der freie b-Bauer muß nur später vorgehen, nachdem die Gefahr des ewigen Schach durch den Damentausch beseitigt ist.

34. .... De8—e7
35. Lc4—d3! ....

Vielleicht der schwierigste Zug der Partie, wodurch der Angriff gegen den Punkt h7 vorbereitet wird. Der folgenden Gewinnführung steht der Nachziehende machtlos gegenüber.

35. .... De7—c7
36. g2—g4! Kg7—f7
37. h2—h4 Sc8—b6
38. h4—h5 g6—h5:

Es drohte 39. h5—g6‡ nebst 40. Dd4—e4.

39. g4—h5: Dc7—c6

Oder 39. .... Kf7—g7 40. h5—h6†! usw.

40. Ld3—e4! ....

Und nicht 40. Ld3—h7:, Dc6—f3: 41. Dd4—b6:?, Df3—d1† mit ewigem Schach.

40. .... Dc6—b5
41. h5—h6 Db5—b3
42. Le4—c2! ....

Nachdem der Bh7 fixiert worden ist, gilt es nun, den Damentausch zu erzwingen.

42. .... Db3—b5

Oder 42. .... Db3—e6 43. Dd4—e4 usw.

43. Dd4—d3 Db5—d3:
44. Lc2—d3: Sb6—c8

Es ist klar, daß nach 44. .... Kf7—g8 der weiße Freibauer mit Hilfe des Königs und Läufers durch sein Vorgehen Figurengewinn erzwingt.

45. Ld3—h7: Aufgegeben.

Nr. 28. Aljechins Eröffnung.

(Aus dem Turnier zu Baden-Baden 1925.)

Weiß: J. Mieses.

1. e2—e4 Sg8—f6
2. Sb1—c3 d7—d5
3. e4—e5 ....

Zweifellos nachhaltiger ist hier 3. e4—d5:, da bei der Textfortsetzung Weiß — falls er nicht in eine für den Gegner günstige Variante der französischen Partie einlenken will — doch seinen e-Bauern abtauschen läßt, ohne dabei einen nennenswerten Entwicklungsvorsprung behalten zu können.

3. .... Sf6—d7

Ungünstig ist 3. .... Sf6—e4 wegen 4. Sc3—e2! usw.

4. Sc3—d5: ....

Wohl besser als die Einlenkung in die Steinitzvariante der französischen Partie durch d2—d4, e7—e6 usw.

4. .... Sd7—e5:
5. Sd5—e3 ....

Dieser Zug rührt von Nimzowitsch her, der ihn in seiner Partie gegen Réti anwandte. Große Entwicklungsschwierigkeiten dürfte er dem Schwarzen nicht verursachen.

5. .... Sb8—c6

Hier kommt auch 5. .... c7—c5 stark in Betracht.

6. Sg1—f3 Se5—f3‡
7. Dd1—f3: Dd8—d6

Dies ist aber etwas gekünstelt. Mit dem naheliegenden 7. .... g7—g6 — was Réti in einer späteren Runde gegen denselben Gegner versuchte — hätte Schwarz ein aussichtsreiches Spiel erlangt, z. B. 8. c2—c3, Lf8—g7 9. d2—d4, 0—0 nebst e7—e5 usw. Nun sollte aber Weiß etwas in Vorteil kommen.

8. Lf1—b5 Lc8—d7
9. 0—0 e7—e6
10. c2—c3 Dd6—e5
11. a2—a4 ....

Naheliegend, aber nicht das Beste. Richtig war 11. Df3—e2!, um 11. .... Lf8—d6 mit 12. f2—f4 beantworten zu können. Schwarz hätte sich in diesem Falle zu der immerhin zweischneidigen langen Rochade entschließen müssen.

11. .... Lf8—d6
12. g2—g3 De5—f6!
13. Df3—f6: ....

Auf 13. Df3—e2 hätte nun 13. .... a7—a6 usw. vorteilhaft folgen können. Nach dem Damentausch erhält aber Schwarz wegen der ungeschützten weißen Felder im feindlichen Lager die etwas besseren Aussichten.

13. .... g7—f6:
14. d2—d4 Sc6—a5!
15. Lb5—d7† ....

Falls 15. b2—b4, so 15. .... c7—c6 mit ∓.

15. .... Ke8—d7:
16. b2—b4 Sa5—c6!

Nach 16. .... Sa5—b3 17. Ta1—b1, Sb3—c1: 18. Tf1—c1: nebst c3—c4 usw. wäre Weiß in Vorteil gekommen. Jetzt aber kommt er immer mehr ins Hintertreffen.

17. Tf1—d1 ....

Auch 17. d4—d5, Sc6—e5 usw. würde ihm keine wesentliche Erleichterung bringen.

17. .... a7—a6!
18. Ta1—b1 b7—b5

Damit ist die schwache weiße Bauernstellung am Damenflügel glücklich festgelegt und es gilt nun bloß, sich der weißen Felder zu bemächtigen.

19. a4—a5 Sc6—e7
20. Kg1—f1 ....

Oder 20. d4—d5, h7—h5! 21. d5—e6†, f7—e6: 22. c2—c4, b5—c4: 23. Se3—c4:, Se7—d5 24. Lc1—d2, Ta8—b8 usw. zum klaren Vorteil von Schwarz.

20. .... Kd7—c6
21. Tb1—b2 Se7—d5
22. Kf1—e1 h7—h5!

Natürlich nicht 22. .... Sd5—c3:? wegen 23. Tb2—c2 nebst Lc1—d2 usw. Falls auf den Textzug 23. h2—h4, so 23. .... Sd5—e3: 24. Lc1—e3:, Kc6—d5—c4 usw. mit entscheidendem Vorteil.

23. Se3—g2 Ta8—e8

Droht eventuell auch mit e6—e5.

24. Lc1—e3 f6—f5!
25. Ke1—d2 ....

Etwas länger hätte sich Weiß noch mit 25. Ke1—f1 halten können. Schwarz hätte dann den entscheidenden Durchbruch am besten durch 25. .... Te8—g8 nebst Tg8—g4 usw. vorbereitet.

25. .... h5—h4!

Darauf gibt es für Weiß keine befriedigende Verteidigung mehr. Falls

z. B. 26. Td1—g1, so 26. .... Te8—g8 (mit der Drohung f5—f4) 27. Tb2—b1, h4—h3 28. Sg2—f4, Ld6—f4: 29. Le3—f4:, Sd5—f4: 30. g3—f4:, Tg8—g2 usw. mit leichter Gewinnführung.

26. Kd2—d3 ....

Es ist klar, daß 26. Sg2—h4: wegen 26. .... f5—f4 nicht geht.

26. .... h4—g3:
27. h2—g3: Th8—h2
28. Sg2—h4 ....

Oder 28. Td1—g1, Te8—g8 29. Tb2—b1, Ld6—g3:! 30. f2—g3:, Tg8—g3: und gewinnt. Der Textzug ist ebenfalls nur eine scheinbare Rettung.

28. .... Ld6—g3:!
29. Sh4—f3 Th2—g2
30. Sf3—e1 Tg2—g1!

Macht den letzten gegnerischen Hoffnungen ein Ende, da nach 31. f2—g3:, Tg1—g3: nebst 32. .... f5—f4 usw. Schwarz zwei Bauern mehr behält.

31. Tb2—e2 Lg3—d6
32. Td1—c1 Te8—h8!
33. Se1—f3 ....

Oder 33. Se1—c2, Tg1—c1: 34. Le3—c1:, Th8—h3† und gewinnt.

33. .... Tg1—c1:
34. Le3—c1: Th8—h3

Weiß gibt auf.

Nr. 29. Budapester Gambit.

(Aus dem Turnier zu Baden-Baden 1925.)

Schwarz: E. Rabinowitsch.

1. d2—d4 Sg8—f6
2. c2—c4 e7—e5
3. d4—e5: Sf6—g4
4. e2—e4! ....

Gilt mit Recht als die zweckmäßigste Behandlung dieser vielumstrittenen Variante. Weiß gibt den Gambitbauern zurück, erhält aber dafür die Beherrschung des starken Vorpostens d5. Allerdings müssen die nächsten Eröffnungszüge in genauer Folge gespielt werden, denn sonst kann eventuell die weiße Bauernstellung im Zentrum von Schwarz erfolgreich angegriffen werden.

4. .... Sg4—e5:
5. f2—f4 Se5—g6

Als stärker gilt heutzutage 5. .... Se5—c6.

6. Sg1—f3! ....

Wie sofort ersichtlich, braucht Weiß den Zug Lf8—c5 nicht zu verhindern.

6. .... Lf8—c5

Verhältnismäßig besser wäre 6. .... Sb8—c6, um dem Sg6 das Feld e5 im Falle f4—f5 zu sichern. Weiß würde darauf am besten 7. Lc1—e3 antworten.

7. f4—f5! Sg6—h4?

Der entscheidende Fehler. Ungenügend wäre natürlich 7. .... Sg6—e5 8. Sf3—e5:, Dd8—h4† 9. g2—g3, Dh4—e4‡ 10. Dd1—e2 usw., aber 7. .... Sg6—e7 8. Sb1—c3 usw. ± könnte und mußte geschehen.

8. Sf3—g5! ....

Der Gewinnzug. Es droht 9. Dd1—h5 mit Figurengewinn und Schwarz muß seine Stellung entscheidend kompromittieren, um für sein verirrtes Roß gewissermaßen Ersatz zu erlangen.

8. .... Dd8—e7
9. Dd1—g4 f7—f6

Wiederum das Einzige.

10. Dg4—h5†! ....

Bedeutend stärker als sofort 10. Dg4—h4:, worauf 10. .... f6—g5: 11. Lc1—g5:, De7—e5 nebst 0—0 mit etwas Gegenspiel gefolgt wäre.

10. .... g7—g6
11. Dh5—h4: f6—g5:
12. Lc1—g5: De7—f7
13. Lf1—e2 ....

Weiß hat nun bei überlegener Stellung einen Bauern gewonnen und braucht nur seine Mobilisierung zu vollenden, um dem entblößten schwarzen König den Todesstoß versetzen zu können.

13. .... 0—0
14. Th1—f1 Sb8—c6
15. Sb1—c3 Sc6—d4
16. f5—g6: Df7—g6:
17. Tf1—f8‡ Lc5—f8:
18. Le2—h5 Dg6—b6

Mit der kleinen Falle 19. Dh4—f2?, Sd4—c2†! usw.

19. 0—0—0 Lf8—g7
20. Td1—f1 Sd4—e6
21. Lh5—f7† ....

Und nicht 21. Lg5—f6?, Db6—e3† 22. Kc1—c2, Lg7—f6: mit der Drohung 23. .... Se6—d4† usw.

21. .... Kg8—h8
22. Lf7—e6: Db6—e6:

Oder 22. .... d7—e6: 23. Lg5—h6 und gewinnt.

23. Lg5—f6! ....

Gewinnt zum mindesten die Dame, z. B. 23. .... d7—d6 24. Lf6—g7‡, Kh8—g7: 25. Dh4—g5†, De6—g6 26. Dg5—e7† und die schwarze Dame ist verloren.

Schwarz gab auf.

Nr. 30. Abgelehntes Damengambit.

(Aus dem Turnier zu Baden-Baden 1925.)

Schwarz: F. Marshall.

1. d2—d4 d7—d5
2. c2—c4 Sg8—f6

Eine Seltenheit! Die vorliegende Partie scheint jedoch zu beweisen, daß diese Verteidigung weit mehr Beachtung verdient als ihr die sogenannten Autoritäten zubilligen.

3. c4—d5: ....

Nach 3. Sb1—c3, Lc8—f5 4. Dd1—b3, d5—c4: 5. Db3—b7:, Sb8—d7 würde Schwarz für den geopferten Bauer (denn c4 ist natürlich unhaltbar) bei ausgezeichneter Entwicklung gute Gegenchancen erlangen.

3. .... Sf6—d5:
4. e2—e4 ....

Réti vertrat später auf Grund dieser Partie die Ansicht, Weiß könne nur in der Weise einen Eröffnungsvorteil erzielen, daß er auf die sofortige Vertreibung des Sd5 verzichtet und sich zunächst mit 4. g2—g3 nebst Lf1—g2 usw. entwickelt.

4. .... Sd5—f6
5. Lf1—d3 ....

Auch nach 5. Sb1—c3, e7—e5! 6. Sg1—f3 (natürlich wäre 6. d4—e5:, Dd8—d1‡ 7. Ke1—d1:, Sf6—g4 eher für Weiß unbequem), e5—d4: 7. Dd1—d4: (oder 7. Sf3—d4:, Lf8—c5 8. Lc1—e3, Sf6—g4! ∓). Dd8—d4:

8. Sf3—d4:, Lf8—b4 stünde Schwarz befriedigend.

5. .... e7—e5!

Dieses neue Gambit, welches viel Ähnlichkeit mit dem Budapester besitzt, ist m. E. vollständig korrekt.

6. d4—e5: Sf6—g4

7. Sg1—f3 ....

Es ist klar, daß Schwarz nach 7. f2—f4, Lf8—c5 8. Sg1—h3, Dd8—h4† nebst 0—0 usw. für den geopferten Bauer einen mehr als genügenden Ersatz hätte.

7. .... Sb8—c6

8. Lc1—g5! ....

Verhältnismäßig das Beste. Der Versuch, den Bauer durch Lc1—f4 zu behaupten, würde zu großen, für Weiß äußerst gefährlichen Verwicklungen führen, z. B. (8. Lc1—f4), Sc6—b4 9. Ld3—b5†, Lc8—d7 (besser als c7—c6) 10. Lb5—d7‡, Dd8—d7: 11. Dd1—d7‡, Ke8—d7: 12. 0—0, Sb4—c2 13. Tf1—d1†, Kd7—c8 14. h2—h3 (oder Sf3—g5), Sg4—h6 und der Stellungsvorteil des Anziehenden bietet keinen genügenden Ersatz für die verlorene Qualität.

8. .... Lf8—e7

9. Lg5—e7: Dd8—e7:

10. Sb1—c3 Sc6—e5:

11. Sf3—e5: De7—e5:

Aber jetzt überschätzt Schwarz seine Stellung, indem er bei unvollendeter Entwicklung direkten Angriff sucht. Richtig war 11. .... Sg4—e5: 12. 0—0, 0—0 13. Ld3—e2, Lc8—e6 usw. mit ungefähr gleichem Spiel. Allerdings war das folgende Manöver, welches den Anziehenden in Vorteil bringt, schwer vorauszusehen.

12. h2—h3 Sg4—f6

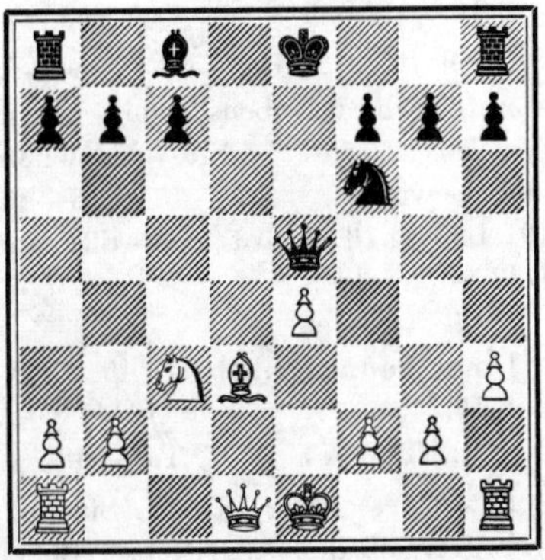

13. Dd1—d2! ....

Wahrscheinlich hatte Marshall bei seinem 11. Zuge nur mit 13. 0—0 gerechnet, worauf er mit 13. .... g7—g5! (um der Dame das Feld e5 zu sichern), Aussichten auf Gegenangriff erlangt hätte.

Der Textzug bezweckt einerseits die Vorbereitung der langen Rochade, anderseits die Einschränkung der feindlichen Dame. Auf diese Weise wird Schwarz gezwungen, seinen Entwicklungsplan zu ändern und sich ausschließlich mit der Verteidigung zu befassen.

13. .... Lc8—d7

14. Dd2—e3! ....

Nun kann Schwarz nicht lang rochieren, außerdem sind seiner Dame die unter Umständen wichtigen Felder c5 und d4 genommen.

14. .... Ld7—c6

15. 0—0—0 0—0

Die kurze Rochade ist natürlich sehr gefährlich. Wie aber sollte das Spiel fortgesetzt werden? Auf 15. .... De5—a5 folgt 16. Ld3—c4, und Schwarz müßte sich erst recht zu 0—0 entschließen, da doch der König nicht im Zentrum verbleiben kann.

16. f2—f4 De5—e6

Nach 16. .... De5—a5 17. e4—e5 könnte Schwarz ebensowenig wie in der Partie 17. .... Sf6—d5 ziehen, denn es würde 18. Sc3—d5:, Lc6—d5: 19. Ld3—h7‡! nebst De3—d3† und Dd3—d5: folgen.

17. e4—e5 ....

Droht hauptsächlich f4—f5.

17. .... Tf8—e8

18. Th1—e1 Ta8—d8

Etwas besser war 18. .... Sf6—d7, worauf Weiß den Angriff mit 19. g2—g4 fortgesetzt hätte. Nun folgt eine genau berechnete Gewinnkombination.

19. f4—f5 De6—e7

20. De3—g5 Sf6—d5

21. f5—f6 De7—f8

Die letzten Züge von Schwarz waren offenbar erzwungen.

22. Ld3—c4! ....

Dieser Läufer kommt nun auf der Diagonale a2—g8 zu rasch entscheidender Wirkung.

22. .... Sd5—c3:

23. Td1—d8: Te8—d8:

24. f6—g7:! ....

Die Pointe der mit dem 19. Zuge eingeleiteten Kombination! Weniger überzeugend wäre 24. e5—e6 wegen der Antwort Td8—d5!

24. .... Sc3—a2‡

Oder 24. .... Df8—e8 25. Lc4—f7‡!, Kg8—f7: 26. Te1—f1†, Kf7—e6 27. Tf1—f6†, Ke6—d5 28. Tf6—f8! und Weiß gewinnt.

25. Kc1—b1! ....

Nach 25. Lc4—a2: hätte Schwarz noch das rettende Damenschach auf c5.

25. .... Df8—e8

26. e5—e6! ....

Jetzt ist dieser Zug noch stärker als 26. Lc4—f7‡.

26. .... Lc6—e4†

27. Kb1—a1 ....

Möglich war auch 27. Te1—e4:, Td8—d1† 28. Kb1—c2, De8—a4† 29. b2—b3, Sa2—b4† 30. Kc2—d1: usw. Die Textfortsetzung ist jedoch viel einfacher.

27. .... f7—f5

Verzweiflung! Auf 27. .... f7—e6: gewinnt 28. Lc4—e6‡, De8—e6: 29. Dg5—d8‡, Kg8—g7: 30. Dd8—d4† nebst Te1—e4: usw.

28. e6—e7† Td8—d5

29. Dg5—f6! De8—f7

Weiß kündigt Matt in drei Zügen an:

30. e7—e8D† Aufgegeben.

Nr. 31. Französische Partie.

(Aus dem Turnier zu Baden-Baden 1925.)

Weiß: E. Bogoljubow.

1. e2—e4 e7—e6

2. Sb1—c3 ....

Rechnet wahrscheinlich mit einem Übergang zur Sizilianischen Verteidigung (2. .... c7—c5).

2. .... d7—d5
3. d2—d4 Sg8—f6
4. Lc1—g5 d5—e4:

Diese Variante ist nicht so minderwertig wie ihr Ruf, nur muß Schwarz sehr genau spielen, sonst kann er wirklich in eine unheilbar schlechte Stellung geraten.

5. Sc3—e4: ....

Auf 5. Lg5—f6: folgt bekanntlich 5. .... g7—f6: 6. Sc3—e4:, f6—f5 nebst Lf8—g7 usw.

5. .... Lf8—e7
6. Lg5—f6: Le7—f6:
7. Sg1—f3 ....

Sehr in Betracht kommt hier auch 7. Sg1—e2, analog einer im Turnier zu New-York 1924 mehrfach gespielten Variante der Mac Cutcheon-Verteidigung. Der Unterschied bestände nur in der Bauernstellung (a2 statt a3, wie z. B. in der Partie Bogoljubow-Réti des genannten Turniers), doch käme dieser Umstand höchstens dem Nachziehenden zugute. Deshalb verzichtet Bogoljubow auf die moderne Spielweise und wählt das erprobte alte Entwicklungssystem.

7. .... Sb8—d7
8. c2—c3 ....

Notwendig, denn 8. Lf1—d3 gestattet sofortigen Ausgleich durch 8. .... c7—c5 9. d4—c5:, Sd7—c5: 10. Ld3—b5†, Ke8—e7!! (Aljechin-Aurbach, Bern 1925), z. B. mit der Folge 11. Dd1—d8‡, Th8—d8: 12. Se4—c5:, Td8—d5 13. Sc5—a6, Lf6—b2: 14. Ta1—b1, Td5—b5: 15. Sa6—c7, Lb2—c3† 16. Ke1—e2, Tb5—b1: 17. Th1—b1:, Ta8—b8 18. Sc7—a6, Tb8—a8 19. Sa6—c7 Remis.

8. .... b7—b6
9. Se4—f6‡! ....

Viel besser als 9. Lf1—e2, wie in einer anderen Partie (Margate 1923) zwischen denselben Gegnern geschah.

9. .... g7—f6:

Es gibt nichts Besseres, z. B. I. 9. .... Sd7—f6: 10. Sf3—e5, Dd8—d5 11. Lf1—e2 oder II. 9. .... Dd8—f6: 10. Lf1—b5, 0—0 11. Dd1—a4! usw.; beide Varianten wären für Weiß günstig.

10. Lf1—d3 ....

Hier kam noch 10. Dd1—d2 in Frage, worauf Schwarz 10. .... Dd8—e7 gezogen hätte, um 11. Dd2—f4 mit 11. .... De7—d6 zu beantworten. Auch in diesem Falle hätte Weiß nicht viel erreicht.

10. .... Lc8—b7
11. Dd1—e2 c7—c5!

Ein scharf durchdachter Zug, bei welchem Schwarz hauptsächlich folgende Variante vor Augen haben mußte: 12. d4—c5:, Sd7—c5: 13. Ld3—b5†, Ke8—e7 14. b2—b4 (oder 14. Ta1—d1, Dd8—c7 15. b2—b4, a7—a6! usw.), Sc5—e4 15. Ta1—d1, Se4—c3:!! 16. Td1—d8:, Ta8—d8: 17. De2—c2, Sc3—b5: 18. 0—0, Th8—g8 mit klarem Vorteil für Schwarz.

12. 0—0—0 Dd8—c7!

Es ist klar, daß der Nachziehende bereits alle Eröffnungsschwierigkeiten überstanden hat und selbst zu drohen beginnt (z. B. Dc7—f4† nebst Th8—g8). Weiß findet aber den einzigen, sehr versteckten Weg zur Konsolidierung.

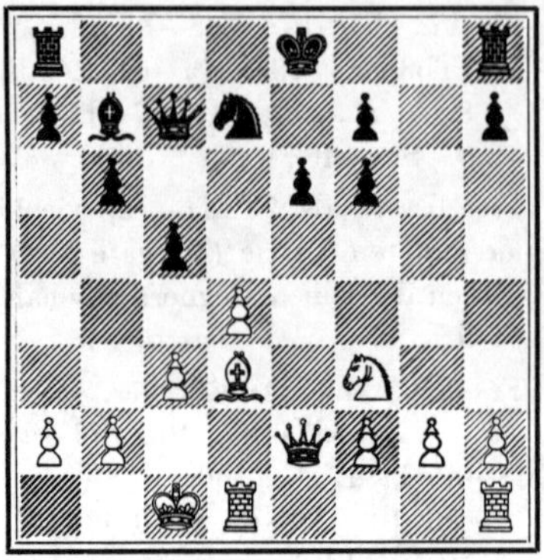

13. g2—g3! ....

Es gehört große Kaltblütigkeit und genaueste Berechnung dazu, sich freiwillig in eine derartige Fesselung zu begeben. Bald zeigt sich aber, daß der Zug vollkommen korrekt ist.

13. .... c5—d4:

14. Ld3—b5 0—0—0

Den Vorzug verdiente das einfachere 14. .... a7—a6 mit der Folge 15. Lb5—d7ǂ, Dc7—d7: 16. Td1—d4:, Dd7—b5! 17. De2—e3, Ke8—e7 usw. Falls es dann zum Endspiel gekommen wäre, hätte Schwarz auf seinen starken Läufer pochen können. Die gewählte Fortsetzung führt nur zum Ausgleich.

15. Td1—d4: Sd7—e5

Jetzt erscheint die weiße Stellung sehr gefährdet, z. B. wäre 16. Td4—d8ǂ, Th8—d8: 17. Lb5—a6 wegen 17. .... Se5—f3: 18. De2—f3:, Lb7—a6: 19. Df3—a8†, Kc8—d7 20. Th1—d1†, Kd7—e8! usw. ungenügend.

16. Lb5—a6! ....

Offenbar hatte Weiß schon bei 13. g2—g3 auf diesen Zug gebaut; auf 16. .... Dc7—c6 folgt nun 17. Th1—d1 und 17. .... Dc6—f3:? wäre bereits wegen 18. De2—f3:, Se5—f3: 19. Td4—d8ǂ, Th8—d8: 20. La6—b7ǂ ein entscheidender Fehler.

16. .... Lb7—a6:!

In Verbindung mit dem nächsten Zuge die einzige Möglichkeit, das Spiel zu halten.

17. De2—a6ǂ Kc8—b8

18. Da6—e2 Se5—f3:

19. Td4—d8ǂ Th8—d8:

20. De2—f3: f6—f5

21. Th1—d1 Td8—d1ǂ

22. Kc1—d1: ....

Weiß steht nun etwas günstiger, da er mit Rücksicht auf den feindlichen Doppelbauer ein vorteilhaftes Königsendspiel anstreben kann. Fehlerhaft wäre z. B. 22. .... Dc7—c4 wegen 23. Df3—f4†!, Dc4—f4: 24. g3—f4: und Weiß behält infolge seines Mehrbauern auf dem Damenflügel eine klare Gewinnchance.

22. .... Dc7—d7†

23. Kd1—c1 Dd7—b5!

24. b2—b3 ....

Danach kann Schwarz eine für ihn angenehme Vereinfachung herbeiführen. Aber auch nach 24. h2—h4, Db5—f1† 25. Kc1—c2, Kb8—c7 war seine Partie bei vorsichtigem Spiel durchaus zu halten.

24.	....	Db5—f1†
25.	Kc1—b2	Df1—h3!
26.	Df3—c6	....

Erzwungen, denn auf 26. Df3—h1 könnte der Vormarsch e6—e5 folgen.

26.	....	Dh3—h2:
27.	Dc6—e8†	Kb8—b7
28.	De8—f7†	Kb7—b8
29.	Df7—e8†	Kb8—b7
30.	De8—d7†	Kb7—b8
31.	Dd7—d8†	Kb8—b7
32.	Dd8—d7†	Kb7—b8
33.	Dd7—e8†	Kb8—b7
34.	De8—f7†	Kb7—a6!
35.	Df7—e6:	Dh2—f2‡
36.	Kb2—c1	....

Fruchtlos bliebe 36. Kb2—a3 wegen Df2—c5† usw.

36.	....	Ka6—b7!

Damit vermeidet Schwarz die letzte Falle: 36. .... Df2—a2:? 37. De6—c8†, Ka6—a5 (Ka6—b5 38. Dc8—c4† nebst b3—b4†) 38. b3—b4†, Ka5—b5 (auf Ka5—a4 gewinnt der Damentausch nebst c3—c4 usw.) 39. Dc8—d7†, Kb5—a6 (Kb5—c4 40. Dd7—e6†) 40. b4—b5† und gewinnt die Dame.

37.	De6—f7†	Kb7—c6!
38.	Df7—e6†	Kc6—c7
39.	De6—e5†	Kc7—c6
40.	a2—a4	Df2—f1†
41.	Kc1—d2	Df1—f2†
42.	Kd2—d3	Df2—f3†!
43.	Kd3—c2	....

Das weitere Vorgehen des Königs könnte böse Folgen haben, z. B. 43. Kd3—d4, Df3—d1†! 44. Kd4—c4, Dd1—f1† 45. Kc4—b4, a7—a5† 46. Kb4—a3, Df1—a1.

Bogoljubow schlug hier Remis vor, was ich annahm, da ich mich überzeugte, daß weitere Bemühungen nutzlos seien.

Tatsächlich hätte nach 43. .... Df3—e4† 44. De5—e4:, f5—e4: 45. g3—g4! nur der Anziehende Gewinnaussichten, z. B. 45. .... Kc6—d5 46. Kc2—d2, Kd5—e5 47. Kd2—e3, h7—h6 48. b3—b4, Ke5—d5 49. b4—b5! usw.

Eine von beiden Teilen spannend und inhaltsreich durchgeführte Partie.

Nr. 32. Abgelehntes Damengambit.

(Aus dem Turnier zu Baden-Baden 1925.)

Schwarz: A. Rubinstein.

1.	d2—d4	d7—d5
2.	c2—c4	e7—e6
3.	Sg1—f3	a7—a6

Die Lieblingsverteidigung Rubinsteins, welche er u. a. gegen mich auch in Haag 1921 anwandte. Vollen Ausgleich dürfte damit Schwarz allerdings kaum erreichen.

4.	c4—d5:	....

In Haag versuchte ich den immerhin zweischneidigen Zug 4. c4—c5. Die Textfortsetzung verschafft dem Anziehenden jedenfalls einen klaren Entwicklungsvorsprung.

4.	....	e6—d5:
5.	Sb1—c3	c7—c6
6.	Dd1—b3	Lf8—d6
7.	g2—g3	....

Mit der Absicht, durch den folgenden Läufertausch die schwarzen Felder am gegnerischen Damenflügel weiter zu schwächen. Gut ist auch

7. Lc1—g5, wie Pillsbury gegen Janowski in London 1899 spielte.

7. .... Sg8—e7

Ich hatte eher 7. .... Dd8—c7 erwartet, um den erwähnten Abtausch zu verhindern. In diesem Falle hätte Weiß 8. Lf1—g2 nebst 0—0 gespielt und dann den Doppelschritt des e-Bauern vorbereitet.

8. Lc1—f4! Ld6—f4:

9. g3—f4: Se7—f5

10. e2—e3 Sb8—d7

Falls 10. .... Sf5—h4, so einfach 11. Lf1—e2 usw.

11. Lf1—d3 Sd7—f6!

Ein feines Opferangebot, das Weiß nicht gut annehmen darf, z. B.: 12. Ld3—f5:, Lc8—f5: 13. Db3—b7:, 0—0 I. 14. Db7—c6:, Dd8—b8! und b2 ist nicht gut zu decken. II. 14. Db7—b3, Ta8—b8 15. Db3—c3, Dd8—b6 16. b2—b3, Sf6—e4! usw. ∓ — Aber durch die einfache Verfolgung seines ursprünglichen Planes sichert er sich nun ein sehr chancenreiches Spiel.

12. Sf3—e5 Dd8—e7

Hier war es für Schwarz Zeit zu rochieren, was angesichts der offenen g-Linie zwar auch seine Bedenken hätte, aber doch weit erträglicher wäre als das nun erfolgende Eindringen der weißen Springer. Der folgende Teil der Partie ist recht interessant.

13. Sc3—a4! ....

Droht mit Figurengewinn (Sa4—b6—c8: und Ld3—f5:),

13. .... Sf6—e4

Darauf erlangt der Anziehende eine Gewinnstellung. Am erträglichsten war hier noch 13. .... Sf5—d6 14. Sa4—c5 mit klarem, wenn auch noch nicht entscheidendem Vorteil für Weiß.

14. Sa4—b6 Ta8—b8

15. Ld3—e4: d5—e4:

16. d4—d5! ....

Nach diesem Vorstoß, welcher die Entwicklung des Lc8 hindert, hat Schwarz merkwürdigerweise keine genügende Verteidigung mehr.

16. .... f7—f6

Ebenfalls unbefriedigend war sowohl 16. .... c6—d5: (c6—c5) 17. Db3—a4†! usw. oder 16. .... 0—0 17. d5—c6: ±.

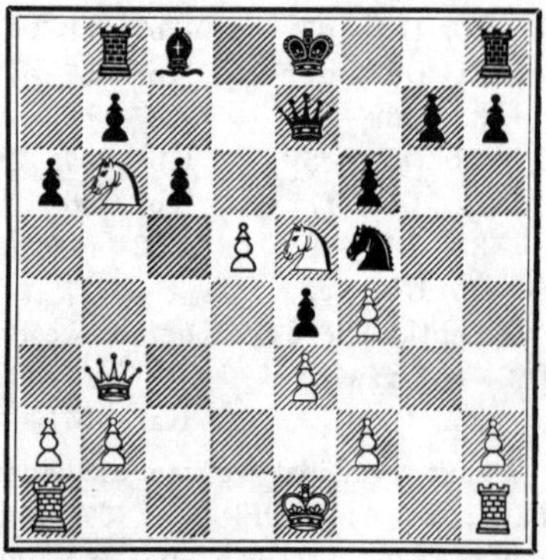

17. Se5—c4 ....

Damit erzwingt Weiß freilich ein recht günstiges Endspiel, versäumt es aber, die so energisch angelegte Partie stilgemäß durch folgende schöne Kombination zu beenden: 17. d5—c6:!!, f6—e5: (Lc8—e6 18. c6—c7 und gewinnt) 18. Sb6—d5, De7—c5 19. c6—c7, Tb8—a8 20. Sd5—b6, Dc5—a5† 21. Ke1—d1!! (allerdings das Einzige; ungenügend ist sowohl 21. Ke1—f1, e5—f4: 22. Sb6—a8:, Sf5—e3‡! usw., als auch 22. Ke1—e2, e5—f4: 23. Sb6—a8:, Sf5—e3:! usw.), worauf dem Schwarzen keine wirksame Angriffswendung zur Verfügung stünde, durch welche er seinen unvermeidlichen materiellen Nachteil (nach Sb6—a8:) hätte wettmachen können. — Ich verbrauchte mit der Durchrechnung der vielen mit diesem Hauptspiel verbundenen Varianten den Großteil meiner Bedenkzeit — und entschloß mich schließlich zu der übersichtlichen Spielweise im Text, um so mehr als ein Remis mir mit absoluter Sicherheit den ersten Preis sicherte. In einem früheren Turnierstadium hätte ich dagegen zweifellos die verwickeltere, aber viel zwingendere Opfervariante gewählt.

17. .... c6—d5:
18. Sb6—d5: De7—f7

Die einzige Möglichkeit, den König durch die Rochade in Sicherheit zu bringen.

19. Sc4—b6 0—0

Falls 19. .... Lc8—e6, so 20. Sd5—c7†, Df7—c7: 21. Db3—e6‡, Sf5—e7 22. Sb6—c4! usw. ±.

20. Sd5—c7! ....

Verhindert wieder Lc8—e6 und er zwingt den Damentausch, wonach das schwarze Spiel durch die beherrschende Stellung der weißen Springer allmählich total gelähmt wird.

20. .... Df7—b3:
21. a2—b3: Sf5—h4

Diese Demonstration am Königsflügel bleibt erfolglos, da die schwarzen Türme nicht mitwirken können.

22. 0—0—0! Lc8—g4
23. Td1—d4 Sh4—f5
24. Td4—c4 Sf5—d6
25. Tc4—c5 ....

Eine ideale Turmstellung — unangreifbar und zur Zeit bedrohlich!

25. .... Tf8—f7
26. Th1—g1 Lg4—e2
27. Sc7—e6 Sd6—b5

28. Se6—d4 ....

Höchste Zeitnot. Ein paar Sekunden Überlegung hätten genügt, um den selbstverständlichen Zug 28. Kc1—d2 zu wählen. Nach 28. .... Le2—d3 (auch 28. .... Le2—f3 ist nicht besser), 29. Tg1—c1 wäre die schwarze Stellung kaum länger zu halten gewesen, z. B.: 29. .... Sb5—d6 30. Tc5—d5, Sd6—b5 31. Sb6—c8! oder 29. .... Tb8—e8 30. f4—f5, Sb5—d6 31. Se6—f4, Ld3—b5 32. Tc5—d5 usw. — beides mit entscheidendem Vorteil. — Der Springertausch bedeutet offenbar eine wesentliche Erleichterung des schwarzen Spiels.

28. .... Le2—d3

Nicht 28. .... Sb5—d4:, da nach 29. e3—d4: nebst Kc1—d2—e3 usw. der weiße Freibauer sehr unangenehm geworden wäre.

29. Sd4—b5: ....

Noch immer, trotz des Tempoverlustes, käme 29. Sd4—e6 usw. in Betracht.

29. .... Ld3—b5:
30. Tg1—d1 Lb5—d3

Hier wurde die Partie abgebrochen und bei der Wiederaufnahme ohne weiteres Spiel Remis gegeben. Weiß steht etwas besser, aber bei richtigem Gegenspiel ließe sich dieser Vorteil wohl nicht vergrößern. Am einfachsten wäre es für Schwarz, nach 31. Kc1—d2!, Tb8—d8 32. Kd2—c3 dem Gegner das Feld e5 zu überlassen, um dafür ein Gegenspiel auf dem Königsflügel zu erlangen, z. B.: 32. .... f6—f5 33. Sb6—c4, Tf7—f6 34. Sc4—e5, Tf6—h6 35. Se5—d3: (Td1—h1, Ld3—b5 mit Gegenchancen auf der d-Linie), e4—d3: 36. Td1—d3:, Td8—d3† 37. Kc3—d3:, Th6—h2: 38. Kd3—e2, Th2—h1 usw., mit voraussichtlichem Friedensschluß. Eine inhaltsreiche Partie.

IV. Kapitel.

Turniere: Hastings, Scarborough, Birmingham 1926.

Von den Ereignissen des Jahres 1926 seien zunächst die drei kleineren Turniere Hastings, Scarborough und Birmingham besprochen. Da keines dieser Turniere eine größere sportliche Bedeutung hatte, verlegte ich mich um so mehr auf die weitere Ausbildung meines Stils. Die Mängel, welche meine Spielweise gegenüber derjenigen Capablancas aufwies, galt es zu beseitigen bzw. zu prüfen. In den Partien gegen Yates, Snosko-Borowsky und Janowski habe ich mich näher mit dem Übergang vom Mittelspiel ins Endspiel befaßt. Die letztere Partie sowie die aus Scarborough gegen Colle haben mir Gelegenheit gegeben, das Problem des Kampfes von Dame und Turm gegen Dame und Turm zu studieren; meine Kenntnisse auf diesem Gebiete haben sich später im Kampfe mit Capablanca bestens bewährt. In Hastings erinnerte mich übrigens das Schicksal auch an einen Mangel an sportlicher Erfahrung. Ich hatte meinen Nebenbuhler Dr. Vidmar bereits in der Eröffnung überspielt, nahm aber dessen Remisoffert an, da ich hoffte, mir im weiteren Verlauf des Turniers auf bequemere Art einen Vorsprung zu sichern. Das Schicksal bestrafte mich aber — Dr. Vidmar gewann ebenso wie ich alle übrigen Partien, und wir teilten schließlich die beiden ersten Preise.

Nr. 33. Budapester Gambit.

(Aus dem Weihnachtsturnier zu Hastings 1925/26.)

Schwarz: Dr. A. Seitz.

1. d2—d4 Sg8—f6
2. c2—c4 e7—e5
3. d4—e5: Sf6—g4
4. e2—e4 Sg4—e5:
5. f2—f4 Se5—c6

Auch 5. .... Se5—g6 hat seine Schattenseiten, siehe Partie Nr. 29.

6. Lc1—e3 Lf8—b4†
7. Sb1—c3! ....

Viel besser als 7. Sb1—d2, da 1.) diese Springerstellung wegen der eventuellen Drohung Sc3—d5 früher oder später den Abtausch des wichtigen schwarzen Königsläufers erzwingt, 2.) der Doppelbauer bei der scharfen Partieanlage nicht zu fürchten ist.

7. .... Dd8—e7
8. Lf1—d3 f7—f5
9. Dd1—h5†! ....

Erzwingt die folgende Schwächung des schwarzen Königsflügels. Wie wichtig dies ist, zeigt sich sehr bald.

9. .... g7—g6
10. Dh5—f3 Lb4—c3‡

Sonst 10. Sg1—e2.

11. b2—c3: f5—e4:?

Dieser nur die gegnerischen Pläne fördernde Tausch ist als entscheidender Fehler zu bezeichnen. Unumgänglich war 11. .... d7—d6, obwohl nach 12. Sg1—e2 nebst 0—0 usw. Weiß auch in diesem Falle weit überlegen stünde.

12. Ld3—e4: 0—0
13. Le4—d5† Kg8—h8

Schwarz hätte nun ein recht chancenreiches Spiel gehabt, falls sein g-Bauer noch auf g7 stehen würde. So ist aber seine Königsstellung ganz trostlos und wird ohne sonderliche Mühe in wenigen Zügen zertrümmert.

14. Sg1—h3 d7—d6
15. 0—0 Lc8—h3:

Ebenso schlecht wie alles andere.

16. Df3—h3: De7—d7

Oder 16. .... Sb8—d7 17. Ta1—e1!, De7—g7 18. f4—f5, g6—g5 19. Te1—b1!, Ta8—b8 20. f5—f6!, Sd7—f6: 21. Ld5—c6:, b7—c6: 22. Tb1—b8:, Tf8—b8: 23. Le3—d4, Tb8—f8 24. Dh3—e6 und gewinnt.

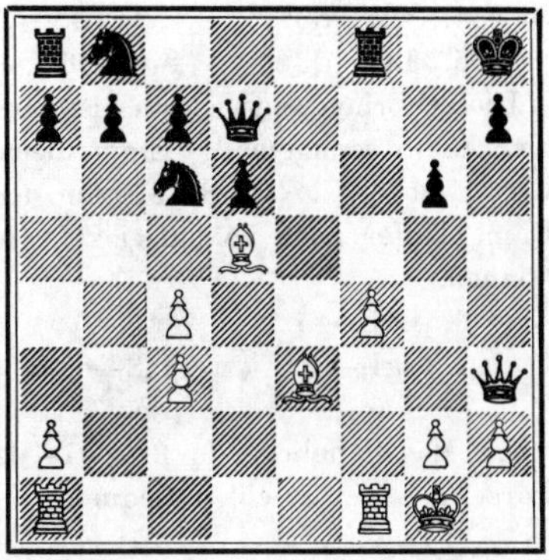

17. f4—f5! g6—f5:

Falls 17. .... Tf8—f5:, so 18. g2—g4, Tf5—f1‡ 19. Ta1—f1: und gewinnt.

18. Ta1—b1! ....

Dagegen ist kein Kraut gewachsen, z. B. 18. .... b7—b6 19. Tb1—e1 mit der unparierbaren Drohung 20. Le3—h6 nebst Tf1—f5: usw. oder 18. .... Sb8—a6 19. Ld5—c6: nebst 20. Le3—d4† und Matt in wenigen Zügen.

18. .... f5—f4
19. Le3—f4: Dd7—h3:
20. Lf4—e5† ....

Gewinnt wegen der Fesselung nach 20. .... d6—e5: 21. Tf1—f8‡, Kh8—g7 22. Tf8—g8† nebst 23. g2—h3: einen ganzen Turm.

Schwarz gab auf.

Nr. 34. Französische Partie.

(Aus dem Weihnachtsturnier zu Hastings 1925/26.)

Schwarz: F. D. Yates.

1. d2—d4 e7—e6
2. e2—e4 d7—d5
3. Sb1—c3 Lf8—b4

Wohl eine der sichersten Varianten der französischen Partie.

4. e4—d5: e6—d5:
5. Lf1—d3 Sg8—f6

Diese Springerentwicklung ist aber hier kaum sachgemäß. Empfehlenswerter ist 5. .... Sg8—e7, um den Damenläufer nach f5 entwickeln zu können.

6. Lc1—g5 0—0
7. Sg1—e2 Tf8—e8
8. 0—0 ....

Auf das naheliegende 8. Dd1—d2 wäre 8. .... c7—c5! unbequem.

8. .... c7—c6
9. Se2—g3 Sb8—d7
10. Sg3—h5 ....

Führt nur zu einer die schwarze Stellung erleichternden Vereinfachung. Chancenreicher war daher 10. Dd1—f3, h7—h6 11. Lg5—d2 usw.

10. .... Lb4—e7
11. Tf1—e1 ....

Gegen 11. f2—f4 (wovon Weiß bei seinem vorigen Zuge einen Moment geträumt hatte) hätte sich Schwarz mit 11. .... Sd7—f8! ausreichend verteidigen können.

11. .... h7—h6
12. Lg5—h4 Sf6—h5:
13. Lh4—e7: Te8—e7:
14. Dd1—h5: Sd7—f6
15. Dh5—h4 Lc8—d7
16. Te1—e5 ....

Geschieht, um eine weitere Verödung der Stellung durch Generalabtausch auf der e-Linie zu vermeiden. Im folgenden Endspiel übt der Bauer e5 einen gewissen Druck auf die gegnerische Stellung aus und Schwarz verliert hauptsächlich deshalb, weil er es unterläßt, diesen Bauern durch Abtausch rechtzeitig zu beseitigen.

16. .... Te7—e5:
17. d4—e5: Sf6—h7
18. Dh4—d8† ....

Die Vermeidung des Tausches wäre natürlich unzweckmäßig, da die schwarze Dame im folgenden eine größere Wirkung als die weiße ausgeübt hätte.

18. .... Ta8—d8:
19. f2—f4 Td8—e8

Siehe die Anmerkung zum 16. Zuge: Hier (oder noch statt 20. .... Sh7—f8) war f7—f6! am Platze. Nun kommt Schwarz allmählich in Nachteil.

20. Kg1—f2 Sh7—f8

21. b2—b4! ....

Leitet einen „Minderheitsbauernangriff" am Damenflügel ein, welcher meistens am besten geeignet ist, die Verwertung eines gegnerischen Übergewichts zu verhindern. Zweck: Verschaffung einer Schwäche auf c6 oder d5 und Besetzung der nun leicht zu öffnenden b-Linie.

21. .... Sf8—e6
22. g2—g3 Kg8—f8
23. Ta1—e1 ....

Um durch die Drohung f4—f5 eine kleine Schwächung (Punkt f6 —

eventuell zugänglich für den weißen Springer) zu erzwingen.

23. .... g7—g6
24. b4—b5 Se6—c5
25. b5—c6: b7—c6:
26. Te1—b1 Kf8—e7
27. Tb1—b4 ....

Verhindert für einen Moment 27. .... Ke7—d8, worauf 28. Sc3—a4! folgen würde. Schwarz macht daher einen plausiblen „Abwartezug", der aber in der Tat eine weitere Schwächung seiner Bauernstellung bedeutet.

27. .... h6—h5
28. Sc3—e2 ....

Natürlich nicht 28. Sc3—a4, a7—a5 29. Tb4—d4, Sc5—e6 usw. Der Textzug gestattet zwar 28. .... Ke7—d8, aber Weiß war nach dem letzten Bauernzug des Gegners der Ansicht, daß die Stellung zum Turmtausch reif sei.

28. .... Ke7—d8
29. Tb4—b8† Kd8—e7
30. Tb8—e8‡ Ld7—e8:
31. Kf2—e3 ....

Mit der Absicht 32. c2—c4. Falls aber 31. .... Le8—d7 — was noch am besten war —, so zunächst 32. a2—a3!, z. B. 32. .... Ld7—e6 33. Se2—d4 oder 32. .... Sc5—e6 33. c2—c4 oder endlich 32. Sc5—d3: 33. c2—d3:, c6—c5 34. d3—d4 35. Se2—c3, Ld7—e6 (c6) 36. f4—f5! usw., immer mit Vorteil für Weiß.

31. .... Sc5—d3:

Durch diesen Tausch wird allerdings dem Anziehenden die Arbeit wesentlich erleichtert. Das folgende Schlußspiel ist typisch.

32. c2—d3: c6—c5
33. d3—d4! c5—c4

Dieser gedeckte Freibauer erweist sich hier als absolut harmlos.

34. f4—f5! ....

In Verbindung mit den nächsten drei Zügen entscheidend.

34. .... g6—g5!

Offenbar verderblich wäre 34. .... g6—f5: 35. Se2—f4 usw.

35. h2—h4! ....

Verfrüht wäre 35. f5—f6†, da der schwarze König über e6 nach f5 eindringen würde.

35. .... f7—f6!

Noch die einzige Möglichkeit, dem Weißen für einen Augenblick den Punkt f4 streitig zu machen.

36. h4—g5:! ....

Ungenügend wäre 36. e5—e6 wegen g5—h4: 37. g3—h4:, Ke7—d6 nebst Kd6—c6—d6 usw. und Schwarz könnte noch alle wunden Punkte decken.

36. .... f6—g5:
37. Se2—g1! ....

Der Schlüsselzug der Gewinnführung. Der Springer dringt nun über g5 oder f4 ein.

37. .... Le8—d7

Oder 37. .... h5—h4 38. g3—g4!, Ld7—a4 39. Ke3—e2! nebst Sg1—h3 —g5: usw. mit leichtem Gewinnspiel.

38. f5—f6†! Ke7—e8

Falls 38. .... Ke7—f7, so 39. Sg1 —f3, Kf6—g6 40. Sf3—g5: usw.

39. Sg1—f3 g5—g4
40. Sf3—h4 Ld7—e6
41. Sh4—g6 Le6—f7
42. Sg6—f4 Ke8—d7

Nun ist momentan wieder alles gedeckt, aber Schwarz gerät in Zugzwang.

43. Ke3—e2! a7—a5
44. Ke2—e3 Lf7—g8

Oder 44. .... a5—a4 45. a2—a3 usw.

45. Sf4—h5: ....

Das Übrige ist schon leicht.

45. .... Lg8—f7
46. Sh5—f4 Lf7—g8
47. Sf4—e2 Lg8—e6
48. Ke3—f4 Kd7—e8
49. Kf4—g5 Ke8—f7
50. Se2—c3 Kf7—f8
51. Kg5—g6 Kf8—g8
52. f6—f7†! Kg8—f8
53. Kg6—f6 Le6—f7:
54. e5—e6 Lf7—h5
55. Sc3—d5: Lh5—e8
56. Sd5—c3 Aufgegeben.

Nr. 35. Damenbauerspiel.

(Aus dem Weihnachtsturnier zu Hastings 1925/26.)

Weiß: D. Janowski.

1. d2—d4 Sg8—f6
2. Sg1—f3 ....

Vorzuziehen ist meines Erachtens 2. c2—c4.

2. .... c7—c5
3. e2—e3 ....

Gestattet dem Gegner einen leichten Ausgleich. Nicht ganz überzeugend war auch 3. d4—d5, denn nach 3. .... d7—d6 4. Sb1—c3, Lc8—f5 5. Sf3—d2, g7—g5! 6. e2—e4, Lf5—g6 hätte Schwarz, gestützt auf die starke Stellung seines Königsläufers, Gegenchancen. Darum wäre 3. c2—c4 der einfachste Weg gewesen, um den Eröffnungsvorteil festzuhalten.

3. .... d7—d5!
4. Lf1—d3 ....

Da Weiß c2—c4 spielen will, war es besser, diese Absicht sofort durchzuführen; Schwarz hätte dann entweder mit 4. .... e7—e6 seinen Damenläufer einsperren oder die Variante 4. .... c5—d4: 5. e3—d4:, Lc8—g4 wählen müssen, welche aber nach 6. Lf1—e2 für den Anziehenden gewiß günstiger wäre als die Textfortsetzung.

4. .... Sb8—c6

Auch 4. .... Lc8—g4 kam hier in Frage, worauf aber Weiß mit 5. b2—b3 mit einem Tempo mehr zu einer Variante der orthodoxen Verteidigung übergehen könnte.

5. c2—c4 c5—d4:

Vermeidet die Symmetrie nach 5. .... e7—e6 und sucht aus der momentanen, durch die voreilige Entwicklung des weißen Königsläufers hervorgerufenen Schwäche des Damenbauern Kapital zu schlagen.

6. e3—d4: Lc8—g4
7. c4—d5: ....

Noch das Beste; z. B. nach 7. Lc1—e3, e7—e5! wäre Schwarz glänzend entwickelt.

7. .... Sf6—d5:

Natürlich nicht 7. .... Sc6—d4:? wegen 8. Dd1—a4†.

8. Sb1—c3 e7—e6
9. Lc1—e3 Lf8—e7

Übereilt wäre der Angriff 9. .... Lf8—b4 10. Ta1—c1, Dd8—a5 wegen 11. 0—0!, z. B. 11. .... Sd5—c3: 12. b2—c3:, Lb4—c3: 13. Ld3—e4! und Weiß hat für den geopferten Bauer genügenden Ersatz. Der Textzug beendet ruhig die Entwicklung und bereitet eine Belagerung des vereinzelten Bauern vor.

10. Dd1—b3 ....

Um den besagten Plan zu stören, stürzt sich Weiß in ein Abenteuer, indem er ohne Kompensation eine Sprengung seines Königsflügels gestattet. Solid, wenn auch farblos, war 10. Ld3—e4.

10. .... Lg4—f3:
11. g2—f3: 0—0

Es leuchtet ein, daß die weiße Stellung nach 11. .... Sd5—e3: 12. f2—e3:, Le7—h4† 13. Ke1—e2 an Festigkeit gewinnen würde. Das berühmte Läuferpaar ist hier nicht zu fürchten, denn die leichten Figuren werden bald getauscht.

12. Ta1—d1 ....

Auf 12. 0—0—0 folgt Sc6—a5 13. Db3—a4 (oder 13. Db3—c2, Sd5—b4 14. Ld3—h7‡, Kg8—h8 15. Dc2—b1, Ta8—c8 ∓), Ta8—c8 ∓.

12. .... Sc6—b4!

Komplizierter, aber auch besser als 12. .... Le7—g5, worauf Schwarz nach 13. Sc3—d5:, e6—d5: 14. Db3—b7: Schwierigkeiten hätte, für den geopferten Bauer ein genügendes Äquivalent zu finden.

13. Ld3—e4 Le7—g5
14. f3—f4 ....

Oder 14. a2—a3, Lg5—e3: 15. f2—e3:, f7—f5 16. Le4—b1, Sd5—c3: 17. Db3—e6‡, Kg8—h8 18. b2—c3:, Sb4—d5 ∓.

14. .... Lg5—h6

Das Nehmen des Bauern hätte nur zu einer dem Anziehenden willkommenen Vereinfachung geführt, und zwar: 14. .... Lg5—f4: 15. Sc3—d5: (aber nicht 15. Le4—d5:, Lf4—e3: 16. Db3—b4:, Dd8—h4! ∓), Sb4—d5: 16. Lc4—d5:, Lf4—e3: 17. Ld5—b7: usw.

15. a2—a3 ....

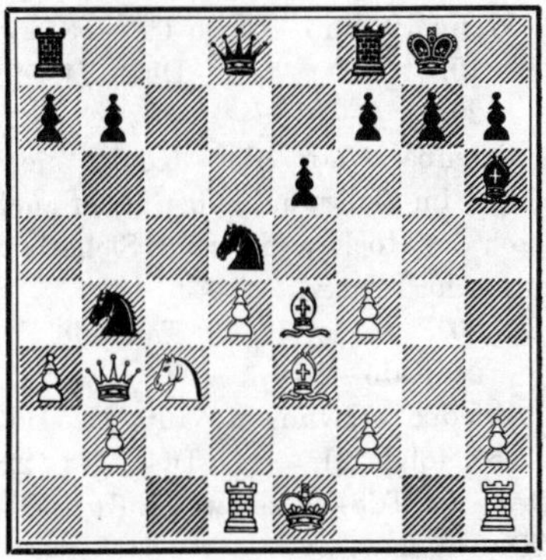

Weiß rechnete wahrscheinlich auf die Variante 15. .... Sd5—c3: 16. b2—c3:, Sb4—d5 17. c3—c4, Sd5—f4: 18. Db3—b7: usw. mit befriedigendem Spiel. Aber es folgt eine Überraschung, welche Schwarz durch sein Läufermanöver vorbereitet hatte.

15. .... Dd8—h4!

Erzwingt den Abtausch der leichten Figuren, wonach Weiß infolge seines geschwächten Königsflügels auf die Verteidigung beschränkt und nicht in der Lage sein wird, sein Übergewicht auf der Damenseite zu verwerten.

Es gab vielleicht auch andere Wege, den riskanten 10. Zug von Weiß auszunutzen, ich glaube aber den besten gewählt zu haben; er ist einfach und überzeugend.

16. Le4—d5: ....

Es gab nichts Besseres, z. B. 16. Ke1—e2, Lh6—f4: 17. a3—b4:, Lf4—e3: 18. Le4—d5:, Dh4—f2‡ 19. Ke2—d3, Le3—d4: mit Gewinnstellung für Schwarz.

16. .... Sb4—d5:
17. Sc3—d5: e6—d5:
18. Db3—d5: Lh6—f4:
19. Le3—f4: ....

Wenn 19. Dd5—e4, so Tf8—e8 usw.

19. .... Dh4—f4:
20. 0—0 ....

Offenbar darf der König nicht länger im Zentrum bleiben; aber auch nach der Rochade ist seine Sicherheit nur sehr relativ.

20. .... Ta8—d8
21. Dd5—b7: ....

Wieder erzwungen; auf 21. Dd5—e5? folgt 21. .... Df4—g4† 22. De5—g3, Td8—d4: bzw. 22. Kg1—h1, Tf8—e8 usw.

21. .... Td8—d4:

Drohend 22. .... Td4—d1: nebst 23. .... Df4—g4†.

22. Td1—d4: Df4—d4:

Diese Stellung birgt für den Anziehenden weit mehr Gefahren als es den Anschein hat. Der Gegner droht mit dem f- und h-Bauer anzugreifen und schließlich seinen Turm mit entscheidender Wirkung heranzuholen. Diese Aufgabe wird ihm in der Folge erleichtert, da Weiß die Lage zu optimistisch beurteilt und einigemal ungenau spielt. Er sollte z. B. an der Textstelle 23. Db7—b4 ziehen, um die feindliche Dame aus ihrer beherrschenden Position zu verdrängen. Auf diese Weise hätte er auch seine Figuren viel eher zu gemeinsamer Abwehr vereinigen können.

23. Tf1—e1 h7—h5
24. Te1—e4 ....

Erlaubt dem Gegner einen wichtigen Tempogewinn. Auch hier war Db7—b4 der gegebene Zug.

24. .... Dd4—d1†
25. Kg1—g2 f7—f5!
26. Te4—e3 Dd1—d4!

Es drohte 27. Db7—b3†. Der Textzug ist viel besser als 26. .... Kg8—h7, worauf Weiß mit 27. Db7—e7!, Tf8—f6 28. Te3—g3 usw. fortfahren könnte.

27. Db7—b3† Kg8—h7
28. Db3—c3 Dd4—d5†
29. Kg2—g1 Tf8—f6!

Nicht aber 29. .... h5—h4 wegen 30. Te3—e7 usw.

30. Te3—g3 h5—h4
31. Dc3—f3 ....

Oder 31. Tg3—g5, Dd5—d1† 32. Kg1—g2, Kh7—h6 33. Dc3—e3, f5—f4 ∓ bzw. 33. f2—f4, Dd1—e2† 34. Kg2—g1, De2—e4 ∓.

31. .... Dd5—c5

Verhindert vorläufig 32. Tg3—g5 und erobert das wichtige Tempo zur entscheidenden Placierung der Dame.

32. Df3—e3 Dc5—c6!
33. Tg3—g5 ....

Nunmehr erzwungen, denn 33. Tg3—g2 würde wegen Tf6—e6 34. De3—d2, Te6—d6 sofort verlieren.

(S. Stellungsbild)

33. .... Tf6—e6

Bisher hatte Schwarz den Angriff einwandfrei geführt und gewonnenes Spiel erlangt. Hier aber befand er

sich in Zeitnot (die Kontrolle war nach jedem 17. Zuge vorgeschrieben!) und geht fehl. Nach 33. .... g7—g6! wäre Weiß in eine hoffnungslose Lage geraten, z. B. I. 34. De3—e7†, Kh7—h6 35. f2—f4 (oder 35. De7—e3 Tf6—e6 36. De3—d2, Te6—d6 und gewinnt), Dc6—c1† 36. Kg1—g2, Dc1—f4: 37. De7—f6:, Df4—g5‡ 38. Df6—g5‡, Kh6—g5: 39. Kg2—f3 (auf 39. b2—b4 oder 39. Kg2—h3 gewinnt 39. .... Kg5—f4!), Kg5—f6 40. b2—b4, Kf6—e5 41. a3—a4, g6—g5! 42. b4—b5, Ke5—d5 und Schwarz gewinnt. II. 34. f2—f4, Tf6—e6 35. De3—f2, h4—h3 36. Df2—h4†, Kh7—g7 37. Dh4—h3:, Dc6—c1† und Schwarz gewinnt.

Der Textzug sollte nur zum Remis führen.

34. De3—c3? ....

Er nimmt die günstige Gelegenheit nicht wahr. Der Damentausch verliert wegen der schlechten Stellung des weißen Turmes. Die einzige, aber auch genügende Verteidigung bot 34. Tg5—h5†, Kh7—g8 (oder 34. .... Kh7—g6 35. De3—g5† usw.) 35. De3—b3! und Schwarz kann sich aus der Fesselung nicht rechtzeitig befreien. Die Folge könnte sein: 35. .... Dc6—c1† 36. Kg1—g2, Dc1—c6† 37. Kg2—h3 (oder 37. Kg2—g1, Dc6—c1† und Remis), g7—g6 38. Th5—h4:, Kg8—g7 und wegen der vielen Drohungen z. B. g6—g5, Dc6—h1 oder Te6—e2 usw. hätte Weiß nichts Besseres als 39. Db3—c3†, Dc6—c3: 40. b2—c3:, Te6—c6 41. c3—c4, Tc6—a6 usw. mit Remisschluß.

34. .... Dc6—c3:
35. b2—c3: g7—g6!

Entscheidend!

36. Kg1—f1 ....

Etwas besser wäre 36. Kg1—h1, aber auch dann gewänne Schwarz ohne Schwierigkeit, z. B. 36. .... Te6—c6 37. Tg5—g1, Tc6—c3: 38. Tg1—a1, h4—h3 usw.

36. .... Te6—c6
37. Tg5—g1 Tc6—c3:
38. Kf1—e2 Tc3—a3:

Damit ist der Kampf zu Ende, es folgt nur noch ein Spaziergang der siegreichen Truppen.

39. Tg1—c1 Kh7—h6
40. Tc1—c7 Kh6—g5
41. Tc7—c6 a7—a5
42. Tc6—a6 a5—a4
43. h2—h3 Kg5—f4!
44. Ta6—g6: Ta3—a2†
45. Ke2—f1 Kf4—f3
46. Kf1—g1 Ta2—f2:
47. Tg6—c6 Tf2—e2
48. Tc6—c3† Te2—e3
49. Tc3—c5 f5—f4
50. Tc5—a5 a4—a3
51. Kg1—f1 Te3—b3
52. Kf1—e1 Kf3—g2

Weiß gab auf.

Nr. 36. Spanische Partie.

(Aus dem Turnier zu Scarborough, Mai 1926.)

Weiß: E. Colle.

1.	e2—e4	e7—e5
2.	Sg1—f3	Sb8—c6
3.	Lf1—b5	a7—a6
4.	Lb5—c6:	d7—c6:
5.	Sb1—c3	f7—f6
6.	d2—d3	....

Eine Anzahl von Partien aus der Nachkriegszeit, von denen die zwischen Bogoljubow und Kostic aus Göteborg 1920 die bekannteste ist, liefert den Beweis, daß die mit dem Damentausch 6. d2—d4 verbundene Linienöffnung dem Anziehenden höchstens Remis verspricht. Aber auch der Versuch, durch Öffnung der f-Linie etwas Wesentliches zu erreichen, kann keinen Erfolg haben; denn Schwarz wird durch den Druck gegen d4 schließlich c2—c3 erzwingen und dann seine Kräfte gegen den geschwächten Bauer d3 wenden können. Die vorliegende Partie ist insofern lehrreich, als Schwarz mit ganz einfachen Mitteln in Vorteil kommt und allmählich die Entscheidung herbeiführt.

6.	....	Lf8—d6
7.	Lc1—e3	....

Einen anderen, etwas gekünstelten Aufbau wählte gegen mich Dr. Tartakower im Semmeringer Turnier 1926. Wahrscheinlich folgte er hierbei einer Analyse von P. Romanowsky, die damals in einer russischen Schachzeitung erschienen war. Diese Partie wurde folgendermaßen fortgesetzt: 7. Sc3—e2, Sg8—e7 8. Sf3—d2, Lc8—e6 9. 0—0, Se7—g6 10. Sd2—b3, 0—0 11. Lc1—e3, b7—b6 12. Kg1—h1, Dd8—e7 13. f2—f4, f6—f5, 14. f4—e5:, Sg6—e5: 15. e4—f5: Se5—g4! 16. Le3—f4 und Schwarz konnte nun durch 16. .... Tf8—f5:! (statt Le6—f5:) 17. Sb3—d4, Tf5—h5 entscheidenden Angriff erlangen.

7.	....	Sg8—e7
8.	Dd1—d2	c6—c5

Damit droht die unangenehme Einquartierung des schwarzen Springers auf d4. Weiß trachtet natürlich, diesen Plan zu vereiteln.

9.	Sc3—e2	Se7—c6
10.	c2—c3	Dd8—e7

Um nicht ohne weiteres den Vorstoß d3—d4 zu gestatten.

11.	0—0	0—0
12.	Se2—g3	g7—g6!

Es war sehr wichtig, dem Springer g3 für alle Zeiten die Felder f5 und h5 zu verbieten. Der Vorstoß d3—d4 ist nicht zu fürchten, z. B. 13. d3—d4, c5—d4: 14. c3—d4:, e5—d4: 15. Sf3—d4:, Sc6—d4: 16. Le3—d4:, Lc8—e6 und Schwarz hat mit Rücksicht auf das Läuferpaar gute Aussichten, sein Übergewicht auf dem Damenflügel zur Geltung zu bringen.

13.	Sf3—e1	....

Bereitet den Haupttrumpf, die Öffnung der f-Linie, vor. Die Harmlosigkeit dieses Planes geht aber am besten daraus hervor, daß ihm Schwarz mit einfachen Entwicklungszügen erfolgreich begegnen kann.

13.	....	Lc8—e6
14.	f2—f4	e5—f4:
15.	Le3—f4:	Ta8—d8
16.	Lf4—d6:	De7—d6:

Der Tausch auf d6 und f4 führte zu einer unmittelbaren Bedrohung des Bauern d3; außer Sc6—e5 ist nun auch Le6—c4 zu parieren.

17. Dd2—f2 Sc6—e5

18. b2—b3! ....

Auf 18. Ta1—d1 wäre natürlich 18. .... Le6—c4 gefolgt. Der Textzug ist gut, aber er kann trotzdem nicht alle Gefahr abwenden, er vermeidet vielmehr nur den unmittelbaren Bauernverlust.

18. .... f6—f5

Wieder sehr einfach, aber ebenso überzeugend! Es zeigt sich nun, daß alle in die f-Linie gesetzten Hoffnungen des Anziehenden nur ein Traum waren.

Zu bemerken ist, daß 18. .... b7—b6, mit der Absicht, nunmehr d3 zu schlagen, nur eine „Scheinlösung“ wäre, und zwar: 19. Ta1—d1, c5—c4 20. d3—d4!, c4—b3: 21. a2—b3:, Le6—b3: 22. Td1—b1, Se5—g4 23. Df2—e2, Lb3—e6 24. De2—a6: und Weiß steht befreit und befriedigend.

19. e4—f5: Le6—f5:

20. Sg3—f5: Tf8—f5:

21. Df2—e2 Tf5—f1†

22. De2—f1: ....

Nach 22. Kg1—f1:, Se5—d3: usw. würde Schwarz leicht gewinnen.

22. .... Se5—d3:

Hier gab es noch einen anderen Gewinnweg, nämlich 22. .... Se5—g4 23. Se1—f3 (23. g2—g3, Td8—f8 nebst Dd6—f6 usw.), Dd6—d3: usw. Mich zog jedoch das schwierige Dame + Turm-Endspiel an, und ich ergriff gern die Gelegenheit, mich in seine verborgenen Möglichkeiten zu vertiefen. Vergleiche auch meine im selben Jahre gespielten Partien gegen Janowski in Hastings und gegen Rubinstein in Dresden.

23. Se1—d3: ....

Natürlich nicht 23. Ta1—d1 wegen c5—c4! usw.

23. .... Dd6—d3:

24. Df1—e1! Dd3—d5

Infolge der offenen Stellung seines Königs muß Schwarz erst einige Sicherungen durchführen, ehe er sein nächstes Ziel, den Damentausch, verfolgen darf.

25. De1—e7 Dd5—d6

26. De7—e3 Td8—f8

27. Ta1—e1 Kg8—g7

Dieser und die drei nächsten Züge sind als Vorbereitung zu Dd6—f4 notwendig.

28. h2—h3 Tf8—f7

29. Kg1—h1 b7—b6

30. De3—e8 ....

Im Hinblick auf die Drohung Dd6—f4 war es geboten, den König wieder nach g1 zu spielen; die Unterlassung dieser Maßregel erleichtert die Aufgabe des Nachziehenden.

30. .... a6—a5

31. De8—e3 Dd6—f4!

32. De3—f4: .

Andernfalls hätte Schwarz seinen Druck ohne besondere Schwierigkeiten verstärkt, z. B. 32. De3—e6, Df4—g3! oder 32. De3—d3, a5—a4 usw.

32. .... Tf7—f4:

Droht sowohl 33. .... Tf4—f2 als auch 33. .... c5—c4.

33. Te1—e7† Tf4—f7
34. Te7—e3 Tf7—f1†

Nun macht sich die ungünstige Stellung des weißen Königs bemerkbar.

35. Kh1—h2 Kg7—f7
36. c3—c4 ....

36. .... a5—a4!

Hätte Weiß noch zu a2—a4 Zeit gehabt, wäre sein Spiel noch recht gut zu verteidigen, vielleicht sogar zu halten gewesen.

37. b3—a4: Tf1—c1
38. a4—a5 Tc1—c4:
39. Te3—a3 Tc4—d4!

Der klarste Weg! Nach 39. .... b6—a5: 40. Ta3—a5:, Kf7—e6 41. Kh2—g3, Ke6—d5 42. Kg3—f3 usw. hätte Schwarz noch einige technische Schwierigkeiten zu überwinden; jetzt hingegen muß Weiß erst zwei Tempi verlieren, um den Tausch auf a5 zu erzwingen und die Gewinnführung gestaltet sich dadurch sehr einfach.

40. Ta3—b3 ....

Es leuchtet ein, daß 40. a5—a6, Td4—d8 41. Kh2—g3, Td8—a8 42. Kg3—f4, Kf7—e6 43. Kf4—e4, Ke6—d6 usw. für Weiß hoffnungslos wäre.

40. .... b6—a5:
41. Tb3—b5 c5—c4!
42. Tb5—a5: Kf7—e6
43. Kh2—g3 Td4—d5!
44. Ta5—a4 ....

Oder 44. Ta5—d5:, Ke6—d5: 45. Kg3—f3, Kd5—d4 46. Kf3—e2, Kd4—c3 47. a2—a4, Kc3—b4 usw.

44. .... Td5—c5
45. Ta4—b4 c4—c3
46. Tb4—b1 c3—c2
47. Tb1—c1 Ke6—d5
48. Kg3—f3 Kd5—d4

Weiß gab auf.

Nr. 37. Damenindisch.

(Aus dem Turnier zu Birmingham 1926.)

Schwarz: E. Snosko-Borowsky.

1. d2—d4 Sg8—f6
2. c2—c4 e7—e6
3. Sb1—c3 Lf8—b4
4. Lc1—g5 h7—h6

Wenn sich Schwarz nicht entschließen will, mit 4. .... d7—d5 in eine wenig erstrebenswerte Form des abgelehnten Damengambits einzulenken, so bleibt ihm nichts besseres übrig als der Textzug, der den Gegner jedenfalls zu einer sofortigen Erklärung zwingt.

5. Lg5—f6: ....

Auf 5. Lg5—h4 könnte 5. .... b7—b6 folgen, denn 6. e2—e4 würde nun an 6. .... g7—g5 scheitern.

5. .... Dd8—f6:

Nur durch 5. .... Lb4—c3† 6. b2—c3:, Dd8—f6: war die Zweckmäßigkeit des vierten Zuges von Weiß in Zweifel zu stellen. Nach dem Textzug hingegen sichert sich der Anziehende, ohne die Schwäche des Doppelbauern in Kauf zu nehmen, etwas Raumvorteil.

6. Ta1—c1 b7—b6
7. Sg1—f3 ....

Schwach wäre 7. e2—e4 wegen Lc8—b7 8. e4—e5, Df6—g6 usw.

7. .... Lc8—b7
8. e2—e3 0—0
9. Lf1—e2 ....

Nicht aber 9. Lf1—d3 wegen 9. .... c7—c5 und Schwarz braucht nicht mehr mit dem Vorgehen des weißen Damenbauern zu rechnen.

9. .... d7—d6
10. 0—0 ....

Droht 11. Sc3—b5 usw.

10. .... Lb4—c3:
11. Tc1—c3: Sb8—d7
12. Sf3—d2! ....

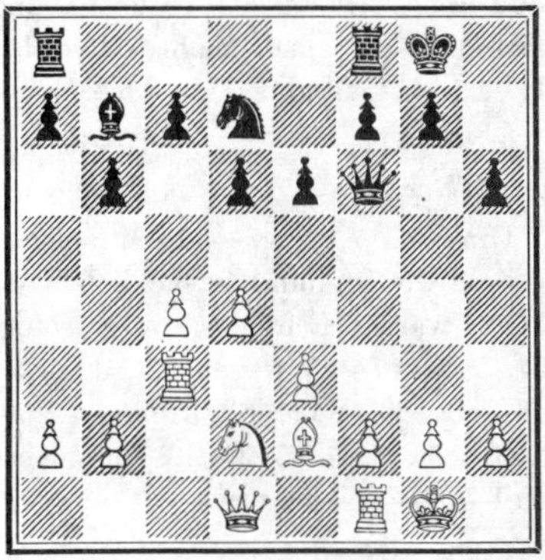

Um auch die weißfarbigen Läufer zu tauschen und damit die ohnehin etwas unsichere Bauernformation auf dem feindlichen Damenflügel noch weiter zu schwächen. Schwarz kann dies nicht gut vereiteln. Natürlich ist damit noch nicht gesagt, daß Weiß entscheidenden Vorteil erlangen muß, aber er sichert sich ein bequemes Spiel mit Gewinnaussichten und legt dem Gegner die schwere Pflicht auf, um das Remis zu kämpfen. Ein Meister ist nach meiner Ansicht moralisch verpflichtet, jede derartige Gelegenheit zu ergreifen und zu versuchen, das Problem der Stellung ohne „Furcht“ vor den möglichen Vereinfachungen bestmöglich zu lösen. Das Spiel auf Verwicklungen ist eine Gewaltmaßnahme, zu der sich der Spieler nur dann entschließen soll, wenn ein klarer und logischer Plan fehlt. Hier, wo ein solcher Plan gegeben ist, muß Weiß die Realisierung seines Vorteils versuchen, obwohl er sich damit eine ziemlich schwierige Aufgabe stellt.

12. .... e6—e5

Auch nach 12. .... c7—c5 13. Le2—f3, c5—d4: 14. e3—d4:, Lb7—f3: 15. Sd2—f3: nebst Dd1—a4 wäre Weiß im Vorteil.

13. Le2—f3 Lb7—f3:

Auf 13. .... e5—d4: folgt 14. e3—d4:, Lb7—f3: 15. Sd2—f3: mit der Doppeldrohung, entweder auf der e-Linie die Türme zu verdoppeln oder ähnlich wie in der Partie mit Dd1—a4 anzugreifen.

14. Sd2—f3: e5—e4
15. Sf3—d2 Df6—e7
16. Dd1—a4 ....

Droht Sd2—e4:.

16. .... f7—f5
17. Da4—c6 Sd7—f6
18. b2—b4! a7—a5

Lediglich Zugumstellung ergäbe 18. .... De7—d7; denn nach 19. Dc6—d7:, Sf6—d7: 20. Tc3—a3 hätte Schwarz nichts Besseres als den Textzug.

19. Tc3—a3! De7—d7

Falls 19. .... d6—d5, so einfach 20. Tf1—b1.

20. Dc6—d7: Sf6—d7:
21. b4—a5: Ta8—a5:
22. Ta3—a5: b6—a5:
23. Tf1—b1 Tf8—b8
24. Tb1—b8† Sd7—b8:

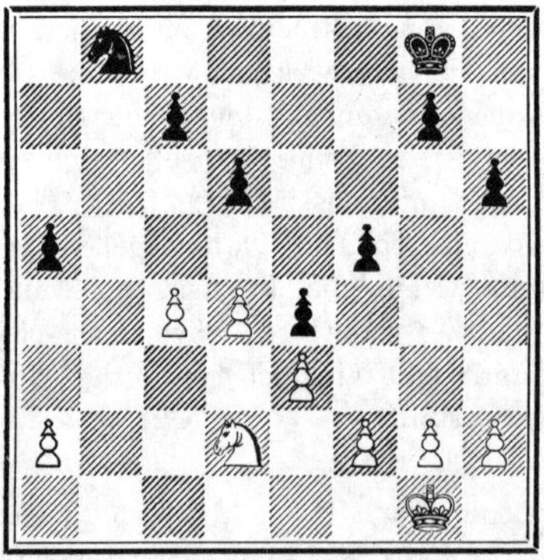

Trotz weitestgehender Vereinfachung hat Weiß seinen Vorteil nicht nur festgehalten, sondern sogar vergrößert. Auf der einen Seite gibt der vorgeschobene a-Bauer ein bequemes Angriffsziel, auf der andern winken die Durchbruchsmöglichkeiten g2—g4 bzw. f2—f3 nebst Sd2—f3: drohend Sf3—h4 usw. Diese letzteren Chancen müßten aktuell werden, sobald der feindliche König seinem Damenflügel zu Hilfe eilt. Dennoch hatte Schwarz nichts Besseres als die besagte Königswanderung, denn es war klar, daß sein Damenflügel gegen den kombinierten Angriff der beiden weißen Figuren nicht mit dem Springer allein verteidigt werden konnte.

25. Kg1—f1 ....

Ungenügend wäre 25. Sd2—b3 wegen a5—a4! (nicht 25. .... Sb8—c6? 26. a2—a4! nebst d4—d5) 26. Sb3—a5, Kg8—f7—e7—d7 und dann c7—c5!

25. .... Sb8—d7

Eine verfehlte Idee, welche sofort ihre logische Strafe findet. Unbedingt notwendig war die Annäherung des Königs, also 25. .... Kg8—f7 26. Kf1—e2, Kf7—e7 27. Ke2—d1, Ke7—d7, und Weiß würde nun mit dem Weitermarsch seines Königs nichts erreichen, z. B. 28. Kd1—c2, Kd7—c6 29. Kc2—b3, Kc6—b6 30. Kb3—a4, Sb8—d7 31. Sd2—b3, Kb6—a6! und 32. Sb3—a5:? würde an 32. .... Sd7—b6† 33. Ka4—b4, c7—c5† usw. scheitern.

Allerdings hätte Weiß an der kritischen Stelle sogar drei andere, siegverheißende Fortsetzungen zur Verfügung gehabt, und zwar: I. 28. Sd2—b3, was a5—a4 erzwingt und diesen Bauer noch mehr schwächt; II. 28. f2—f3 und III. 28. g2—g4.

26. Kf1—e2 Sd7—b6
27. Ke2—d1 a5—a4

Um 28. .... c7—c5 zu spielen, worauf die Stellung tatsächlich blokkiert wäre. Erfolglos wäre sofort 27. .... c7—c5 wegen 28. d4—c5:, d6—c5: 29. Sd2—b3, Sb6—c4: 30. Sb3—c5:, Sc4—e5 31. h2—h3 nebst Ke1—d2—c3—d4 usw. $\pm$.

28. d4—d5! ....

Besiegelt das Schicksal des schwarzen a-Bauern.

28. .... Sb6—d7

Die einzige schwache Gegenchance! Der Springer strebt über das eben frei gewordene Feld e5 zum Gegenangriff.

29.	Kd1—c2	Sd7—e5
30.	Kc2—c3	Se5—g4
31.	Kc3—b4	Sg4—f2:
32.	Kb4—a4:	f5—f4

Etwas besser, aber schließlich doch unzureichend wäre 32. .... Kg8—f7, z. B. 33. Ka4—b5, Kf7—e7 34. Kb5—c6, Ke7—d8 35. c4—c5!, Sf2—g4 (oder d6—c5: 36. Sd2—c4!, Sf2—g4 37. h2—h3, Sg4—f6 38. a2—a4 usw.) 36. c5—d6:, c7—d6: 37. Kc6—d6:, Sg4—e3: 38. a2—a4 usw.

33.	e3—f4:	e4—e3
34.	Sd2—f3	Sf2—d3
35.	Ka4—b5!	g7—g5

Oder 35. .... e3—e2 36. a2—a4, e2—e1D 37. Sf3—e1:, Sd3—e1: 38. a4—a5 und Weiß gewinnt.

36.	f4—g5:	h6—g5:
37.	a2—a4	e3—e2
38.	h2—h3!	Sd3—c5
39.	a4—a5	Sc5—b3
40.	Sf3—e1	Sb3—d4†
41.	Kb5—a4	Aufgegeben.

Nr. 38. Damenindisch.

(Aus dem Turnier zu Birmingham im Juni 1926.)

Weiß: J. Mackenzie.

1.	d2—d4	Sg8—f6
2.	Sg1—f3	e7—e6
3.	c2—c4	b7—b6
4.	g2—g3	Lf8—b4†
5.	Lc1—d2	....

Auch nach 5. Sb1—d2 hat Schwarz nichts zu fürchten, wenn er auch genötigt sein sollte, den Königsläufer nach e7 (vergleiche meine Partie aus dem Semmeringer Turnier gegen Rubinstein) oder sogar nach f8 zurückzuziehen.

5.	....	Lb4—d2:†
6.	Dd1—d2:	Lc8—b7
7.	Sb1—c3	d7—d6
8.	Lf1—g2	Sb8—d7
9.	0—0	0—0
10.	Tf1—e1	....

Etwas besser wäre 10. Dd2—c2, worauf ich 10. .... c7—c5 geantwortet hätte. Der Textzug gibt Schwarz die Gelegenheit zu einer vorteilhaften Vereinfachung.

10.	....	Sf6—e4!
11.	Sc3—e4:	Lb7—e4:
12.	Sf3—g5	Le4—g2:
13.	Kg1—g2:	h7—h6
14.	Sg5—h3	....

Der natürliche Zug 14. Sg5—f3 würde dem Gegner erst recht die Initiative überlassen, z. B. 14. .... f7—f5 15. e2—e4, f5—f4! und falls 16. g3—f4:, so Dd8—f6 usw.

14.	....	f7—f5!

Denn die Folge 15. Sh3—f4, Dd8—f6! 16. d4—d5, e6—e5 17. Sf4—e6, Tf8—c8 nebst entweder Sd7—f8 oder Sd7—c5 wäre eher für Schwarz vorteilhaft.

15.	e2—e4	Dd8—f6
16.	f2—f4	Ta8—d8!

Ein sehr wichtiger Zug, der nicht nur die einzige reelle Drohung des Gegners, nämlich e4—e5 pariert, sondern auch eine Unternehmung im Zentrum vorbereitet.

17.	e4—f5:	Df6—f5:
18.	Te1—e2	....

In der Erwartung von e6—e5 oder c7—c5, worauf 19. Ta1—e1 mit Vorteil für Weiß folgen würde. Schwarz wartet aber mit einer Überraschung auf.

18. .... d6—d5!

Die Schwäche des Königsbauern spielt hier keine Rolle, da der weiße Springer deplaciert ist und Schwarz in dem folgenden Kampfe eine Figur mehr im Gefecht haben wird. Der Anziehende hätte nun am besten mit 19. Dd2—c2 fortgesetzt, obwohl er nach etwa 19. .... Df5—c2: 20. Te2—c2:, c7—c5! usw. auch noch nicht aller Sorgen enthoben wäre.

19. Ta1—e1 ....

Danach kommt aber Schwarz in bedeutenden Vorteil, denn seine Dame besetzt die große Diagonale und sein Springer nistet sich im feindlichen Lager ein.

19. .... d5—c4:
20. Te2—e6: Df5—d5†
21. Kg2—f1 ....

Ginge der König nach g1, so bestünde später die Gefahr, daß der Bauer d4 unter Schachgebot geschlagen würde.

21. .... Sd7—c5
22. Te6—e7 Sc5—d3
23. Te1—e4 ....

Alles harter Zwang!

23. .... Td8—d7!
24. Dd2—e2 ....

Oder A) 24. Sh3—f2, Td7—e7: 25. Te4—e7:, Dd5—d4: B) 24. Te7—d7:, Dd5—e4: 25. Td7—c7:, Tf8—e8 — beides mit Gewinn für Schwarz.

24. .... Td7—e7:
25. Te4—e7: Dd5—h1†
26. Sh3—g1 ....

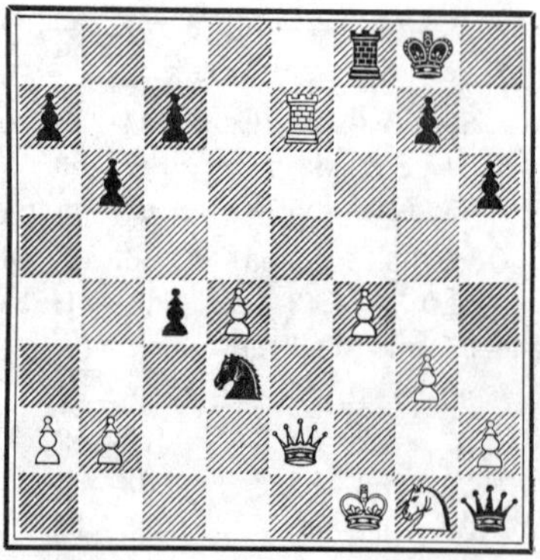

26. .... Sd3—f4:!
27. De2—c4‡ Dh1—d5!

Am einfachsten!

28. Te7—c7: b6—b5!
29. Dc4—c6 Sf4—e6†
30. Kf1—e1 Se6—c7:
31. Dc6—c7: Dd5—e4†

Auf 32. Sg1—e2 würde nun Tf8—e8 folgen und der Springer wäre nicht zu decken; das war der Sinn des 28. Zuges von Schwarz.

Weiß gibt auf.

V. Kapitel.

Turniere: Semmering, Dresden 1926.

Zu dem großen Panhans-Turnier auf dem Semmering trat ich nicht in bester Stimmung an. Ich war überzeugt, meine Leistung von Baden-Baden nicht überbieten zu können und konnte daher nicht den nötigen Ehrgeiz entfalten, auch trug ich ein Gefühl der Enttäuschung in mir, da sich die Schachwelt meines Wettkampfes mit Capablanca nicht entsprechend annahm; wohl wurde ich in vielen Artikeln gelobt, aber die Taten blieben aus und das drückte auf mein Gemüt. Schließlich berührte es mich auch unangenehm, als ich knapp vor Beginn des genannten Turniers erfuhr, Bogoljubow habe abgesagt. Und ich hatte mich gerade darauf gefreut, mit dem ruhmreichen Sieger von Moskau 1925 nochmals meine Kräfte messen zu können.

Die genannten Gründe mochten zusammengewirkt haben, als ich das Turnier ohne rechten Schwung begann. In der ersten Runde verlor ich eine bereits glatt auf Gewinn stehende Partie gegen Nimzowitsch und tags darauf geriet ich infolge unbegründeter Unterschätzung meines Gegners Gilg schon in der Eröffnung in eine Verluststellung. Wohl erwachte dann mein Kampfeifer und es gelang mir, aus den folgenden 14 Partien 12 Punkte zu erzielen, aber, das genügte nicht — Spielmann verschaffte sich schließlich in der letzten Runde durch ein Remis gegen mich den durch die Sicherheit seiner Spielweise verdienten ersten Preis.

Von dem unglückseligen Anfang abgesehen, habe ich im Semmeringer Turnier doch gut gespielt, aber, mit Baden-Baden verglichen, habe ich sportlich weniger geleistet und in künstlerischer Beziehung keine Fortschritte gemacht. Ebenso einwandfrei wie früher war meine Ausnutzung gegnerischer Fehler in der Eröffnung. Als Einzelleistung ist meine Partie gegen Réti hervorzuheben, wo es mir wieder gelungen ist, das Problem des Überganges zum Endspiel richtig zu lösen.

Knapp auf das Semmeringer folgte das Turnier in Dresden. Mit meiner dortigen Leistung war ich in künstlerischer Hinsicht zufrieden, wenngleich der sportliche Erfolg ausgeblieben ist. Ich habe zwar manches Wertvolle geliefert, doch hat Nimzowitsch in wissenschaftlicher Beziehung mehr geleistet — wahrscheinlich auch mehr leisten wollen als ich. Sein prächtiger Sieg verdient höchste Anerkennung, es war dies neben dem in Karlsbad 1929 erzielten der schönste seiner bisherigen Laufbahn.

Nr. 39. Abgelehntes Damengambit.

(Aus dem Semmeringer Turnier 1926.)

Schwarz: Dr. K. Treybal.

1. d2—d4 d7—d5
2. c2—c4 c7—c6
3. e2—e3 ....

Bekanntlich ist diese Einsperrung des Damenläufers nicht gerade notwendig, ganz gut ist z. B. 3. Sg1—f3. Der Textzug gestattet dem Gegner einen Stonewall aufzubauen, dies lag jedoch in meiner Absicht. Ich wollte Dr. Treybal die Möglichkeit geben, nochmals die etwas heimtückische, aber wohl nicht ganz solide Verteidigung zu wählen, mit welcher er mich in Karlsbad 1923 in einer guten Partie besiegte. Diesmal wollte ich eine andere Zugsfolge versuchen.

3. .... e7—e6
4. Lf1—d3 ....

Ich weiß nicht, ob hier dieser Zug in Verbindung mit dem folgenden neu ist — mir ist jedenfalls keine derart gespielte Partie bekannt. Die Idee der weißen Aufstellung besteht in einer kombinierten Angriffswirkung gegen f5 und c8, welche in der Folge klar zutage tritt.

4. .... f7—f5
5. Dd1—c2 Dd8—f6

Der Druck gegen f5 macht sich bereits fühlbar. Schwarz kann weder hier, noch im nächsten Zuge Sb8—d7 spielen, weil er nach c4—d5:! sofort in klaren Nachteil käme. Auf 4. .... Sg8—f6 plante ich folgenden Aufmarsch: f2—f3 nebst Sg1—e2, Sb1—c3, Lc1—d2, 0—0—0 und endlich e3—e4 mit vortrefflichen Aussichten im Zentrum. Der Textzug sieht natürlich aus, doch wird nun Schwarz vor eine unangenehme Alternative gestellt.

6. Sb1—c3 ....

Droht bereits 7. c4—d5: nebst 8. Sc3—d5: usw. Schwarz hat nun keine Möglichkeit, sein Spiel auf normale Weise fortzusetzen. Zieht er 6. .... Sb8—a6, so folgt 7. a2—a3, Sa6—c7 8. Sg1—f3 und der weiße Springer besetzt kampflos das Feld e5, denn auf 8. .... Lf8—d6 würde selbstverständlich 9. c4—c5 folgen. Ähnliche Schwierigkeiten würden sich nach 6. .... Sg8—e7 ergeben, und so bleibt schließlich nur der folgende häßliche Zug, dessen Nachteile ebenfalls auf der Hand liegen, vor allem wird dem Damenspringer der einzig natürliche Ausgang versperrt.

6. ... Lc8—d7
7. Sg1—f3 Lf8—d6
8. a2—a3 ....

Um für alle Zeiten gegen den Versuch Sb8—a6 die Abfuhr c4—c5 bzw. c4—d5: nebst Ld3—a6: bereit zu haben.

8. .... Sg8—h6

Nicht 8. .... Sg8—e7 wegen 9. e3—e4! usw.

9. b2—b3 ....

Auch sofort b2—b4 war gut. Weiß braucht sich aber nicht zu beeilen, denn der Gegner hat nur eine sehr beschränkte Auswahl an Zügen, so z. B. würde 9. .... 0—0 wegen 10. e3—e4!, f5—e4: 11. Ld3—e4: (d5—e4:? 12. Sc3—e4:, Df6—e7 13. Lc1—g5 usw.) mindestens einen Bauer verlieren.

9. .... Sh6—f7
10. Lc1—b2 g7—g6

Diese fatale Schwächung der großen Diagonale ist auf die Dauer nicht zu umgehen, da Weiß die lange Rochade nebst der Aufrollung g2—g4 im Auge hat. Auf 10. .... Df6—e7 würde ebenfalls 11. h2—h3 usw. folgen.

11. h2—h3 . Df6—e7

Um den Gegner von der langen Rochade abzuhalten. Nach 11. .... 0—0 12. 0—0—0 nebst g2—g4, f5—g4:, Sf3—d2! usw. würde sich der weiße Angriff von selbst spielen.

12. b3—b4! d5—c4:

Auf 12. .... 0—0 würde unverzüglich 13. g2—g4 folgen. Mit dem Textzug leitet Schwarz eine Befreiungsaktion für seinen unglücklichen Damenspringer ein, doch widerspricht der Tausch dem Geiste des Stonewalls und ist als das Eingeständnis einer verfehlten Eröffnungstaktik zu betrachten. Weiß erlangt nun bald einen vernichtenden Diagonaldruck gegen die schwarze Königsstellung. Erträglicher als das ungeduldige Losschlagen war daher 12. .... Sf7—g5 13. Sf3—g5:, De7—g5:, worauf 14. g2—g3 nebst h3—h4 ± usw. gefolgt wäre.

13. Ld3—c4: b7—b5
14. Lc4—b3 a7—a5
15. b4—a5: Sb8—a6

Es ist begreiflich, daß Schwarz diesen Springer so rasch wie möglich ins Gefecht bringen will; da aber der Bauer a5 früher oder später doch geschlagen werden muß, war es einfacher, dies sofort zu besorgen. Nach 16. e3—e4! wäre die Lage des Nachziehenden freilich auch in diesem Falle nicht beneidenswert, z. B. würde 16. .... Ld6—a3: wegen 17. 0—0!, La3—b4 18. Ta1—a5:, Lb4—a5: 19. d4—d5! usw. unrettbar zum Verlust führen. Aber 16. .... 0—0 (statt Ld6—a3:?) hätte wahrscheinlich einen viel härteren Widerstand ermöglicht als die Partiefortsetzung.

16. e3—e4! ....

Nicht sofort 16. 0—0 wegen 16. .... g6—g5! und Schwarz kommt zum Gegenangriff.

16. .... 0—0
17. 0—0 Sf7—g5

Hier gab es keine Wahl.

18. Sf3—g5: De7—g5:

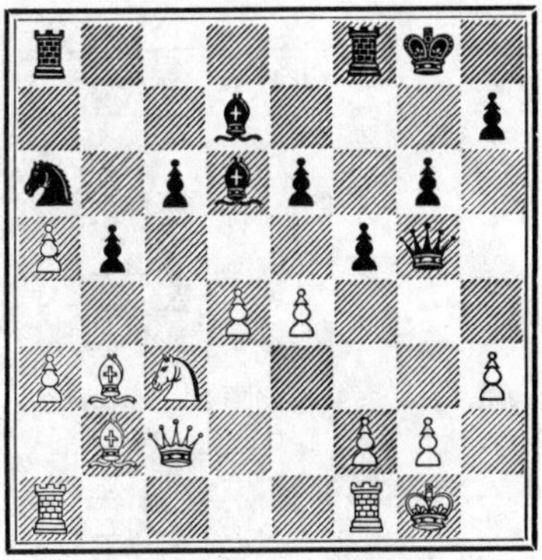

19. e4—e5! ....

Beginn der entscheidenden Kombination. Es ist interessant, daß die vorübergehende Maskierung der wichtigen Diagonale das sicherste Mittel zu deren siegreicher Verwertung bildet! Nicht überzeugend genug war im Gegenteil die sofortige Öffnung dieser Schräge: 19. d4—d5, c6—d5: 20. Sc3—d5:, Ta8—c8 oder 20. e4—d5:, e6—e5 usw.

19. .... Ld6—e7

Auch auf 19. .... Ld6—c7 wäre 20. d4—d5! sehr stark.

20. d4—d5! Sa6—c5

Oder 20. .... c6—d5: 21. Sc3—d5:, Ta8—c8 (21. .... e6—d5: 22. Lb3—d5† usw. wäre offenbar aussichtslos) 22. Dc2—d1! mit Gewinnstellung für Weiß.

21. d5—e6: Sc5—b3:

Oder A) 21. .... Sc5—e6: 22. Ta1—d1, Ld7—c8 23. Sc3—e2 B) 21. .... Ld7—e6: 22. Lb3—e6†, Sc5—e6: 23. Dc2—b3, Kg8—f7 24. Sc3—e2 (c6—c5 25. Lb2—c1! nebst 26. Db3—b5:) mit leichtem Gewinn für Weiß in beiden Fällen.

22. e6—d7:! ....

Das Qualitätsopfer war schon bei 19. e4—e5 beabsichtigt. Nun werden die Freibauern in Verbindung mit der neuerlichen Öffnung der Diagonale a1—h8 übermächtig.

Das prosaische 22. Dc2—b3:, Ld7—c8 23. Ta1—d1 (auf 23. f2—f4 könnte noch Dg5—h6 nebst g6—g5 folgen) hätte wahrscheinlich auch zum Siege geführt, aber um ihn zu erzwingen, müßte Weiß früher oder später auf d6 oder d7 erst recht die Qualität opfern, er müßte also auf Umwegen ungefähr dieselbe Stellung anstreben, die er jetzt sofort erreicht.

22. .... Sb3—a1:
23. Tf1—a1: Tf8—d8
24. Ta1—d1 ....

Aber dies ist gekünstelt und verlängert die Partie um einige Züge. Ganz einfach gewann 24. e5—e6, Le7—f6 (sonst 25. Sc3—b5: und 26. Dc2—c3) 25. Dc2—b3, Kg8—f8 26. Ta1—e1 usw.

24. .... Dg5—h4

Jetzt aber wird die Sache etwas komplizierter.

25. e5—e6 ....

Droht 26. Sc3—b5: oder Sc3—e4 nebst 27. Dc2—c3.

25. .... b5—b4!
26. a3—b4: Dh4—b4:
27. Sc3—e2 Ta8—a5:
28. Se2—d4 Ta5—c5

Alle diese Züge waren offenbar erzwungen.

29. Dc2—e2 ....

Mit der Drohung 30. Sd4—c6:, Tc5—c6: 31. De2—e5 usw.

29. .... Db4—c4

Beschleunigt die unabwendbare Niederlage. Es gab nur eine momentane Parade, nämlich 29. .... Db4—a4, worauf aber 30. Td1—d2! nebst De2—e3—h6 ebenfalls rasch entschieden hätte.

30. Lb2—a3! Dc4—e2:
31. Sd4—e2: Tc5—d5
32. Td1—d5: Le7—a3:
33. Td5—d3 La3—c5
34. Se2—d4 Aufgegeben.

Nr. 40. Abgelehntes Damengambit.

(Aus dem Semmeringer Turnier 1926.)

Schönheitspreis.

Weiß: J. Davidson.

1.	d2—d4	d7—d5
2.	Sg1—f3	Sg8—f6
3.	c2—c4	c7—c6
4.	e2—e3	e7—e6
5.	Sb1—c3	....

Die von Schwarz geplante Fortsetzung 5. .... Sb8—d7 nebst d5—c4: läßt sich mit 5. Sb1—d2 (worauf jetzt oder später d5—c4:? wegen Sd2—c4: ± total verfehlt wäre) vermeiden, doch wird damit der Druck gegen d5 aufgegeben, so daß der Gegner, ohne den Tempoverlust scheuen zu müssen, 5. .... c6—c5! nebst Sb8—c6 ziehen und ein befriedigendes Spiel erreichen kann. In Betracht kommt aber an der Textstelle 5. Lf1—d3. Schwarz antwortet dann wohl am besten 5. .... d5—c4: nebst c6—c5, womit er in eine unbedenkliche Variante des angenommenen Damengambits einlenkt. Zweifelhaft ist hingegen (nach 5. Lf1—d3) 5. .... Sb8—d7, worauf nunmehr 6. Sb1—d2! (schwächer 6. 0—0 wegen 6. .... d5—c4:! nebst Lf8—d6 usw., wie ich in der 16. Wettpartie gegen Bogoljubow spielte!) folgen kann, denn bei der symmetrischen Aufstellung der Damenspringer wäre an c6—c5 als glatten Tempoverlust nicht mehr zu denken.

5.	....	Sb8—d7
6.	Dd1—c2	....

Er will der Meraner Variante 6. Lf1—d3, d5—c4: nebst b7—b5, a7—a6 und c6—c5 usw. ausweichen. Besser ist aber in dieser Beziehung der in letzter Zeit von Rubinstein eingeführte Zug 6. Sf3—e5, wonach sich die Partie gewöhnlich sehr lebhaft gestaltet. Der Textzug ist energielos und um so weniger zu empfehlen, als für den Anziehenden kein objektiver Grund vorliegt, der Meraner Variante aus dem Wege zu gehen. Schwarz bekommt nun Gelegenheit, den Aufbau Tschigorins zu wählen (6.—10. Zug) gegen welchen nach 6. Lf1—d3 gewisse Bedenken bestehen, z. B., daß Weiß noch vor der Rochade e3—e4 spielt.

6.	....	Lf8—d6
7.	Lf1—d3	0—0
8.	0—0	Dd8—e7
9.	e3—e4	d5—c4:
10.	Ld3—c4:	e6—e5

Man sieht nun, daß die Dame auf c2 ungünstig postiert ist. Es droht bereits Bauernverlust durch 11. .... e5—d4: 12. Sf3—d4:, Ld6—h2‡ 13. Kg1—h2:, De7—e5† usw., und Weiß hat daher zu dem starken Fesselungszuge Lc1—g5, welcher sonst in dieser Variante geschieht, keine Zeit.

11.	Tf1—d1	e5—d4:
12.	Sf3—d4:	Sd7—b6!

Schwächer wäre die plausible Fortsetzung 12. .... Sd7—e5 13. Lc4—f1, Se5—g6 wegen 14. Sd4—f5!, Lc8—f5: 15. e4—f5:, Sg6—e5 16. Lc1—g5 und Weiß hat gutes Spiel.

13.	Lc4—f1	Tf8—d8

Durch die Drohung 14. .... Ld6—h2‡ 15. Kg1—h2:, Td8—d4: 16. Td1—d4:, De7—e5† usw. wird nun Weiß zu einer Schwächung seiner Königsstellung veranlaßt.

14.	h2—h3	Ld6—c7

Droht 15. .... Td8—d4: 16. Td1—d4:, De7—e5 mit Figurgewinn.

15. Lc1—e3 ....

15. .... Td8—e8!

Mit seinem vorigen Zuge hat Schwarz den einen Läufer nach e3 gelockt, jetzt lockt er den anderen nach d3. Den Grundsätzen der guten alten Schule widerspricht natürlich ein solches Verfahren, da es ja den Gegner „entwickelt". Es zeigt sich jedoch bald, daß die beiden weißen Läufer auf der dritten Reihe nur Angriffsobjekte abgeben, namentlich der Königsläufer wird bald vom Abtausch gegen einen feindlichen Springer bedroht.

16. Lf1—d3 Sf6—h5

17. Sc3—e2 g7—g6

Hauptsächlich, um durch Deckung des Feldes f5 den Zug Sb6—d7 vorzubereiten.

18. Td1—e1 Sb6—d7

19. Sd4—f3 ....

Viel zu passiv. Der ganzen Anlage der weißen Partie entsprechend hätte hier 19. f2—f4 geschehen müssen, worauf sich allerdings auch schon Schwarz eingerichtet hatte. Die Folge konnte sein: 19. .... Sd7—f6 20. e4—e5, Sf6—d5 21. Le3—d2, Lc7—b6 usw. Das schwarze Spiel wäre wohl auch dann etwas vorzuziehen gewesen, Weiß hätte aber jedenfalls mehr Hilfsmittel behalten als nach dem zahmen Textzuge.

19. .... Lc7—b6!

Jetzt wird der Vorteil des Nachziehenden evident. Er würde sich auch nach 20. Le3—b6:, a7—b6: infolge der offenen a-Linie sowie der weiteren Schwächung des Feldes f4 vergrößern, doch wäre diese Fortsetzung für Weiß noch das kleinste Übel gewesen. Statt dessen versucht der Anziehende mit den beiden folgenden Zügen das Spiel zu verwickeln, beschleunigt aber dadurch nur seinen Untergang.

20. Le3—g5 De7—c5!

21. Se2—c3 ....

Nach 21. Dc2—c5:, Sd7—c5: müßte sich Weiß, um sofortigen Bauernverlust zu vermeiden, zu dem traurigen Rückzug 22. Se2—c1 entschließen. Die weitere Folge könnte sein: 22. .... f7—f6 23. Lg5—d2, Sc5—d3: 24. Sc1—d3:, Sh5—g3

25. e4—e5, Lc8—f5, und der Vorteil des Nachziehenden wird immer klarer. Immerhin hätte der Damentausch weit besseren Widerstand ermöglicht als der geschehene Zug.

21. .... Sd7—e5

Droht Figurgewinn bzw. Aufreissung der Königsstellung und gewinnt dadurch das entscheidende Angriffstempo. Weiß hat jetzt keine genügende Verteidigung mehr.

22. Sf3—e5: Dc5—e5:
23. Lg5—e3 Lb6—c7

Dieser Diagonaldruck wirkt vernichtend.

24. Sc3—e2 ....

Relativ besser wäre das Bauernopfer 24. g2—g3.

24. .... De5—h2†
25. Kg1—f1 ....

25. .... Lc8—h3:!
26. g2—h3: Dh2—h3‡
27. Kf1—g1 Lc7—h2†
28. Kg1—h1 Sh5—f4!

Der kürzeste Weg zum Gewinn.

29. Se2—f4: ....

Nicht 29. Le3—f4: wegen Matt in drei Zügen durch Lh2—g3† usw.

29. .... Lh2—f4‡
30. Kh1—g1 Lf4—h2†
31. Kg1—h1 Dh3—f3†!
32. Kh1—h2: Te8—e5
33. Dc2—c5 ....

Die einzige Verteidigung.

33. .... Te5—c5:
34. Le3—c5: Df3—h5†
35. Kh2—g2 Dh5—c5:
36. Te1—e3 ....

Der weitere Widerstand ist natürlich aussichtslos.

36. .... Ta8—e8
37. Ta1—e1 Dc5—e5
38. Te1—e2 Te8—e6
39. b2—b3 Te6—f6
40. Te3—g3 Kg8—g7
41. Ld3—b1 Tf6—f4
42. Lb1—d3 Tf4—h4
43. Kg2—f3 De5—f4†
44. Kf3—g2 Df4—c1
45. Kg2—f3 h7—h5
46. Te2—c2 Dc1—d1†
47. Kf3—e3 Th4—h1
48. Ke3—d4 h5—h4
49. Tg3—e3 Th1—e1
50. Te3—e1: Dd1—e1:
51. Tc2—e2 De1—a1†
52. Kd4—c4 b7—b5†

Weiß gibt auf.

Nr. 41. Damenindisch.

(Aus dem Semmeringer Turnier 1926.)

Schönheitspreis.

Weiß: A. Rubinstein.

1. d2—d4 Sg8—f6
2. c2—c4 e7—e6
3. Sg1—f3 b7—b6
4. g2—g3 Lc8—b7
5. Lf1—g2 Lf8—b4†

Genügend ist auch 5. .... Lf8—e7 nebst d7—d5. Auf Sf3—e5 folgt dann entweder Dd8—c8 (Sämisch) oder c7—c6 (Nimzowitsch).

6. Sb1—d2 ....

An dieser Stelle nachhaltiger als 6. Lc1—d2.

6. .... 0—0

7. 0—0 d7—d5

Zum Ausgleich genügend, wie diese Partie lehrt. Auch die komplizierte, von Nimzowitsch empfohlene Spielweise 7. .... Tf8—e8 nebst eventuell Lb4—f8 ist ganz gut anwendbar.

8. a2—a3 Lb4—e7

9. b2—b4 c7—c5

Der einzige Weg, die feindliche Aktion auf dem Damenflügel zum Stillstand zu bringen. Unzureichend wäre natürlich 9. .... a7—a5 wegen 10. b4—b5 usw., überdies mußte auch die Einschnürung durch c4—c5 verhindert werden.

10. b4—c5: b6—c5:

11. d4—c5: ....

Auch von 11. Ta1—b1, Dd8—c8 12. Dd1—b3, Lb7—a6! usw. hätte Weiß keinen Vorteil gehabt.

11. .... Le7—c5:

12. Lc1—b2 Sb8—d7

13. Sf3—e5 Sd7—e5:

14. Lb2—e5: Sf6—g4!

Der Beginn eines gefährlichen Angriffs, gegen den Weiß nicht die richtigen Maßnahmen trifft.

15. Le5—c3 ....

Erzwungen, da sich 15. Le5—b2 wegen Dd8—b6 verbietet.

15. .... Ta8—b8

Nun wäre 15. .... Dd8—b6 wegen 16. e2—e3 kraftlos. Der Textzug bereitet den folgenden Vorstoß des Damenbauern vor.

16. Ta1—b1 ....

Dieser Zug ist zwar noch kein entscheidender Fehler, aber er kommt den gegnerischen Absichten entgegen.

Bedenklich wäre auch 16. h2—h3 wegen des möglichen Opfers 16. .... Sg4—f2: 17. Tf1—f2:, Dd8—g5! 18. Sd2—f1, Lc5—f2‡ 13. Kg1—f2:, d5—c4: usw. Die richtige Spielweise bestand in 16. c4—d5:, womit Weiß noch immer das Gleichgewicht wahren konnte. Falls dann 16. . . . e6—d5:, so 17. Sd2—f3 usw. und falls 16. .... Lb7—d5:! so nicht 17. e2—e4 wegen 17. .... Sg4—f2:! 18. Tf1—f2:, Lc5—f2‡ 19. Kg1—f2:, Dd8—b6† 20. Kf2—f1, Ld5—b7! mit schönem Spiel für Schwarz, sondern einfach 17. Sd2—e4 mit nachfolgender Vertreibung des lästigen Springers von g4.

16. .... d5—d4!

17. Tb1—b7: ....

Rubinstein übersieht die folgende überraschende Wendung und kommt dadurch auch in materiellen Nachteil. Das einzige war noch 17. Lc3—b4, Lb7—g2: 18. Kg1—g2:, Dd8—c7 usw. mit nur etwas besserem Spiel für Schwarz.

17. .... Tb8—b7:

18. Lg2—b7: ....

18. .... Sg4—f2:!!

Durch dieses Scheinopfer gewinnt Schwarz bei überwältigender Stellung mindestens einen Bauer.

19. Kg1—f2: ....

Der Turm kann offenbar wegen der nach 19. .... d4—c3: entstehenden Doppelfesselung nicht wiedernehmen. Falls aber I. 19. Dd1—a1, so 19. .... d4—c3: 20. Sd2—b3, Sf2—g4 21. Sb3—c5:, Dd8—d4† II. 19. Lc3—a5, so 19. .... Sf2—d1: 20. La5—d8:, d4—d3† 21. e2—e3, Sd1—e3: usw., beides mit leichtem Gewinn für Schwarz.

19. .... d4—c3‡
20. e2—e3 ....

Oder 20. Kf2—e1, e3—d2‡ 21. Dd1—d2:, Dd8—b6 usw. mit rasch entscheidendem Angriff.

20. .... c3—d2:
21. Kf2—e2 Dd8—b8
22. Lb7—f3 Tf8—d8
23. Dd1—b1 Db8—d6!

Gewinnt das Feld b4 für den Läufer.

24. a3—a4 f7—f5
25. Tf1—d1 Lc5—b4
26. Db1—c2 Dd6—c5
27. Ke2—f2 a7—a5
28. Lf3—e2 g7—g5
29. Le2—d3 f5—f4!

In dieser Stellung machte mich mein Gegner darauf aufmerksam, daß er die Zeit überschritten habe. Er hätte ebenso gut aufgeben können, denn auf das einzige Gegenspiel 30. Ld3—h7‡, Kg8—h8 31. Dc2—e4 gewinnt 31. ....Dc5—e3‡ 32. Kf2—g2, f4—f3† 33. Kg2—h3, De3—e2 24. De4—g6, g5—g4† 35. Kh3—h4, Lb4—e7† 36. Kh4—h5, De2—h2‡ usw. — Aber man gibt eben manchmal nicht gern auf.

Nr. 42.
Angenommenes Damengambit.

(Aus dem Semmeringer Turnier 1926.)

Schwarz: E. Grünfeld.

1. d2—d4 d7—d5
2. c2—c4 d5—c4:
3. Sg1—f3 Lc8—g4

Dieser in Collijns Lehrbuch empfohlene Zug wurde meines Wissens durch die Partie Vukovic-Bogoljubow, Wien 1922, in die moderne Spielpraxis eingeführt. Auch Dr. Tartakower hat sich dieser Verteidigung mit Erfolg bedient, z. B. gegen Dr. Tarrasch in Baden-Baden, gegen Johner in Debreczen und gegen Grünfeld am Semmering.

Die vorliegende Partie zeigt deutlich, welchen Gefahren sich der Nachziehende mit dieser Spielweise bei der kleinsten Ungenauigkeit aussetzt.

4. Sf3—e5 Lg4—h5
5. Sb1—c3 e7—e6

Ein verhängnisvoller Eröffnungsfehler, nach welchem Weiß eklatanten Stellungsvorteil erlangt. Notwendig war 5. .... Sb8—d7, worauf ich 6. Dd1—a4, c7—c6 7. Se5—d7:,

Dd8—d7: 8. Da4—c4: nebst eventuell e2—e4 und Lc1—e3 beabsichtigte.

6. g2—g4! Lh5—g6
7. h2—h4 f7—f6

Trauriger Zwang!

8. Dd1—a4† ....

Auch 8. Se5—g6:, h7—g6: 9. e2—e3 usw. war gut.

8. .... c7—c6
9. Se5—g6: h7—g6:
10. Da4—c4: Ke8—f7
11. e2—e4 Sb8—d7
12. Lc1—e3 Dd8—a5
13. a2—a3! ....

Um 13. .... Sd7—b6 14. Dc4—b3, Da5—b4 zu verhindern, was z. B. auf 13. f2—f4 folgen könnte.

13. .... Ta8—e8
14. f2—f4 Sg8—e7
15. 0—0—0 ....

Weiß steht derart überlegen, daß er dem Gegner nicht einmal ein befreiendes Figurenopfer gestatten will, nämlich 15. f4—f5, g6—f5: 16. g4—f5:, Se7—f5: 17. e4—f5:, Da5—f5: usw.

15. .... Se7—c8
16. f4—f5 Sc8—d6
17. Dc4—a2 ....

Auf 17. Dc4—b3 hätte Schwarz noch 17. .... c6—c5 antworten können, was nunmehr Figurverlust zur Folge hätte.

17. .... g6—g5
18. h4—h5 b7—b5

Schwarz hat keinen halbwegs befriedigenden Zug mehr.

(S. Stellungsbild)

19. e4—e5! ....

Der entscheidende Durchbruch; in Verbindung mit dem folgenden Läuferzuge beendet er die Partie in wenigen Streichen.

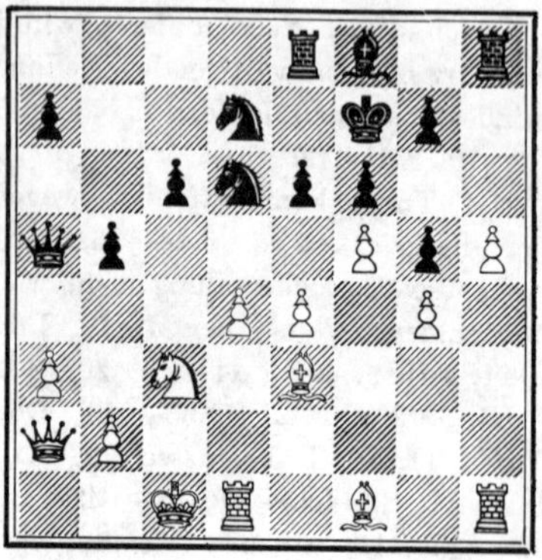

19. .... f6—e5:
20. Lf1—d3! e5—e4

Auch nach 20. .... Sd6—c4 21. Ld3—c4:, d5—c4: 22. Da2—c4: usw. stünde Weiß glatt auf Gewinn.

21. Sc3—e4: Sd6—e4:
22. Ld3—e4: Sd7—f6
23. f5—e6‡ Te8—e6:
24. Le4—g6†! ....

Weit stärker als der Qualitätsgewinn 24. Ld3—f5.

24. .... Kf7—e7
25. Le3—g5: b5—b4
26. Lg6—f5 Te6—e2
27. Th1—e1 ....

Falls nun 27. .... Da5—b5, so 28. a3—a4!, Db5—a6 29. Lf5—d3 usw., falls 27. .... Te2—e1:, so 28. Td1—e1‡, Ke7—d8 29. Db3—f7 mit undeckbarem Matt.

Schwarz gab auf.

Nr. 43. Englische Partie.

(Aus dem Semmeringer Turnier 1926.)

Schwarz: F. D. Yates.

1. c2—c4 e7—e5
2. Sb1—c3 Sb8—c6
3. Sg1—f3 Sg8—f6

4. d2—d4 e5—d4:
5. Sf3—d4: Lf8—b4

Wohl besser als 5. .... Lf8—c5, worauf Weiß nach Réti durch 6. Sd4—c6: nebst 7. g2—g3 usw. in Vorteil kommt.

6. Lc1—g5 ....

Nun wäre aber 6. g2—g3 wegen 6. .... Sf6—e4 7. Dd1—d3, d7—d5 usw. bedenklich.

6. .... 0—0

Eine farblose Fortsetzung, welche mit den ersten Eröffnungszügen nicht im Einklang steht. Schärfer und für Schwarz mit Gegenchancen verbunden war 6. .... h7—h6 7. Lg5—h4, Lb4—c3† 8. b2—c3:, d7—d6 usw.

7. Ta1—c1 Tf8—e8
8. e2—e3 d7—d6
9. Lf1—e2 ....

Auch 9. Sd4—c6:, b7—c6: 10. Lf1—d3 kam in Betracht, doch hätte dann Schwarz mit 10. .... Ta8—b8 etwas Gegenspiel auf der b-Linie erlangt.

9. .... Sc6—e5
10. 0—0 Lb4—c3:
11. Tc1—c3: Se5—g6

Ein Genauigkeitsfehler, der unangenehme Folgen nach sich zieht. Angezeigt war 11. .... h7—h6 12. Lg5—f6: (oder 12. Lg5—h4, Se5—g6 13. Lh4—g3, Sf6—e4), Dd8—f6: 13. e3—e4, Se5—g6 14. f2—f3 nebst Tf1—f2, Le2—f1 usw. und die Spiele stehen etwa gleich.

12. Sd4—b5! ....

Erzwingt die Aufreißung des feindlichen Königsflügels. Schwarz erlangt allerdings in der offenen g-Linie etwas Ersatz, sein Gegenangriff verläuft aber kurzlebig, während die Bauernschwäche bleibt und schließlich zur Niederlage führt.

12. .... Lc8—d7

Noch das Beste.

13. Lg5—f6: g7—f6:
14. Le2—d3 ....

Um die Dame nach h5 zu spielen.

14. .... Kg8—h8
15. Sb5—d4 Te8—g8
16. Dd1—h5 Dd8—f8
17. f2—f4 Ta8—e8
18. Tf1—f3 Tg8—g7

19. Sd4—f5! ....

Nicht 19. Ld3—f5 wegen 19. .... c7—c5! usw. Im folgenden bewährt sich der weiße Läufer weit besser als der feindliche Springer. Der Gewinn läßt aber auf sich warten, da zunächst umständliche Vorbereitungen notwendig sind. Vor allem muß, ehe der entscheidende Sturm einsetzt, der König in Sicherheit gebracht werden.

19. .... Ld7—f5:
20. Ld3—f5: Df8—e7
21. Lf5—c2 Te8—g8
22. g2—g3 ....

Dieser und die nächsten Züge sind von dem Gedanken diktiert, den König nach dem Damenflügel zu bringen.

22. .... De7—d7
23. Tf3—f2 Dd7—e7
24. Kg1—f1 Tg8—d8
25. Tf2—d2 b7—b6
26. Dh5—d5 Tg7—g8
27. Dd5—f5 a7—a5
28. Kf1—e1 De7—e6
29. Df5—h5 De6—e7

Die Züge des Nachziehenden machen einen recht indifferenten Eindruck, aber er kann in der Tat nichts Wesentliches unternehmen.

30. Ke1—d1 Tg8—g7
31. Kd1—c1 Sg6—f8
32. Lc2—f5 Td8—e8
33. g3—g4 ....

Weiß unterläßt hier und in der Folge e3—e4, um eine Etablierung des Springers auf d4 auszuschalten.

33. .... Sf8—g6
34. a2—a3 De7—d8
35. Lf5—c2 Dd8—c8
36. Kc1—b1 Sg6—e7
37. h2—h3 Se7—g6
38. Dh5—h6 Dc8—d8
39. Kb1—a2 Sg6—e7

Ein unschuldiger Scherz: auf 40. Dh6—f6:? folgt nämlich 40. .... Se7—d5 mit Qualitätsgewinn.

40. Ka2—a1 Se7—g6
41. Lc2—a4 Te8—g8
42. La4—d1 Dd8—e7
43. Ld1—c2 Sg6—f8
44. Td2—d5 Sf8—g6
45. Td5—f5 Tg8—e8
46. g4—g5 ....

Noch genauer wäre vielleicht die Vorbereitung dieses Durchbruches mit 46. h2—h4. Aber er ist auch jetzt stark genug.

46. .... f6—g5:
47. Tf5—g5: De7—f8!

Der einzige Zug! Nach 48. f4—f5, Sg6—e5! 49. f5—f6, Tg7—g6 50. Dh6—f8‡, Te8—f8: 51. Lc2—g6:, f7—g6: usw. wäre das Endspiel für Schwarz unverlierbar.

48. Tg5—h5! Df8—g8
49. Ka1—a2! ....

Wichtig, damit später der Turm g7 nicht mit Schachgebot ziehen kann.

49. .... Sg6—f8
50. Dh6—f6 Sf8—d7
51. Df6—d4 f7—f6
52. Lc2—f5 Dg8—f8
53. Th5—h6 ....

Einfacher war 53. e3—e4 nebst Dd4—f2—h4 und schließlich Tc3—g3.

53. .... Tg7—e7!
54. Th6—h5 Sd7—c5

Schwarz hätte am besten getan, den Turm nach g7 zurückzunehmen.

55. Tc3—c2! ....

Nun kommt endlich auch dieser Turm auf den Kriegsschauplatz.

55. .... Te7—g7
56. Tc2—g2! Te8—e7

Natürlich nicht 56. .... Tg7—g2: wegen 57. Th5—h7‡ nebst Dd4—d5† usw.

57. Tg2—g4! a5—a4

Auch 57. .... Tg7—g4: 58. h3—g4: mit der Drohung g4—g5 usw. wäre nicht zu ertragen.

58. Th5—h6! Tg7—f7

Auf 58. .... Tg7—g4: folgt natürlich 59. Th6—f6: usw.

59. Tg4—g6 Sc5—b3
60. Dd4—c3 d6—d5

Das verliert sofort. Es drohte 61. Tg6—f6:, Tf7—f6: 62. Th6—f6:, Df8—g7 63. Tf6—f8 und dagegen gab es nur die Parade 60. .... Te7—e8. Weiß hätte dann mit 61. e3—e4 (drohend 62. Tg6—f6:!, Tf7—f6: 63. Th6—h7‡, Kh8—g8

64. Dc3—g3† usw.), Df8—e7 62. Tg6 —f6:, Tf7—f6: 63. Th6—f6:, De7—g7 (drohend Sb3—c1†—e2) 64. Tf6—f7!, Dg7—c3: 65. Tf7—h7‡, Kh8—g8 66. b2—c3: usw. ein gewonnenes Endspiel herbeigeführt.

61. c4—d5: Te7—e8
62. e3—e4! Df8—c5

Weiß kündigt Matt in 6 Zügen an: 63. Th6—h7‡, Kh8—h7: 64. Tg6 —f6‡, Kh7—g7 65. Tf6—g6†, Kg7 —f8 (65. .... Kg7—h7 66. Tg6—g7†, Kh7—h8 67. Tg7—h7†, Kh8—g8 68. Th7—h8† matt) 66. Dc3—h8†, Kf8—e7 67. Tg6—e6†, Ke7—d7 68. Dh8—e8:.

Eine schwere Partie.

Nr. 44. Holländische Partie.

(Aus dem Semmeringer Turnier 1926.)

Weiß: H. Kmoch.

1. d2—d4 f7—f5
2. Dd1—d3 ....

Ein ungewöhnlicher Zug, der von Alapin herrührt. Schwarz hat darauf wohl nichts Besseres als mit 2. .... d7—d5 einen Stonewall aufzubauen, denn andere Züge, wie z. B. 2. .... d7—d6, e7—e6 oder g7—g6 würden nach 3. e2—e4, f5—e4: 4. Dd3—e4:, Sg8—f6 5. De4—h4 den Anziehenden in Vorteil bringen, da nun seine Dame vortrefflich postiert wäre. Bei der gewählten Entgegnung erweist sich der Damenzug allerdings als glatter Tempoverlust.

2. .... d7—d5
3. Lc1—f4 e7—e6
4. Sg1—f3 ....

Konsequenter war wohl 4. Dd3—g3, was Schwarz am einfachsten mit 4. .... Sb8—a6 5. e2—e3, c7—c6 (6. Lf1—a6:, Dd8—a5†—a6:) nebst Sg8—f6 beantwortet hätte.

4. .... Sg8—f6
5. e2—e3 Lf8—d6
6. Lf1—e2 ....

Hier oder im nächsten Zuge empfahl sich c2—c4, c7—c6, Sb1—c3. Durch die folgende verfrühte Besetzung des Punktes e5 kommt Weiß sogar etwas in Nachteil.

6. .... 0—0
7. Sf3—e5 c7—c5!

Die Einleitung zur Eroberung des Schlüsselpunktes e5.

8. c2—c3 Sb8—c6
9. Sb1—d2 Dd8—c7
10. Sd2—f3 Sf6—d7!

Das einzig Richtige! Dagegen hätte Weiß nach 10. .... c5—d4: 11. e3—d4:, Sf6—h5 seinen Willen mit 12. g2—g3! durchgesetzt.

11. Se5—d7: Lc8—d7:
12. Lf4—d6: Dc7—d6:
13. 0—0 c5—c4!

Diese Einkreisung ist viel aussichtsreicher als die Auflösung 13. .... e6—e5 14. d4—e5:, Sc6—e5: 15. Sf3—e5:, Dd6—e5:, worauf sich Weiß mit allen Figuren gegen den Punkt d5 aufgestellt hätte.

14. Dd3—d2 b7—b5
15. Sf3—e1 g7—g5!

Verhindert in Verbindung mit dem nächsten Zuge die Absicht f2—f4 nebst Se1—f3—e5.

16. f2—f4 g5—g4
17. b2—b3 ....

Um nicht nach a7—a5, b5—b4 usw. allmählich erdrückt zu werden. Völlig verbarrikadieren ließ sich die Stellung nicht, da nach 17. b2—b4, a7—a5 die Deckung 18. a2—a3 wegen des ungedeckten Turmes a1 nicht anginge.

17. .... Tf8—b8
18. Se1—c2 a7—a5
19. b3—c4: ....

Dieser Abtausch, welcher das Eindringen des schwarzen Läufers nach a4 ermöglicht, erleichtert dem Gegner die Arbeit. Aber auch nach 19. Tf1—b1, Sc6—a7 nebst Tb8—b6, Ta8—b8 usw. stünde der Nachziehende weit überlegen.

19. .... b5—c4:
20. Tf1—b1 Sc6—a7
21. Dd2—e1 Ld7—a4
22. Le2—d1 ....

22. De1—h4 war nur eine Scheindrohung: 22. .... La4—c2: 23. Dh4—g5†, Kg8—f7 24. Dg5—h5†, Kf7—f8 25. Dh5—h6†, Kf8—e8, und der König kommt in Sicherheit.

22. .... Dd6—e7

Räumt dem Springer den Weg nach e4 und schränkt die feindliche Dame ein.

23. De1—d2 Sa7—b5
24. Tb1—b2 Tb8—b7
25. Ta1—b1 Ta8—b8
26. Ld1—e2 ....

Es drohte schon 26. .... Sb5—d6 27. Tb2—b7:, Tb8—b7: 28. Tb1—b7:, De7—b7: 29. Dd2—c1, Sd6—e4 usw.

26. .... h7—h5
27. g2—g3 ....

Weiß ist in eine Art Zugszwangsstellung geraten. Auf indifferente Züge bringt Schwarz seinen König nach c8 und spielt dann La4—c2: nebst De7—a3. Nach dem Textzug geht es noch rascher zu Ende, da nun auf g3 eine weitere Schwäche entsteht.

27. .... h5—h4!
28. e3—e4 ....

Auch auf diesen verzweifelten Befreiungsversuch war Schwarz eingerichtet.

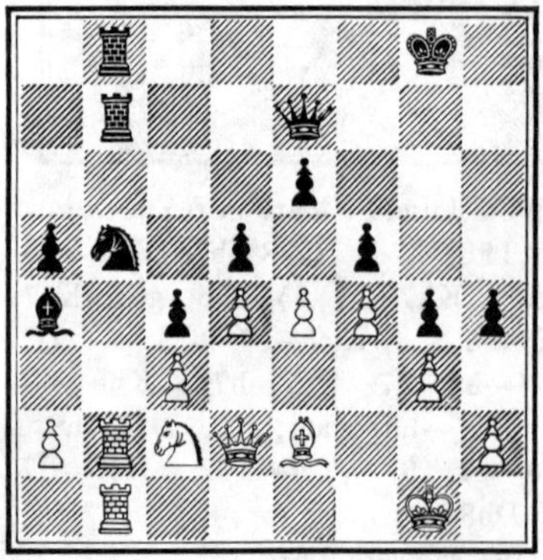

28. .... Sb5—d6!

Tödlich, da der Springer nun mit doppeltem Bauerngewinn nach e4 eindringt.

29. Tb2—b7: Tb8—b7:
30. Tb1—b7: De7—b7:
31. Dd2—c1 ....

Oder 31. e4—d5:, Db7—b2 32. Le2:—d1, Sd6—e4 33. Dd2—e2, e6—d5:, 34. Sc2—e3, Db2—c1 und gewinnt.

31. .... Sd6—e4:
32. Sc2—e3 h4—g3:

33. h2—g3: Se4—g3:
34. Kg1—f2 Sg3—e4†

Falls nun 35. Kf2—g1, so Db7—h7 36. Dc1—b2 Dh7—h4 usw. mit unwiderstehlichem Mattangriff.

Weiß gab auf.

Nr. 45.
Königsindische Verteidigung.

(Aus dem Semmeringer Turnier 1926.)

Schwarz: R. Réti.

1. d2—d4 Sg8—f6
2. c2—c4 g7—g6
3. g2—g3 ....

Wie die nächste Anmerkung lehrt, ist das hiermit eingeleitete Entwicklungssystem nicht ganz einwandfrei und demnach das einfache 3. Sb1—c3 vorzuziehen.

3. .... Lf8—g7
4. d4—d5 ....

Es kann sicher nicht gesund sein, in der Eröffnung so viele Bauernzüge hintereinander zu machen. Ich wollte mich aber nicht auf die Neuerung einlassen, welche Réti im selben Turnier gegen Rubinstein versucht hat. Die Eröffnungsphase dieser Partie verlief wie folgt: 4. Lf1—g2, d7—d5 5. c4—d5:, Sf6—d5: 6. e2—e4, Sd5—b4 7. a2—a3 (so gut wie erzwungen), Sb4—c6 8. d4—d5, Sc6—d4 9. Sb1—c3, und nun hätte Schwarz mit c7—c5 (statt e7—e5) ein ganz chancenreiches Spiel erlangen können. Aber auch nach dem Textzug hat er keine Eröffnungsschwierigkeiten mehr.

4. .... d7—d6
5. Lf1—g2 e7—e5
6. Sb1—c3 0—0
7. Lc1—g5 ....

Weiß beabsichtigt, aus der Not eine Tugend zu machen und den Umstand auszunutzen, daß sein Königsspringer den f-Bauer noch nicht verstellt hat. Aber das sofortige 7. f2—f4 wäre wegen 7. .... e5—f4: 8. Lc1—f4:, Sf6—h5 9. Lf4—d2, f7—f5 nebst eventuell f5—f4 usw. bedenklich. Deswegen soll zunächst womöglich eine Schwächung des feindlichenKönigsflügels provoziert werden.

7. .... h7—h6
8. Lg5—d2 Kg8—h8
9. Dd1—c1 ....

Nur um den feindlichen Königsspringer zu veranlassen, sich vorläufig vom Kriegsschauplatze zu entfernen.

9. .... Sf6—g8
10. f2—f4 ....

Sieht gewagt aus, hauptsächlich, weil nun der Königsbauer auf der offenen Linie rückständig bleibt. Durch den folgenden Tausch erhält aber Weiß für seine Figuren das Feld d4 und dies dürfte eine genügende Kompensation für die besagte, übrigens unbedeutende Schwäche bilden.

10. .... e5—f4:
11. Ld2—f4: Sb8—d7
12. Sg1—f3 Dd8—e7
13. 0—0 Sd7—c5

Ganz richtig, da 14. b2—b4 wegen 14. .... Sc5—e4 usw. nachteilig wäre. Nur sollte sich Schwarz auch in der Folge darauf einrichten, diesen Springer gegen eine Deplacierung zu sichern.

14. Lf4—e3! ....

In der Absicht, den sehr unangenehmen feindlichen Königsläufer sobald wie möglich abzutauschen.

14. .... Lc8—d7
15. Le3—d4 Ta8—e8

Nun aber mußte unbedingt 15. .... a7—a5 geschehen. Nach dem Textzug erhält Weiß eine Chance für das Endspiel, die er im weiteren Verlaufe der Partie konsequent ausnützt.

16. b2—b4! Sc5—e4
17. Sc3—e4: De7—e4:
18. Ld4—g7‡ Kh8—g7:
19. Dc1—c3†! ....

Erzwingt den folgenden, für den Nachziehenden gewiß unerwünschten Bauernzug, da 19. .... Sg8—f6 (19. .... Kg7—h7? 20. Sf3—g5†) an 20. Tf1—f2!, De4—e3 21. Dc3—b2 nebst Ta1—f1, Kg1—h1 usw. scheitern würde.

19. .... f7—f6
20. Sf3—d4 De4—e5!

Nach 20. .... De4—e3† 21. Dc3—e3:, Te8—e3: würde Weiß zunächst mit 22. Tf1—f3 den Rückzug oder Tausch des eingedrungenen Turmes erzwingen (22. .... Tf8—e8? 23. Sd4—e6†) und dann den schwachen schwarzen Damenflügel mit seinen Bauern stürmen.

21. Ta1—d1 h6—h5!

Eröffnet dem Springer die verhältnismäßig besten Aussichten. Auch wird vielleicht ein Königsangriff geplant, dem Weiß aber mit seinen nächsten Zügen zuvorkommt.

22. Td1—d3 Sg8—h6
23. Tf1—f4! ....

(S. Stellungsbild)

23. .... Ld7—f5

Mit Unrecht läßt sich Schwarz auf ein zumindest zweifelhaftes Endspiel ein, statt den Gegner mit 23. .... f6—f5 24. h2—h4, Sh6—g4 usw. zu zwingen, seinen Haupttrumpf, nämlich c4—c5, schon im Mittelspiel zu verwerten. Dies hätte die Partie für beide Teile schwierig gestaltet und der Ausgang wäre ungewiß geblieben. Nach dem Textzug reduziert sich alles auf die eine Frage, ob es dem Anziehenden gelingen werde, seinen Druck auf den Damenflügel entscheidend zu verstärken.

24. Sd4—f5‡ Sh6—f5:
25. Tf4—e4! De5—c3:
26. Td3—c3: Sf5—e7

Auch nach 26. .... Te8—e5 27. Te4—e5:, f6—e5: 28. e2—e3! nebst c4—c5 usw. stünde Weiß besser; immerhin wäre diese Variante meines Erachtens dem Textmanöver, welches den Springer zu einer rein passiven Rolle verurteilt, vorzuziehen gewesen.

27. Kg1—f2 Se7—c8
28. c4—c5 Te8—e4:
29. Lg2—e4: Tf8—f7
30. Kf2—e3 f6—f5
31. Le4—f3 Kg7—f6
32. Ke3—d4 ....

Der König hat nun eine dominierende Zentralstellung bezogen. Es droht nicht nur ein gelegentlicher

Durchbruch auf dem Damenflügel, sondern im geeigneten Augenblick auch eine Auflösung im Zentrum mittels e2—e4.

32. .... Tf7—h7
33. h2—h4 Th7—g7

Eine trostlose Defensivstellung!

34. a2—a4 Tg7—f7
35. a4—a5 a7—a6

Beschleunigt den Verlust, welcher auch nach z. B. 35. .... Tf7—e7 unabwendbar wäre: 36. e2—e4, f5—e4: 37. Lf3—e4:, Kf6—g7 38. g3—g4!, h5—g4: 39. Tc3—g3 nebst Tg3—g4: und Weiß erobert entweder den g-Bauer oder die achte Reihe.

36. c5—c6! ....

Damit verwandelt Weiß seinen Stellungsvorteil in materiellen Gewinn, den der Nachziehende im folgenden trotz verzweifelter Gegenwehr nicht mehr wettmachen kann. Das Schlußspiel bietet noch einige interessante Momente.

36. .... b7—b5
37. a5—b6: e. p. Sc8—b6:

Oder 37. .... c7—b6: 38. c6—c7!, Kf6—e7 39. e2—e4 usw. mit Gewinnstellung.

38. Tc3—a3 Kf6—e7

Réti erspäht in seiner verzweifelten Lage noch eine versteckte Chance, die allerdings mit 39. e2—e3! im Keime erstickt werden konnte. Der folgende Zug reicht zwar schließlich ebenfalls zum Gewinn, aber nicht ohne einige technische Schwierigkeiten.

39. Ta3—a6: f5—f4!

Damit erzwingt Schwarz den Abtausch von zwei Bauern, was für ihn immerhin eine gewisse Erleichterung bedeutet.

40. g3—g4 h5—g4:
41. Lf3—g4: f4—f3!

Die Pointe!

42. Lg4—f3: Tf7—f4†
43. Lf3—e4 Tf4—h4:
44. Ta6—a7 Ke7—d8
45. Ta7—a3 Th4—h2

Etwas besser war 45. .... Kd8—e7, wonach aber die Entscheidung auf folgende Art gefallen wäre: 46. Ta3—g3, Ke7—f7 47. Kd4—d3, Th4—h6 48. Le4—f3 nebst e2—e4, Lf3—g4—e6 und schließlich Tg3—f3 usw. Nach dem Textzug geht ein zweiter Bauer verloren.

46. Ta3—e3! Th2—h5

Auf 46. .... g6—g5 gewinnt 47. Le4—g6, Th2—h8 48. Te3—g3 usw.

47. Te3—g3 g6—g5
48. Le4—f3 Th5—h4†
49. e2—e4 Th4—h2
50. Tg3—g5: Th2—b2

Oder 50. .... Th2—c2 51. Tg5—g8†, Kd8—e7 52. Tg8—g7†, Ke7—d8 53. Kd4—e3, Sb6—c4† 54. Ke3—f4, Sc4—e5 55. Kf4—f5!, Se5—f3: 56. Kf5—f6 und Weiß gewinnt.

51. Tg5—g8† Kd8—e7

52. Tg8—g7† Ke7—d8
53. Kd4—c3 Sb6—a4†
54. Kc3—c4 Sa4—b6†
55. Kc4—b5 Tb2—d2

Falls 55. .... Tb2—f2, so 56. e4—e5!, Tf2—f3: 57. e5—d6: und gewinnt.

56. Tg7—g8† Kd8—e7
57. Tg8—b8! Td2—c2

Gegen 58. Tb8—b6: ist kein Kraut gewachsen. Falls z. B. 57. .... Td2—d4, so 58. Tb8—b6:, c7—b6: 59. Kb5—a6! usw.

58. Tb8—b6: Aufgegeben.

Nr. 46.
Damenindische Verteidigung.

(Aus dem Turnier zu Dresden 1926.)

Weiß: F. Sämisch.

1. d2—d4 Sg8—f6
2. Sg1—f3 ....

Folgerichtiger ist meines Erachtens 2. c2—c4, denn das Budapester Gambit dürfte trotz der praktischen Chancen, die es bietet, kaum völlig korrekt sein. Weiß kann sich darauf am einfachsten folgendermaßen entwickeln: (2. .... e7—e5) 3. d4—e5:, Sf6—g4 4. Sg1—f3, Lf8—c5 5. e2—e3, Sb8—c6 6. Sb1—c3, 0—0 7. Lf1—e2, Sg4—e5: 8. Sf3—e5:, Sc6—e5: 9. 0—0, d7—d6 10. b2—b3 nebst Lc1—b2, und Schwarz wird mit verschiedenen Schwierigkeiten zu kämpfen haben. Der exponierte Läufer hat keine Aussichten und der Se5 muß jederzeit der Vertreibung durch f2—f4 gewärtig sein.

Es wäre interessant, diese Spielweise in ernsten Meisterpartien praktisch zu prüfen.

2. .... b7—b6
3. c2—c4 ....

Auf 3. g2—g3 folgt Lc8—b7 4. Lf1—g2, c7—c5!.

3. .... Lc8—b7
4. e2—e3 e7—e6
5. Lf1—d3 Lf8—b4†
6. Lc1—d2 ....

6. Sb1—d2 könnte mit 6. .... Sf6—e4 7. 0—0, f7—f5 beantwortet werden.

6. .... Lb4—d2:†
7. Sb1—d2: d7—d6
8. 0—0 Sb8—d7
9. Dd1—c2 ....

Die Stellung sieht auf den ersten Blick ganz harmlos aus. Anscheinend besteht für Weiß kein Anlaß, mit taktischen Verwicklungen zu rechnen, denn sein strategisches Ziel ist gegeben: Behauptung des Feldes e4, um einerseits mit einem Königsangriff zu drohen, anderseits mit einer Schwächung des feindlichen Damenflügels durch Abtausch der Läufer. Der Textzug, mit dem Weiß an die Lösung seiner Aufgabe schreitet, bildet aber nicht die richtige Einleitung, denn der Gegner gewinnt nun Zeit zur Festigung seines Spiels, insbesondere kann er den Tausch seines wichtigen Läufers vermeiden. Die stellungsgemäße Fortsetzung bestand in 9. Sf3—g5! mit etwa folgender Gestaltung der Dinge: 9. .... h7—h6 10. Sg5—e4, 0—0 11. f2—f4, d6—d5 (11. .... Sf6—e4: 12. Ld3—e4:! $\pm$) 12. Se4—g3, c7—c5 13. Dd1—e2 nebst Ta1—d1, und Weiß steht sehr gut, da er im Gegensatz zur Partie vortreffliche Verwendungsmöglichkeiten für seine Türme besitzt.

Kleine Ursachen, große Wirkungen! Man sieht, wie wichtig es ist, sich schon bei der Anlage einer Partie größter Sorgfalt zu befleißigen. Nichts ist in in dieser Beziehung schädlicher als die Schablone. Sie birgt immer die Gefahr direkten Nachteils und fördert jedenfalls die Verödung des Spiels. Sicherlich hat sie viel dazu beigetragen, wenn vor einigen Jahren das Gespenst des sogenannten „Remistodes" auftauchte, eine Erscheinung, welche durch das Auftreten einiger junger, selbständig denkender Schachtalente gottlob rasch genug gebannt wurde.

9.	....	0—0
10.	Ta1—d1	Dd8—e7
11.	Sf3—g5	....

Zwei Züge zu spät.

11.	....	h7—h6
12.	Sg5—h7	....

Oder 12. Sg5—e4 mit ähnlichen Wendungen wie in der Partie.

12.	....	Tf8—d8
13.	Sh7—f6‡	Sd7—f6:
14.	Sd2—e4	c7—c5
15.	Se4—f6‡	De7—f6:
16.	d4—c5:	....

Es ist dem Anziehenden zwar gelungen, fast alle leichten Figuren abzutauschen, das offenbar angestrebte Remis hat er aber damit noch lange nicht in der Tasche, denn die schwarze Bauernstellung ist viel elastischer. Der Textzug ist jedenfalls ungünstig, da er dem Gegner in der offenen b-Linie eine neue Operationsbasis schenkt. Unzureichend wäre auch 16. Ld3—e4 wegen d6—d5! 17. Le4—f3 (oder 17. c4—d5:, e6—d5: nebst c5—c4 ∓), Lb7—a6 18. b2—b3, Ta8—c8 usw. ±.

Am besten war noch 16. Tf1—e1.

16.	....	b6—c5:!

Bei d6—c5: könnte Schwarz dem Remis kaum entgehen. Jetzt hingegen wird der Anziehende schon nach wenigen Zügen zu völliger Passivität verurteilt.

17.	Td1—d2	Ta8—b8
18.	Tf1—d1	Lb7—c6
19.	b2—b3	....

Nach 19. Ld3—h7†, Kg8—h8 20. Td2—d6:?, Td8—d6: 21. Td1—d6:, Tb8—b2: würde Schwarz gewinnen. Nun aber droht Weiß, nicht nur den Bauer d6 zu erobern, sondern auch mit 20. Ld3—e4 die Stellung weiter zu nivellieren.

19.	....	Df6—e5!

Ein starker Zug, welcher nicht nur die beiden erwähnten Drohungen pariert, sondern auch f7—f5 vorbereitet, wodurch das schwarze Spiel eine wesentliche Kräftigung erfahren würde. Weiß hat nun nichts Besseres, als den Damentausch anzubieten. Das folgende Endspiel ist trotz seiner Einfachheit interessant und lehrreich.

20.	Dc2—b2	De5—b2:
21.	Td2—b2:	a7—a5
22.	Tb2—d2	Kg8—f8
23.	Ld3—c2	Kf8—e7

Die sogenannte Schwäche d6 ist nun illusorisch geworden, und das ist für diese Art von Stellungen typisch. Eine ganz regelrechte Schwäche weist hingegen der weiße Damenflügel auf, denn die Aufrollung a5—a4 ist nicht zu verhindern.

24. f2—f3 a5—a4!
25. Kg1—f2 ....

Oder 25. b3—a4:, Tb8—b4 ∓.

25. .... a4—b3:
26. Lc2—b3: ....

Nach 26. a2—b3: würden die schwarzen Türme auf der a-Linie ins feindliche Lager eindringen.

26. .... f7—f5

Eine früher oder später unumgängliche Maßnahme gegen e3—e4.

27. Kf2—e2 Tb8—b4
28. Ke2—d3 Lc6—a4

Offenbar der einzige Weg, um die Schwäche der Punkte a2 und c4 bloßzulegen.

29. Lb3—a4: ....

Oder 29. Kd3—c3, Td8—b8! 30. Td2—b2 (30. Td2—d6:?, Tb4—b3‡! und gewinnt), d6—d5! usw. ∓.

29. .... Tb4—a4:
30. Td1—b1 ....

Kostet einen Bauer, was in dieser Stellung entscheidend ist. Nicht viel besser wäre allerdings die Variante 30. Td1—c1, Ta4—a3† 31. Kd3—e2, Td8—a8 32. Tc1—c2, Ke7—d7 nebst Kd7—c6 und d6—d5∓.

(S. Stellungsbild)

30. .... Ta4—a3†!
31. Kd3—e2 ....

Relativ besser als 31. Tb1—b3, worauf Schwarz mit 31. . . . Td8—a8 noch rascher gewinnen würde.

31. .... Ta3—c3
32. a2—a4 Tc3—a3!

Bedeutend stärker als 32. .... Tc3—c4:, worauf der weiße Freibauer nach 33. Td2—a2 den Gewinn noch sehr erschweren würde.

33. Tb1—b7† Td8—d7
34. Td2—b2 Ta3—a4:
35. Tb7—d7‡ Ke7—d7:
36. Tb2—b7† Kd7—c6
37. Tb7—g7: Ta4—c4:
38. Tg7—g6 ....

Gewinnt zwar den Bauer zurück, Weiß bleibt aber trotzdem in entscheidendem Nachteil; der feindliche Turm dringt in die zweite Reihe ein, und der schwarze König kommt zur Unterstützung seines Freibauern heran. Jetzt hat nur noch die Technik das Wort.

38. .... Kc6—d5
39. Tg6—h6: Tc4—c2†
40. Ke2—f1 c5—c4
41. Th6—h8 c4—c3
42. h2—h4 ....

Oder 42. Th8—c8, f5—f4! 43. e3—f4:, Kd5—d4 44. h2—h4, Kd4—e3 45. Kf1—g1, Ke3—f4:! 46. h4—h5, Kf4—g5 47. g2—g4, d6—d5, und Schwarz gewinnt leicht.

42. .... Tc2—d2!

43. Kf1—e1 Td2—g2:
44. Th8—c8 c3—c2
45. h4—h5 Tg2—h2
46. h5—h6 Th2—h6:
47. Tc8—c2: Th6—h1†
48. Ke1—d2 Th1—h2†
49. Kd2—d3 Th2—c2:

Weiß gab auf.

Nr. 47.

Königsindische Verteidigung.

(Aus dem Turnier zu Dresden 1926.)

Schwarz: M. Blümich.

1. d2—d4 Sg8—f6
2. Sg1—f3 g7—g6
3. Lc1—g5 ....

Ein Versuch, den indischen Zauber mit unbefangener Figurenentwicklung zu bekämpfen.

3. .... Lf8—g7
4. Sb1—d2 0—0
5. e2—e3 ....

Dies und nicht 5. e2—e4 ist das Richtige, denn nur bei der Bauernformation c3, d4, e3 beißt der flankierte Läufer auf Granit.

5. .... d7—d6
6. Lf1—c4! ....

Auf dieser Diagonale steht der Läufer am wirksamsten; geschieht aber 6. .... d6—d5, so erhält Weiß den Punkt e5 und baut sich nach Pillsbury auf: Sf3—e5, f2—f4 usw.

6. .... Sb8—c6
7. c2—c3 a7—a6

Schon ein Verlegenheitszug, der keine Drohung enthält, denn b7—b5 würde dem Anziehenden nach Lc4—d3 nebst a2—a4 nur bequeme Angriffsziele verschaffen.

8. Dd1—e2 Lc8—g4

Dieser Läuferzug, der dem Gegner das hochwichtige Tempo h2—h3 schenkt, ist wohl als entscheidender Fehler zu betrachten. Besser war sofort 8. .... Lc8—d7.

9. h2—h3 Lg4—d7
10. Sf3—h2! ....

Droht sowohl 11. Sh2—g4 als auch 11. f2—f4.

10. .... Dd8—c8

Auch 10. .... e7—e5 11. Sh2—g4, Ld7—g4: 12. h3—g4:, e5—d4: 13. c3—d4: würde dem Weißen einen entscheidenden Stellungsvorteil überlassen.

11. f2—f4 e7—e5

Verzichtet Schwarz auf diesen gewaltsamen Befreiungsversuch, so wird er nach 0—0 nebst e3—e4—e5 usw. einfach erdrückt.

12. f4—e5: d6—e5:
13. 0—0 Sf6—h5

Erzwungen, denn auf 13. .... Sf6—e8 folgt 14. d4—d5 nebst 15. Lg5—e7 mit Qualitätsgewinn.

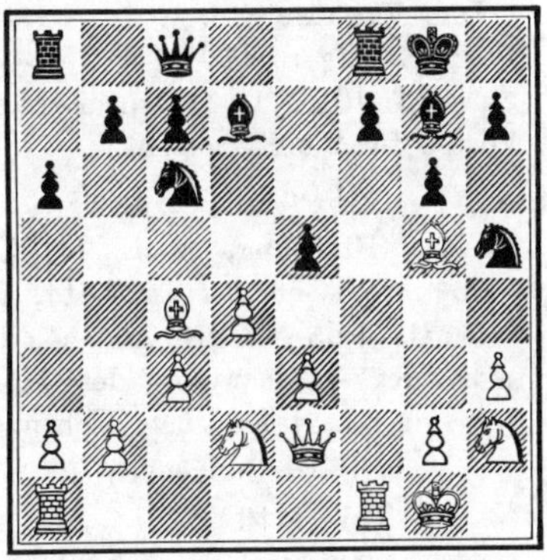

14. Tf1—f7: ....

Eine weitberechnete und korrekte Kombination, deren Schönheitswert aber dadurch beeinträchtigt wird, daß sie keineswegs die schnellste und sicherste Lösung des Problems der

Stellung bildet. Diese bestand vielmehr in dem einfachen Zug 14. De2—f3, worauf dem Gegner angesichts der furchtbaren Drohung 15. g2—g4 (woran auch 14. ... . h7—h6 15. Lg5—h4 nichts ändern würde) nichts Besseres übriggeblieben wäre, als auf d4 eine Figur gegen zwei Bauern zu opfern. Nach 14. .... e5—d4: 15. c3—d4:, Sc6—d4: 16. e3—d4:, Lg7—d4‡ 17. Lg5—e3 (17. .... Ld4—b2: 18. Ta1—b1) hätten wohl die stärkeren Bataillone ohne Anstrengung gesiegt.

Ich glaube aber, daß das folgende Kombinationsspiel trotz mangelnder Zweckmäßigkeit an und für sich sehr lehrreich ist. Besonders schwierig war es, die überraschende Wendung im 18. Zuge richtig vorauszusehen.

14. .... Tf8—f7:
15. Lc4—f7‡ Kg8—f7:
16. De2—c4† Ld7—e6

Die Variante 16. .... Kf7—f8 17. Ta1—f1†, Ld7—f5 18. g2—g4, Sh5—g3 19. Tf1—f3 würde klaren Vorteil für Weiß ergeben.

17. d4—d5 Le6—d5:

In der Hoffnung, nach 17. Dc4—d5‡, Dc8—e6 18. Ta1—f1†, Lg7—f6 19. Dd5—f3 (19. c3—c4, Ta8—d8), Kf7—g7 usw. mit dem König den sicheren Hafen zu erreichen.

(S. Stellungsbild)

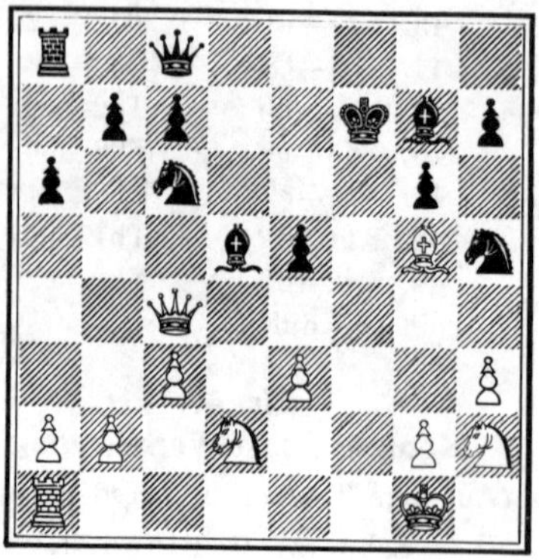

18. Ta1—f1†!! ....

Dieses Zwischenschach bildet die Pointe der ganzen Kombination. Auf 18. . .. Lg7—f6 würde nun nicht 19. Dc4—d5‡, sondern 19. Dc4—h4! folgen. Nach 19. .... Kf7—g8 (19. .... Dc8—e6 20. Sh2—g4) 20. Lg5—f6: (drohend 21. Sh2—g4), Sh5—f6: (oder 20. .... Ld5—e6 21. Sd2—e4 nebst eventuell g2—g4) 21. Dh4—f6:, Dc8—e6 22. Sh2—g4 bzw. 21. .... Ld5—e6 22. Sd2—e4 usw. würde dann Weiß entscheidenden Angriff behalten.

Die größten Verwicklungen, auf die sich Schwarz übrigens nolens volens einlassen mußte, hätten sich aber nach 18. .... Kf7—e6 ergeben. Letzten Endes hätte sich allerdings auch dann die Lage zugunsten des Anziehenden geklärt, und zwar: 19. Dc4—g4†, Ke6—d6 20. Sd2—c4† und nun I. 20. .... Kd6—c5 21. b2—b4†, Sc6—b4: (oder 21. .... Kc5—b5 22. a2—a4†, Kb5—a4: 23. Dg4—d1† und gewinnt) 22. Lg5—e7†, Kc5—c6 (bzw. 22. .... Kc5—b5 23. a2—a4† usw.) 23. Sc4—a5†, Kc6—b6 24. Le7—c5†! nebst Matt im nächsten Zuge; II. 20. .... Ld5—c4:! 21. Dg4—c4:, b7—b5! 22. Tf1—d1†, Sc6—d4 23. Dc4—e2!, Dc8—f5 24. Sh2—f3, Sh5—g3 25. De2—e1, Sg3—e4 26. Lg5—h4, g6—g5 27. Lh4—g3 und Weiß kommt endlich doch zur Ernte.

Der nächste passive Zug des Gegners erleichtert allerdings die Gewinnführung ganz bedeutend.

18. .... Sh5—f6
19. Dc4—d5† Dc8—e6
20. Dd5—f3 ....

Nun gibt es gegen die Drohungen 21. Sd2—e4 bzw. 21. Sh2—g4 keine Verteidigung mehr.

20. .... De6—f5
21. Lg5—f6: Schwarz gab auf; denn nach 21. .... Lg7—f6: erobert einer der Springerzüge glatt eine Figur.

Ein pointenreicher Schluß!

Nr. 48. Aljechins Eröffnung.

(Aus dem Turnier zu Dresden 1926.)

Weiß: A. Nimzowitsch.

1. e2—e4 Sg8—f6
2. d2—d3 c7—c5

Auf 2. .... e7—e5 kann Weiß unbedenklich 3. f2—f4 antworten.

3. c2—c4 ....

Ein neuer Zug, der den Nachziehenden vor die schwere Wahl stellt, sich entweder ruhig mit d7—d6, g7—g6 nebst Lf8—g7 usw. zu entwickeln, oder aber mittels e7—e6 und d7—d5 sofort den Kampf um die Zentralfelder aufzunehmen. Sein nächster Zug läßt noch beide Möglichkeiten offen.

3. .... Sb8—c6
4. Sb1—c3 ....

Eine Inkonsequenz, die den Weißen bald in Schwierigkeiten bringt. Die logische Fortsetzung war 4. f2—f4, worauf sich Schwarz wahrscheinlich für den Aufbau 4. .... d7—d6 nebst g7—g6 entschieden hätte. In der auf diese Weise eröffneten Partie Nimzowitsch-Vukovic, Kecskemét 1927, erzielte Weiß allerdings nur etwa gleiches Spiel.

4. .... e7—e6!

Die einzig richtige Reaktion auf den ungenauen Zug des Gegners. Schwarz wird nun im Zentrum aktiv und kommt ans Ruder — ein schlagender Beweis, daß man schon bei der Wahl der ersten Eröffnungszüge sehr vorsichtig sein muß, auch dann, wenn es sich um anscheinend ganz natürliche Fortsetzungen handelt.

5. f2—f4 d7—d5
6. e4—e5 d5—d4!

Viel energischer als 6. .... Sf6—d7, worauf sich Weiß mit 7. Sg1—f3, Sd7—b6 8. Lf1—e2 nebst 9. 0—0 ungestört entwickeln könnte.

7. Sc3—e4 ....

Oder I. 7. Sc3—b1, Sf6—d7 8. Sb1—d2, f7—f6 bzw. II. 7. Sc3—e2, Sf6—g4 8. Se2—g3, Sg4—e3! 9. Lc1—e3:, d4—e3: beides zum Vorteil für Schwarz.

7. .... Sf6—e4:
8. d3—e4: ....

8. .... g7—g5!

So gewagt dieser Zug auch aussieht, da er doch dem Gegner die f-Linie öffnet und überdies die Punkte f6 und f7 schwächt — er verschafft dem Nachziehenden eine strategisch gewonnene Partie. Das Spiel wird sich um den unglücklichen Bauer e5 drehen. Die beständige Sorge um diesen Schwächling wird den Anziehenden bald in die Rolle des Verteidigers drängen, wobei Schwarz Gelegenheit finden muß, im Zentrum und auf dem Damenflügel eine entscheidende Offensive zu ergreifen. Es geht zunächst alles wie am Schnürchen, und die Partie gestaltet sich vom strategischen Standpunkte äußerst interessant, schließlich lasse ich aber meinen gefährlichen Gegner, der sich schon so oft als vortrefflicher Taktiker bewährt hat, knapp vor Toresschluß entschlüpfen.

9. Sg1—f3 g5—f4:

10. Lc1—f4: Dd8—c7

Ebenfalls gut war 10. .... Th8—g8, worauf Weiß wahrscheinlich 11. g2—g3 geantwortet hätte. Das gewählte System genügt jedenfalls, um den Nachziehenden in entscheidenden Vorteil zu bringen.

11. Lf1—d3 Lc8—d7

Der Bauerngewinn 11. .... Lf8—g7 12. 0—0, Sc6—e5: wäre kaum ersprießlich, da Schwarz nach 13. Kg1—h1 in eine Fesselstellung geraten würde. Die Eroberung dieses Bauern ist keineswegs dringend, vielmehr genügt seine dauernde Bedrohung vollkommen zur Erfüllung des vorhin angedeuteten Programms.

12. 0—0 0—0—0

13. a2—a3 ....

Deckt zwar das Feld b4, schafft aber auf b3 eine neue Schwäche und ist deshalb verfrüht.

13. .... Ld7—e8!

Droht 14. .... f7—f6, was vorläufig wegen 14. Lf4—g3!, f6—e5: 15. Sf3—g5 nebst Dd1—h5 ungünstig wäre.

14. Dd1—e1 Th8—g8

15. De1—h4 ....

15. ... h7—h6!

Auf diese einfache Art wird der Königsflügel völlig gesichert, und Weiß bleibt fortan mit Rücksicht auf die Schwäche des Bauern e5 ganz auf die Verteidigung beschränkt. Diese ist äußerst schwierig, da der Gegner auf beiden Flügeln gleichzeitig operieren kann. Nimzowitsch entwickelt aber in seiner unheimlich bedrohten Stellung eine wahrhaft erstaunliche Zähigkeit.

16. Lf4—g3 Dc7—b6

Damit beginnt die Blockade des weißen Damenflügels.

17. Tf1—f2 Db6—b3

18. Tf2—d2 Sc6—a5

19. Ta1—c1 Db3—b6

20. Tc1—f1 Sa5—b3

21. Td2—e2 a7—a5!

22. Lg3—f4 a5—a4

Damit ist der erste Teil des Planes

durchgeführt. Nun soll unter dauerndem Druck auf den Bauer e5 der entscheidende Stoß mit dem b- und c-Bauer durchgeführt werden.

23. h2—h3 ....

Um die Dame ziehen zu können, ohne dem feindlichen Turm das Feld g4 zu überlassen.

23. .... Sb3—a5
24. Lf4—d2 Sa5—c6
25. Dh4—e1 Db6—b3
26. De1—b1 Lf8—g7
27. Ld2—f4 Sc6—e7
28. Lf4—d2 ....

Einige Glossatoren haben dies eine „sehr geistreiche Ressource" genannt. Die Herren sind jedoch im Irrtum, denn es handelt sich nur um einen „Bluff". Schwarz konnte einfach 28. .... Se7—g6 ziehen und 29. Ld2—a5 (drohend 30. Sf3—d2) mit 29. .... Sg6—f4 beantworten; nach 30. La5—d8:, Sf4—e2‡ 31. Ld3—e2:, Db3—e3† 32. Tf1—f2, Kc8—d8: nebst Le8—c6 hätte er eine klare Gewinnstellung erlangt. Etwas besser als der Textzug war daher 28. Lf4—h2, doch wäre Schwarz nach 28. .... Se7—g6 nebst Db3—b6—c7 ebenfalls in klaren Vorteil gekommen.

28. .... Se7—c6
29. Ld2—f4 Sc6—a5
30. Sf3—d2 Db3—b6
31. Db1—c2 Db6—c7

Auch hier konnte Schwarz mit Sc6—e7—g6 nebst Db6—c7 auf Eroberung des Bauern e5 spielen; die gewählte Fortsetzung ist aber noch stärker.

32. Sd2—f3 Kc8—b8
33. Dc2—c1! ....

Der einzige Zug, welcher noch einige Gegenchancen verspricht.

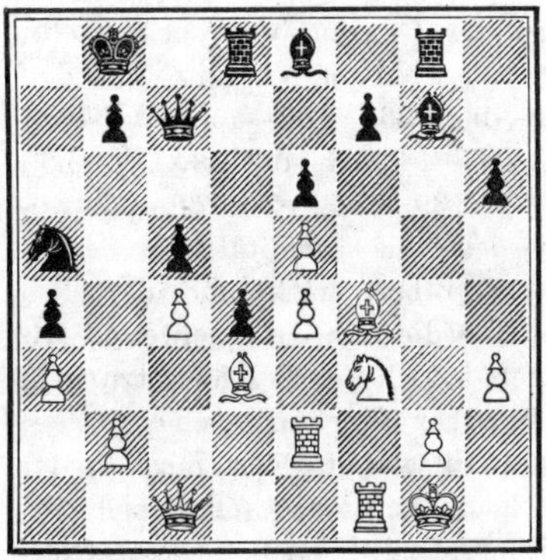

33. .... b7—b5!

Entscheidend! Der Vorstoß duldete keinen Aufschub, z. B. 33. .... Sa5—b3 34. Dc1—d1 nebst Te2—c2 und Weiß hält sich.

34. c4—b5: ....

Oder 34. Sf3—d2, Td8—c8 mit vernichtendem Druck.

34. .... c5—c4
35. Lf4—d2! ....

Die einzig mögliche Verteidigung, die jedoch auch nicht ausreichen sollte. Ganz aussichtslos wäre natürlich 35. Ld3—b1 wegen 35. .... d4—d3 usw.

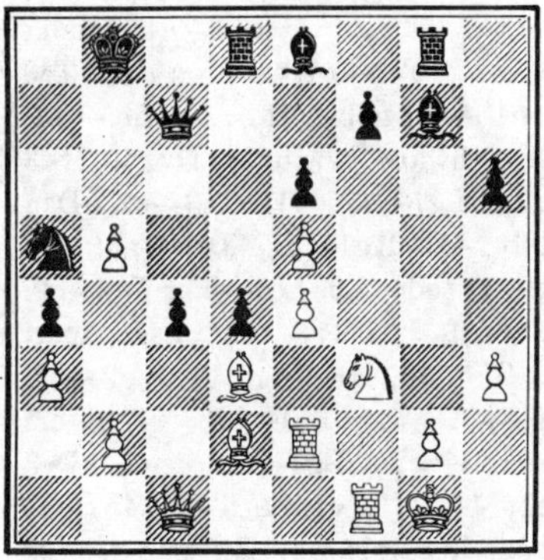

35. .... Td8—c8

Erst durch diese unnötige Finesse

wird der Gewinn in Frage gestellt. Ich sah wohl die Variante 35. .... Le8—b5: 36. Ld2—a5:, Dc7—a5: 37. Ld3—c4:, d4—d3! 38. Lc4—b5:, d3—e2: 39. Lb5—e2:, Td8—d7, wobei ich die Qualität für einen Bauer erobert hätte und natürlich war dies die richtige Spielweise. Mir schien jedoch die Textfortsetzung in technischer Beziehung noch einfacher, denn ich glaubte vier Züge später ein leicht gewonnenes Endspiel herbeiführen zu können. Dieser Optimismus rächt sich.

36.	Ld2—a5:	Dc7—a5:
37.	Te2—c2!	....

Natürlich nicht 37. Ld3—c4: wegen d4—d3 und Schwarz gewinnt.

37.	....	Le8—b5:
38.	Ld3—c4:	d4—d3!
39.	Tc2—c3	d3—d2!
40.	Dc1—c2!	....

Die einzig mögliche Verteidigung. Ich hatte in der Vorausberechnung das Nehmen des Bauern durchkalkuliert, aber den Textzug zu wenig berücksichtigt. Meine Kombination lautete: I. 40. Dc1—d2:, Da5—b6†! (nicht 40. .... Lb5—c4:? oder 40. .... Tc8—c4:? wegen 41. Tc3—c4:! usw.) nebst 41. .... Lb5—c4: und Schwarz gewinnt; II. 40. Sf3—d2:, Lg7—e5: 41. Tc3—c2, Da5—b6† 42. Kg1—h1, Db6—e3! 43. Sd2—f3 (oder 43. Lc4—b5:, Tc8—c2: 44. Dc1—c2:, Tg8—g2:! usw. bzw. 43. Tf1—f3, De3—g5 44. g2—g3, Le5—g3: 45. Lc4—b5:, Tc8—c2: 46. Dc1—c2:, Lg3—f2! usw.), De3—c1: 44. Tf1—c1:, Le5—f4 45. Lc4—b5:, Lf4—c1: 46. Tc2—c8‡, Tg8—c8: 47. Lb5—a4:, Lc1—b2: und Schwarz gewinnt.

40.	....	Lb5—c4:
41.	Tc3—c4:	Tc8—c4:
42.	Dc2—c4:	Tg8—c8
43.	Dc4—e2	....

Nicht 43. Dc4—d4, worauf Tc8—d8 gewänne.

43.	....	Da5—b6†
44.	De2—f2	Db6—f2‡

In Zeitnot wirft Schwarz durch den Damentausch seine letzte Chance weg. Richtig war 44. .... Db6—b2:. In dem Endspiel nach 45. Df2—d2:, Db2—d2: 46. Sf3—d2:, Lg7—f8! usw. hätte dann der starke schwarze Freibauer wahrscheinlich eine Figur gekostet, sodaß Weiß wohl am klügsten getan hätte, sich sofort zu einem Figurenopfer zu entschließen. Nimzowitsch selbst hat die folgende Variante als verhältnismäßig beste Fortsetzung angegeben: 45. Sf3—d2:, Lg7—e5: 46. Df2—f7:!, Db2—d2: 47. Df7—e6:, Dd2—e3† 48. Kg1—h1, De3—e4: 49. De6—b6†, De4—b7 50. Db6—a5 nebst Da5—a4: usw. In beiden Fällen hätte Schwarz noch Gewinnaussichten behalten, wogegen sich jetzt das Remis sehr einfach und klar abwickelt.

45.	Kg1—f2:	Tc8—c2
46.	Kf2—e2!	Tc2—b2:
47.	Sf3—d2:	Lg7—e5:
48.	Tf1—b1!	....

Der sicherste Weg!

48.	....	Tb2—b1:
49.	Sd2—b1:	Kb8—c7
50.	Sb1—d2	Kc7—c6
51.	Ke2—d3	Kc6—c5
52.	g2—g4	Le5—f4
53.	Sd2—b1	Lf4—e5

Remis.

Nr. 49. Unregelmäßige Eröffnung.

(Aus dem Turnier zu Dresden 1926.)

Schwarz: Dr. S. Tartakower.

1.	d2—d4	c7—c5
2.	d4—d5	d7—d6
3.	e2—e4	e7—e5

Auf 3. .... g7—g6 spielt Weiß f2—f4 und bricht dann, nach geeigneter Vorbereitung, mit e4—e5 durch.

4. Sb1—c3 Lf8—e7

Schwarz beabsichtigt, so bald wie möglich f7—f5 durchzusetzen, gibt aber dadurch dem Gegner die Gelegenheit zum Damentausch, nach welchem die Schwäche der Bauernkonfiguration c5, d6, e5 erst recht empfindlich wird.

5.	Lf1—d3	Le7—g5
6.	Sg1—f3	Lg5—c1:
7.	Dd1—c1:	Sg8—h6
8.	h2—h3	f7—f5

Sonst 9. g2—g4.

9. Dc1—g5! ....

Am klarsten. Weniger überzeugend wäre das verlockende 9. Ld3—b5† wegen 9. .... Ke8—f8!.

9.	....	0—0
10.	Dg5—d8:	Tf8—d8:
11.	Sf3—g5!	....

Ein wichtiger Zug, der u. a. auch die folgende, wegen der mangelhaften gegnerischen Entwicklung besonders günstige Öffnung des Zentrums vorbereitet. Schwarz kann darauf nicht gut die Stellung durch 11. .... f5—f4 blockieren, weil dann 12. Sc3—b5, Sb8—a6 13. Ld3—c4 nebst 0—0—0 und schließlich Sg5—e6 usw. mit eklatantem Vorteil für Weiß folgen würde.

11. .... g7—g6

12. f2—f4! ....

Dadurch werden alle Reservekräfte am schnellsten mobilisiert und der Stellungsvorteil wird sich bald in materiellen Gewinn verwandeln. Die „hypermoderne“ Partieanlage des Nachziehenden ist hier mit den einfachsten Entwicklungszügen erfolgreich bekämpft worden.

12.	....	e5—f4:
13.	0—0	Sb8—a6
14.	Tf1—f4:	Sa6—b4
15.	Tf4—h4!	Sb4—d3:
16.	Th4—h6:	....

Bauerngewinn war auch mit 16. c2—d3: zu erzielen, z. B. 16. .... Sh6—f7 (Kg8—g7? 17. Th4—h6: usw.) 17. Sg5—f7:, Kg8—f7: 18. Th4—h7‡, Kf7—g8 19. Th7—c7, a7—a6 nebst Td8—d7 usw. mit langsamem, aber sicherem Gewinn für Weiß. Mit dem komplizierteren Textzug hofft er aber die Partie durch direkten Angriff beenden zu können.

16.	....	Sd3—b2:
17.	Th6—h7:	Sb2—c4
18.	e4—f5:	Lc8—f5:

Erzwungen, denn auf 18. .... g6—f5: gewinnt Weiß durch 19. Ta1—e1, Sc4—e5 20. Sc3—b5 usw.

19. Th7—b7: Td8—e8!

Dieser Gegenangriff bildet noch die einzige Chance von Schwarz, da die 7. Reihe dem Anziehenden nicht streitig gemacht werden kann (19. .... Td8—d7 20. Tb7—d7: nebst Ta1—b1—b7 usw. oder 19. .... Td8—b8 20. Ta1—b1 usw.).

20. Sg5—h7! . .

Verhindert u. a. die Verdopplung der schwarzen Türme auf der e-Linie.

20. .... Te8—e3
21. Sh7—f6† Kg8—f8
22. Sf6—h7† Kf8—g8

23. Sc3—b5! g6—g5

Oder 23. .... a7—a6 24. Sh7—f6†, Kg8—f8 25. Sb5—c7, Te3—e7 26. Ta1—b1, Ta8—c8 27. Sc7—e6†, Kf8—f7 (Lf5—e6: 28. d5—e6:, Te7—e6: 29. Tb1—f1 usw.) 28. Sf6—h7!, Lf5—e6: 29. d5—e6‡, Kf7—e8 (Kf7—e6: 30. Sh7—g5† usw. mit Qualitätsgewinn) 30. Sh7—f6†, Ke8—d8 31. Sf6—d5, Te7—e6: 32. Tb1—f1 usw. mit Gewinnstellung.

24. Sh7—f6†! ....

Viel besser als 24. Sh7—g5:, Te3—e2! usw. mit einigen Gegenchancen für Schwarz.

24. ... Kg8—h8
25. Ta1—f1 Lf5—c2:

Falls 25. .... Lf5—g6, so 26. Sf6—g4 nebst Tf1—f6 usw.

26. Tf1—c1! Sc4—a5

Offenbar das Einzige (26. .... Lc2—d3 27. Tc1—c4:).

27. Tb7—c7 Lc2—g6
28. Sb5—d6: Ta8—f8
29. Sf6—g4 Te3—e2
30. Tc7—a7: Te2—a2:
31. Tc1—c5: Sa5—b3
32. Ta7—a2: Sb3—c5:
33. Sg4—e5 Kh8—g7
34. Ta2—a7† Kg7—h6
35. Ta7—c7! Sc5—d3
36. Se5—d3: Lg6—d3:
37. Sd6—f7† Kh6—h5
38. d5—d6 Ld3—g6
39. d6—d7 ....

Noch exakter war 39. g2—g4†!, Kh5—h4 40. d6—d7, Lg6—f7: 41. Tc7—c8, Lf7—e6 42. Tc8—f8:, Le6—d7: 43. Kg1—h2 usw.

39. .... Lg6—f7:
40. Tc7—c8 Lf7—e6
41. Tc8—f8: Le6—d7:
42. Tf8—f7 Ld7—a4
43. Kg1—f2 Kh5—g6
44. Tf7—a7 La4—c2
45. Ta7—a6† Kg6—g7
46. Kf2—e3 Kg7—f7
47. Ke3—d4 Kf7—g7
48. Kd4—e5 Lc2—d3
49. Ta6—a3! Ld3—c2
50. Ta3—g3 Kg7—g6
51. h3—h4 Kg6—h5
52. Tg3—g5‡ Kh5—h4:
53. Ke5—f4 Lc2—d1
54. g2—g3† Kh4—h3
55. g3—g4 Aufgegeben.

Nr. 50. Damenindisch.

(Aus dem Turnier zu Dresden 1926.)

Schönheitspreis.

Weiß: A. Rubinstein.

1. d2—d4 Sg8—f6
2. Sg1—f3 e7—e6
3. Lc1—f4 ....

Auf 3. c2—c4 erhält Schwarz ein befriedigendes Spiel durch 3. .... Lf8—b4† usw.

3. .... b7—b6
4. h2—h3 ....

Geschieht hauptsächlich, um den Läufer gegen einen eventuellen Abtausch (Sf6—h5 usw.) zu sichern. Aber in diesem Moment ist der Zug noch keineswegs notwendig und gibt nur dem Schwarzen die Gelegenheit, ein neues, beachtenswertes Verteidigungssystem anzuwenden.

4. .... Lc8—b7
5. Sb1—d2 Lf8—d6!

Einfach und gut. Es ist klar, daß nach dem folgenden Läufertausch der Doppelbauer dem Nachziehenden ermöglichen wird, sich der zentralen Felder zu bemächtigen.

6. Lf4—d6: ....

Hätte Weiß h2—h3 noch nicht gespielt, so könnte nun einfach 6. Lf4—g3 geschehen. Wie es steht, ist aber der Tausch so gut wie erzwungen, denn auf 6. Lf4—g5 würde Schwarz mit 6. .... h7—h6 sich den Vorteil des Läuferpaares sichern.

6. .... c7—d6:
7. e2—e3 0—0
8. Lf1—e2 ....

Plausibler erscheint 8. Lf1—d3.

8. .... d6—d5
9. 0—0 Sb8—c6
10. c2—c3 ....

Auf 10. Sf3—e5 wäre 10. .... Sc6—e7! mit späterer Deplacierung des Springers durch d7—d6 gefolgt.

10. .... Sf6—e4!

Damit ergreift Schwarz bereits die Initiative.

11. Sd2—e4: d5—e4:
12. Sf3—d2 f7—f5
13. f2—f4 ....

Auf andere Züge folgt 13. .... Dd8—g5 und Weiß käme nicht so leicht zum Vorstoß dieses Bauern.

13. .... g7—g5!
14. Sd2—c4 d7—d5
15. Sc4—e5 Sc6—e5:

Und nicht 15. .... g5—f4: 16. Se5—c6:, Lb7—c6: 17. Tf1—f4: usw.

16. d4—e5: ....

Durch 16. f4—e5: wäre die Öffnung der g-Linie zu vermeiden gewesen, aber dann hätte nach geeigneter Vorbereitung f5—f4 usw. gedroht.

16. .... Kg8—h8
17. a2—a4 ....

Zum Gegenangriff hat Weiß keine Zeit. Seine einzige Verteidigungschance bestand noch in 17. g2—g3 und falls 17. .... Tf8—g8, so 18. Kg1—h2 usw. Nach dem Tempoverlust im Text ist sein Spiel wohl nicht mehr zu retten.

17. .... Tf8—g8
18. Dd1—d2 ....

Auch 18. Dd1—d4 wäre nicht besser gewesen.

18. .... g5—f4:!

Geschieht im richtigen Moment, da 19. e3—f4: wegen 19. .... Dd8—h4 mit der unparierbaren Doppeldrohung 20. .... Dh4—h3: und 20. .... Tg8—g2‡! usw. nicht geschehen darf.

19. Tf1—f4: Dd8—g5
20. Le2—f1 Dg5—g3!

Erzwingt den folgenden Königszug und bereitet damit den Tempogewinn im 23. Zuge vor.

21. Kg1—h1 Dg3—g7
22. Dd2—d4 Lb7—a6!
23. Tf4—f2 ....

Wie man sich leicht überzeugen kann, hat Weiß eine total gebundene Marschroute.

23. .... Dg7—g3!
24. Tf2—c2 La6—f1:
25. Ta1—f1: Ta8—c8

Alles mit Tempogewinn (Drohung 26. .... Tc8—c4).

26. b2—b3 Tc8—c7
27. Tc2—e2 Tc7—g7
28. Tf1—f4 Tg7—c7
29. Te2—c2 Tc7—g7
30. Tc2—e2 ....

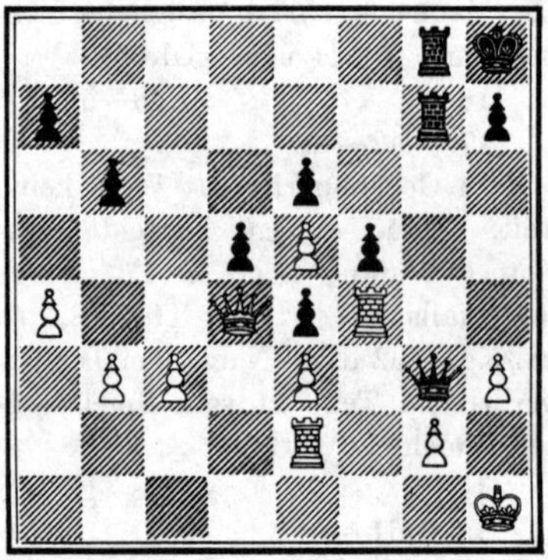

30. .... Tg7—g6!

Damit wird eine interessante Stellung herbeigeführt. Schwarz droht nämlich mit 31. .... Tg6—h6 usw. und falls Weiß diese Drohung mit 31. Dd4—d1 pariert, so geschieht doch 31. .... Tg6—h6! und er befände sich plötzlich im absoluten Zugzwang! Tatsächlich hätten dann Turmzüge den unmittelbaren Verlust der Bauern e5 bzw. e3 zur Folge; der König wäre unbeweglich wegen 32. .... Dg3—h3: usw.; die Dame konnte weder die erste Reihe (wegen 32. .... Th6—h3‡), noch die d-Linie (wegen 32. .... Dg7 usw.) verlassen; endlich auf 32. c3—c4 geschähe 32. .... d5—d4! und auf 32. b3—b4 32. .... Dg3—g7 33. Dd1—d4, Tg8—c8 usw. mit gewinnendem Vorteil. Weiß entscheidet sich daher, einen Bauern anzubieten, um durch Turmtausch den feindlichen Angriff abzuschwächen.

31. Dd4—b4 Tg6—h6
32. h3—h4 ....

Nunmehr erzwungen.

32. .... Dg3—g7

Bedeutend stärker als 32. .... Th6—h4‡ 33. Tf4—h4:, Dg3—h4‡ 34. Kh1—g1 usw., was dem Weißen noch einen erbitterten Widerstand ermöglicht hätte.

33. c3—c4 ....

Falls 33. Db4—d6, so 33. .... Th6—g6 34. Tf4—f2, f5—f4 35. e3—f4:, e4—e3 und gewinnt.

33. .... Th6—g6
34. Db4—d2 Tg6—g3

Mit der Drohung 35. .... Tg3—h3†! 36. Kh1—g1, Dg5—g3 usw. Falls aber 35. Kh1—g1, so 35. .... d5—d4! 36. e3—d4:, e4—e3 37. De2—c2 (b2), Tg3—h3! mit folgendem Dg3 usw. Weiß ist also absolut hilflos.

35. Dd2—e1 Tg3—g2:

Aufgegeben.

VI. Kapitel.

Buenos Aires 1926.

Im August 1926 reiste ich nach Buenos Aires. Ich war der Einladung um so lieber gefolgt, als ich damit einige Hoffnungen verband, meinem Wettkampfe um die Weltmeisterschaft näher zu kommen. Gerade die letzten Turniere, wie Dresden, Scarborough und Birmingham, hatten mich überzeugt, daß ich im Vergleiche mit Capablanca einige Nachteile meines Stils bereits überwunden hatte — so z. B. was den Übergang ins Endspiel anbelangt — und ich fühlte mich gerüstet.

In Buenos Aires wurde ich herzlich aufgenommen und schon in der nächsten Woche nach meiner Ankunft wurde von den dortigen maßgebenden Kreisen, vor allem dem Präsidenten der argentinischen Republik, Dr. Alvear, die Idee des Weltmeisterschaftskampfes angeregt. Die diesbezüglichen Verhandlungen machten rasche Fortschritte, und man sagte mir schließlich bindend zu, die finanziellen Bedingungen des Londoner Abkommens zu erfüllen. Daraufhin sandte ich meine Herausforderung an Capablanca ab. Wie ich bereits im Turnierbuch von New-York 1927 berichtet habe, erhielt ich vom Weltmeister zunächst keine bestimmte Antwort und die Frage blieb daher bis zum Frühjahr 1927 offen.

Der Umstand, daß man meinen Wettkampf in Buenos Aires verwirklichen wollte, spornte mich an, dort mein Bestes zu leisten, zu zeigen, daß ich dem Weltmeister ein ebenbürtiger Gegner sei. So kam es denn, daß ich von den 23 ernsten Turnier- und Beratungspartien, welche ich dort gespielt habe, sämtliche gewann — ein Ergebnis, welches vorher anläßlich ihrer Gastspiele weder Dr. Lasker, noch Capablanca zu erzielen vermocht hatten.

Meine Reise führte mich dann weiter, nach Uruguay und Brasilien. Ich fand überall schöne Aufnahme, überall brachte man meinem Wettkampf mit dem Weltmeister großes Interesse entgegen.

Mit dem Ergebnis meines Besuches in Südamerika durfte ich in jeder Beziehung sehr zufrieden sein. Künstlerisch fühlte ich mich völlig ausgereift und sportlich war ein großer Schritt nach vorwärts getan: mein Wettkampf mit Capablanca war finanziell gesichert!

Nr. 51. Abgelehntes Damengambit.

(Turnierpartie, gespielt im Oktober 1926 zu Buenos Aires.)

Schwarz: R. Illa.

1.	d2—d4	d7—d5
2.	c2—c4	c7—c6
3.	Sg1—f3	Sg8—f6
4.	e2—e3	e7—e6

Auf 4. .... Lc8—f5 wäre nach Bogoljubow die Folge 5. c4—d5:, c6—d5: 6. Sb1—c3, e7—e6 (auf 6. .... Sb8—c6 folgt 7. Dd1—b3 ±) 7. Sf3—e5 sehr stark.

5.	Lf1—d3	....

Hinsichtlich der Eröffnung vergleiche die Partie gegen Davidson aus dem Semmeringer Turnier 1926 (Kapitel V.).

5. .. Sb8—d7
6. Sb1—d2! Lf8—d6
7. e3—e4 d5—e4:
8. Sd2—e4: Sf6—e4:
9. Ld3—e4: Sd7—f6

Besser wäre 9. .... 0—0, da Weiß bei der Springerstellung auf d7 immer mit der Befreiung e6—e5 oder c6—c5 rechnen müßte.

10. Le4—c2 Dd8—a5†

Sieht gekünstelt aus, wäre aber bei konsequenter Fortsetzung spielbar gewesen.

11. Lc1—d2 Da5—h5?

Aber diese Idee ist ungesund und wird in der Folge widerlegt. Es mußte 11. .... Ld6—b4 geschehen, denn der daraus resultierende Läufertausch brächte eine wesentliche Vereinfachung mit sich und wäre für Weiß insofern unangenehm.

12. Dd1—e2! 0—0
13. 0—0—0! ....

Droht bereits Figurengewinn mit 14. h2—h3 nebst g2—g4. Schwarz muß seiner Dame schleunigst ein Rückzugsfeld öffnen.

13. .... b7—b5
14. g2—g4! ....

Nur auf diese Weise kann die schlechte Stellung der schwarzen Dame ausgenutzt werden.

14. .... Sf6—g4:
15. c4—c5 Ld6—c7
16. Td1—g1 f7—f5

Offenbar erzwungen.

17. Sf3—e5! ....

Nicht aber 17. h2—h3 wegen 17. .... Sg4—h2!

17. .... Sg4—f6

Verfehlt wäre 17. ... Lc7—e5: 18. d4—e5:, Sg4—f6 wegen 19. Tg1—g7‡! usw.

18. f2—f3 Lc7—e5:
19. De2—e5:! ....

Viel stärker als 19. d4—e5:, denn auf 19. .... Dh5—f3: würde nun Weiß folgendermaßen gewinnen: 20. Ld2—h6, Tf8—f7 21. Lc2—d1!, Df3—d5 22. Tg1—g7‡, Tf7—g7: 23. De5—f6:, Dd5—d7 24. Th1—g1! usw.

19. .... Sf6—e8
20. Tg1—g5! ....

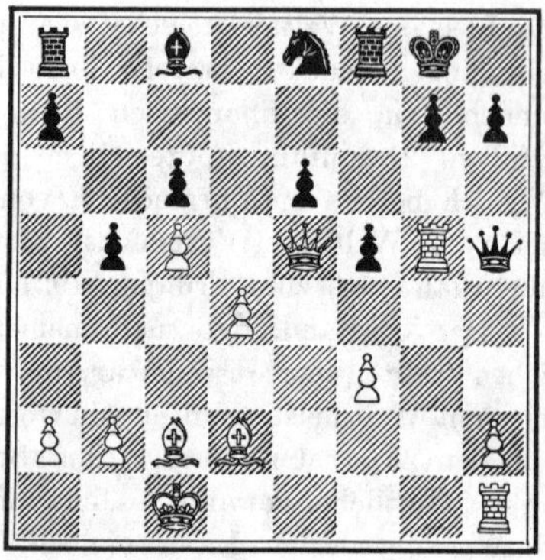

20. .... Dh5—f7

Schade, daß Schwarz nicht den anscheinend besseren Zug 20. .... Dh5—f3: gewählt hat! Darauf hatte ich nämlich folgende Kombination beabsichtigt: 21. Th1—g1, Tf8—f7 22. Lc2—f5:, Tf7—f5: (oder 22. .... Df3—d5 23. Tg5—h5!) 23. Tg5—g7‡, Kg8—f8 24. Tg7—h7: Tf5—e5: 25. Ld2—h6†, Se8—g7 2 Th7—h8†!, Kf8—e7 27. Tg1—g7‡, Df3—f7 28. d4—e5:, Df7—g7: 29. Lh6—g7:, Ke7—f7 30. Lg7—f6, Kf7—g6 31. h2—h4 und Weiß gewinnt. Nach dem Textzug hingegen gestaltet sich das Ende ganz brutal.

21. Tg5—f5:! Df7—c7
22. Tf5—f8‡ Kg8—f8:
23. De5—h5 Se8—f6
24. Dh5—h4 e6—e5

Verzweiflung, da der h-Bauer nicht zu decken ist; auf 24. .... Kf8—g8 folgt 25. Ld2—g5 usw.

25. Th1—e1 e5—d4:
26. Ld2—f4 Dc7—a5
27. Lc2—b3 ....

Ein anderer Gewinn war 27. Lf4—d6†, Kf8—g8 28. Lc2—b3†, Kg8—h8 29. Te1—e8†!!, Sf6—e8: 30. Dh4—e7 usw. Der geschehene Zug ist aber noch zwingender.

Schwarz gab auf.

Nr. 52. Sizilianische Partie.

(Turnierpartie, gespielt im September 1926 zu Buenos Aires.)

Schwarz: C. Portela.

1. e2—e4 c7—c5
2. b2—b4 c5—b4:
3. d2—d4 ....

Dies scheint etwas chancenreicher zu sein als das üblichere 3. a2—a3, worauf Schwarz sehr gut 3. d7—d5! (Spielmann-Sämisch, Marienbad 1925) spielen kann. Aber selbst in dieser Form halte ich das Gambit für ungenügend und wählte es diesmal nur, um die beiderseitigen Chancen am Brett näher nachzuprüfen.

3. .... Sg8—f6
4. Lf1—d3 d7—d6

Es kam auch 4. .... g7—g6 in Betracht, da 5. e4—e5 darauf offenbar ein Schlag ins Wasser wäre.

5. f2—f4 ....

Auch auf 5. Sg1—f3 hätte recht gut 5. .... e7—e5 geschehen können, da Weiß beim Rückgewinn des Bauern in der Entwicklung bedenklich zurückgeblieben wäre.

5. .... e7—e5!
6. Sg1—f3 ....

Weiß muß schon im Gambitstil fortsetzen, da nach 6. f4—e5:, d6—e5: die damit geöffneten Linien nur dem Gegner zugute kommen würden.

6. .... e5—d4:
7. 0—0 ....

Nach 7. Sf3—d4:, Sb8—c6 usw. stünde Schwarz gut.

7. .... Sb8—c6
8. Dd1—e1! Lc8—g4

Der Beginn eines kühnen, zweischneidigen Planes: er will lang rochieren, um dadurch den Gegner zum Öffnen der Linien am Damenflügel (mit a3) zu verleiten und so ein leicht verwendbares (aber erst im Endspiel!) Bauernübergewicht daselbst zu erlangen. Aber zum Endspiel kommt es noch lange nicht! — Einfacher wäre 8. .... Lf8—e7 9. Lc1—b2, 0—0 10. Sb1—d2 mit Rückgewinn eines Bauern und einigen Angriffschancen für Weiß.

9. Sb1—d2 Dd8—c7
10. Lc1—b2 Lg4—f3:

Falls sofort 10. .... 0—0—0, so 11. Sf3—d4:, was nach dem Abtausch wegen 12. .... Dc7—b6 usw. nicht gut gehen wird.

11. Sd2—f3: 0—0—0
12. Kg1—h1 d6—d5!

Ermöglicht eine gute Verwendung des Läufers. Allerdings erlangt Weiß nun ein Übergewicht in der Mitte, das aber in der Folge durch f7—f6! erfolgreich bekämpft werden kann.

Der folgende Teil der Partie gestaltet sich ziemlich verwickelt.

13. e4—e5 Sf6—e4
14. Ld3—e4: ....

Nach 14. Sf3—d4:, Sc6—d4: 15. Lb2—d4:, Lf8—c5 usw. käme Schwarz etwas in Vorteil.

14. .... d5—e4:
15. De1—e4: Lf8—c5
16. a2—a3! ....

Die einzige Möglichkeit, zum Angriff zu kommen. Ungenügend wäre 16. De4—f5†, Dd8—d7 17. e5—e6, Dd7—d5! usw.

16. .... b4—a3:
17. Lb2—a3: Lc5—a3:
18. Ta1—a3: Dc7—d7
19. Tf1—b1 Dd7—d5
20. De4—d3 Td8—d7

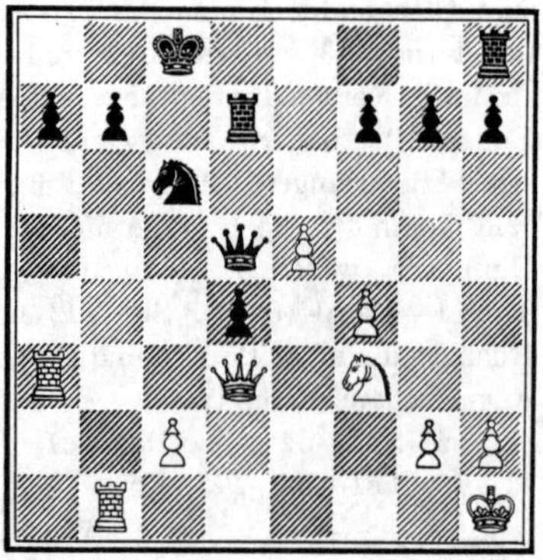

21. Sf3—g5! ....

Und nicht 21. Tb1—b5, Dd5—e6 22. f4—f5, De6—e7 mit der Drohung 23. .... a7—a6 usw. Nun aber droht sowohl 22. Tb1—b5 als auch 22. Sg5—e4—d6†.

21. .... Th8—e8!

Eine geistreiche Parade; auf 22. Tb1—b5 gewinnt Schwarz durch 22. .... Sc6—e5:! 23. f4—e5: (23. Dd3—f1, Dd5—c4!), Te8—e5: usw. und auch gegen die andere Drohung steht ihm nun eine Verteidigung zur Verfügung.

22. Sg5—e4 f7—f5!

Vermeidet den Reinfall 22. .... f7—f6 23. Se4—d6†, Td7—d6: 24. e5—d6:, Te8—e3 25. Dd3—h7, Te3—a3: 26. Dh7—g7:, Dd5—d6: 27. Dg7—b7‡, Kc8—d8 28. Db7—a8†, Kd8—e7 27. Tb1—b7†, Ke7—e6 30. Da8—c8†, Ke6—d5 31. Dc8—f5†!, Sc6—e5 (Kd5—c4 32. Df5—b5† nebst Matt in 2 Zügen) 32. h2—h3!, Dd6—e6 33. Df5—h5 usw. zum Vorteil von Weiß.

23. Se4—d2 ....

Jetzt wäre 23. Se4—d6† wegen 23. .... Td7—d6: usw. ein offenbarer Fehler.

23. .... g7—g5
24. Sd2—c4! ....

Es konnte auch einfach 24. Dd3—f5:, g6—f5: 25. Sd2—f3 usw. geschehen. Der Textzug ist aber energischer.

24. .... g5—f4:?

Ein bedauerliches Versehen, wodurch die Partie sofort verloren geht. Notwendig war 24. .... Kc8—b8, worauf 25. Ta3—b3!, g5—f4: 26. Tb3—b5, Dd5—e6 27. Se4—d6, Td7—e7 28. Dd3—f3, Sc6—d8 39. Df3—f4: usw. mit starkem Druck gefolgt wäre.

25. Ta3—a7:! Sc6—e5:

Verzweiflung.

26. Sc4—b6† Kc8—d8
27. Sb6—d5: Se5—d3:
28. Ta7—a8‡.

Nr. 53. Abgelehntes Damengambit.

(Buenos Aires, August 1926.)

Schwarz: B. Villegas.

1. Sg1—f3 e7—e6
2. c2—c4 d7—d5

Auf 2. .... Sg8—f6 hätte ich zuerst 3. Sb1—c3 gespielt.

3. d2—d4 Lf8—b4†

Diese Verwendung des Königsläufers ist nur ohne den Zug d7—d5 (d. h. nach 1. .... Sg8—f6 2. .... e7—e6) zu empfehlen. Wie Schwarz hier spielt, werden sehr bald die schwarzen Felder seiner Stellung schwach.

4. Sb1—c3 c7—c5

Zunächst mußte 4. ..... Sg8—f6 geschehen. Nun kommt er nicht mehr zu einer normalen Entwicklung.

5. c4—d5: Dd8—d5:

Oder 5. .... e6—d5: 6. d4—c5: usw. mit Vorteil.

6. Lc1—d2 Dd5—d8
7. a2—a3 Lb4—c3:
8. Ld2—c3: c5—d4:
9. Sf3—d4: ....

Droht schon mit 10. Sd4—e6: usw.

9. .... Sg8—f6
10. Sd4—b5! Dd8—d1‡

Etwas besser war noch 10. .... Sb8—c6. Nach dem Abtausch im Text erlangt Weiß bald Gewinnstellung.

11. Ta1—d1: Sb8—a6
12. Sb5—d6† Ke8—e7
13. e2—e4 Sa6—c5
14. f2—f3 Th8—d8

(S. Stellungsbild)

15. b2—b4! ....

Ein wichtiger Zug, welcher den folgenden Rückzug so gut wie erzwingt. In der Tat, falls 15. .... Sc5—a4, so 16. Lc3—e5 ±, und falls 15. .... Td8—d6:, so 16. Td1—d6:, Ke7—d6: 17. e4—e5†!, Kd6—d5 18. e5—f6:, Sc5—a4 19. f6—g7:, Lc8—d7 20. Lc3—f6 nebst Lf1—d3 und gewinnt.

15. .... Sc5—d7
16. Lf1—e2 Sf6—e8

Auf andere Züge gewinnt Weiß durch 17. 0—0 nebst Verdopplung der Türme auf der d-Linie usw.

17. Sd6—e8: Td8—e8:
18. Lc3—g7: ....

Dieser Bauerntausch ermöglicht das Hinüberspielen des Läufers nach d6, wo er das ganze schwarze Spiel lähmt.

18. .... Te8—g8
19. Lg7—h6! Tg8—g2:
20. Lh6—f4 Tg2—g8

Sonst 21. Lf4—g3 usw.

21. Lf4—d6† Ke7—f6

Oder 21. .... Ke7—e8 22. Ke1—f2 nebst Th1—g1 usw.

22. f3—f4 Sd7—b6

Falls 22. .... e6—e5, so 23. f4—e5‡, Sd7—e5: 24. Th1—f1†, Kf6—e6 25. Ld6—c5 und gewinnt.

23. Ke1—f2 Lc8—d7
24. Th1—g1 Ld7—c6

25. Le2—d3! ....

Droht einfach 26. e4—e5‡. Schwarz muß daher schon die Qualität opfern.

25. .... Tg8—g6
26. b4—b5! Lc6—e8
27. e4—e5† Kf6—g7
28. Ld3—g6: h7—g6:

Mit 28. .... f7—g6: hätte er sich etwas länger halten können.

29. a3—a4! Le8—d7

Auf 29. .... Sb6—a4: gewinnt Weiß durch 30. Ld6—e7, Sa4—c3 31. Le7—f6† nebst Td1—d3 usw.

30. Ld6—e7 Sb6—d5
31. Le7—f6† Kg7—f8
32. Tg1—g4 Sd5—f6:
33. e5—f6: Ld7—e8

Weiß kündigt Matt in 7 Zügen an.

34. Tg4—h4 Kf8—g8
35. Td1—d3 Ta8—c8
36. Td3—h3 Tc8—c2†
37. Kf2—e1 Tc2—e2†
38. Ke1—e2: Le8—b5†
39. a4—b5: nebst
40. Th4—h8‡.

Nr. 54. Königsindische Verteidigung.

(Turnierpartie, gespielt im Oktober 1926 in Buenos Aires.)

Schwarz: E. Ibañes.

1. d2—d4 Sg8—f6
2. Sg1—f3 g7—g6
3. c2—c4 Lf8—g7
4. g2—g3 b7—b6

Kein besonders wirksames Mittel, die Wirkung des weißen Königsläufers auf der Diagonale h1—a8 zu beeinflussen, zumal bei dieser Entwicklungsweise der Lb7 meistens exponiert steht. Vorzuziehen wäre schon die englische Methode (0—0, d7—d6, Sb8—c6 usw. — im Falle d4—d5, Sc6—b8, a7—a5 nebst Sb8—a6—c5 usw.)

5. Lf1—g2 Lc8—b7
6. 0—0 0—0
7. Dd1—c2! ....

Nicht sofort 7. Sb1—c3 wegen 7. .... Sf6—e4, was nun an 8. Sf3—g5 scheitern würde.

7. .... d7—d6
8. Sb1—c3 Sb8—d7
9. Lc1—f4 Sf6—h5

Führt zu nichts, aber ein vernünftiger Plan war schon schwer zu finden. Jedenfalls hätte aber etwas zur Deckung des Lb7 geschehen sollen (9. .... Dd8—c8 oder Ta8—b8).

10. Lf4—g5! h7—h6
11. Lg5—e3 e7—e6

Danach geht die Partie in wenigen Zügen verloren. 11. .... Dd8—c8 sollte geschehen.

(S. Stellungsbild)

12. Dc2—d2! ....

Entscheidend, da Schwarz zum mindesten einen Bauern ohne jeden Ersatz verlieren muß.

12. .... g6—g5

Oder 12. .... Kg8—h7 13. Sf3—g5†, h6—g5: 14. Lg2—b7:, Ta8—b8 15. Lb7—f3 usw.

13. h2—h4! g5—h4:

Falls 13. .... g5—g4, so 14. Sf3—h2 mit Bauerngewinn.

14. Sf3—h4: Lb7—g2:
15. Kg1—g2: Kg8—h7
16. Tf1—h1 Tf8—h8

Auf 16. .... f7—f5 könnte Weiß durch 17. Sh4—f5:, Tf8—f5: 18. g3—g4 usw. einen Bauern gewinnen, oder, wohl noch stärker, zunächst 17. d4—d5 spielen (17. .... e6—e5 18. Sh4—f5:, Tf8—f5: 19. Dd2—d3 und gewinnt).

17. Sh4—f3 Sh5—f6

17. .... Sd7—f6 18. g3—g4 usw.

18. Le3—h6: Aufgegeben.

Diese kurze Partie illustriert in drastischer Weise die Gefahren der „Doppelloch-Entwicklung“.

Nr. 55. Spanische Partie.

(Gespielt zu Buenos Aires im September 1926.)

Weiß: L. Carranza.

1. e2—e4 e7—e5
2. Sg1—f3 Sb8—c6
3. Lf1—b5 a7—a6
4. Lb5—a4 Sg8—f6
5. 0—0 d7—d6
6. d2—d4 Lc8—d7

Dieser Zug wird selten gespielt. Üblich ist 6. .... b7—b5, worauf Weiß zwischen dem Ausgleich 7. d4—e5: und der Opfervariante 7. La4—b3, Sc6—d4: 8. Sf3—d4:, e5—d4. 9. c2—c3! usw. die Wahl hat.

7. Tf1—e1 ....

Ungünstig, wie man bald sehen wird. Am besten geschieht 7. c2—c3. Die logische Begründung ist folgende: Mit dem Zuge 6. .... Lc8—d7 beabsichtigt Schwarz im nächsten Tempo eine Klärung der Lage im Zentrum (d4—e5:) zu erzwingen, geht aber dabei gleichzeitig der immerhin zweischneidigen Opfervariante, welche sich nach dem sofortigen 6. .... b7—b5 ergeben könnte (siehe vorige Anmerkung!) aus dem Wege. Der Textzug ist passiv und erlaubt dem Nachziehenden, seine Eröffnungsidee durchzuführen. Mit 7. c2—c3 hingegen konnte Weiß die Spannung im Zentrum aufrecht halten. Schwarz hätte sich dann auf ein kompliziertes Lavierungsspiel (z. B. Kecskeméter Variante) einrichten müssen.

7. .... b7—b5!
8. La4—b3 ....

Nach 8. d4—e5:, d6—e5: 9. La4—b3, Lf8—d6 (10. Lc1—g5, h7—h6) hätte Schwarz dank seinem festen Zentrum eine gute Partie. Trotzdem hätte sich Weiß für diese Variante entscheiden müssen, denn die Textfortsetzung führt zu klarem Nachteil.

8. .... Sc6—d4:
9. Sf3—d4: e5—d4:
10. e4—e5 ....

Auch nach 10. c2—c3, d4—c3: 11. Sb1—c3:, Lf8—e7 usw. hätte Weiß für den verlorenen Bauer keinen genügenden Ersatz. Diese Spielweise unterscheidet sich von der in der ersten Anmerkung angeführten Opfervariante dadurch, daß Lc8—d7 für die Verteidigung sehr wichtig ist, hingegen der Zug Tf1—e1 keine wesentliche Verstärkung des weißen Angriffs bildet.

10. .... d6—e5:

11. Te1—e5† Lf8—e7

Spielbar war auch 11. .... Ld7—e6 12. Lb3—e6:, f7—e6: 13. Te5—e6†, Ke8—f7 usw.

12. Dd1—e1 c7—c5

Die rationelle Fortsetzung bestand hier in 12. .... Ke8—f8 nebst Le7—d6 und c7—c5 usw. Ungeachtet der verlorenen Rochade hätte Schwarz auf diese Weise seinen Vorteil klar behaupten können. Der allzu geradlinige Textzug hingegen läßt das weiße Spiel ganz unerwartet aufleben.

13. Lc1—d2! ....

Gott behüte nicht 13. Te5—c5: wegen 13. .... 0—0 und Schwarz erlangt entscheidenden Entwicklungsvorsprung. Jetzt aber gibt die starke Drohung 14. Ld2—a5 dem Nachziehenden zu schaffen.

13. .... a6—a5

14. a2—a4 c5—c4

Außer diesem zweischneidigen Zuge gab es nur die Fortsetzung 14. .... b5—b4, doch wäre dann nach 15. Ld2—g5 und 16. Sb1—d2 das Bauernübergewicht von Schwarz ziemlich wertlos geworden. Der Textzug sollte mit 15. Lb3—a2!, Sf6—g4! 16. Te5—e2 (oder 16. Te5—e4, Ld7—f5 17. Te4—e2, Lf5—e6), Ld7—e6 17. h2—h3 (nicht 17. a4—b5: wegen Dd8—b8!), Sg4—f6 18. a4—b5:, 0—0 19. Sb1—a3, Le7—a3: 20. b2—a3: beantwortet werden und Weiß stände dann nicht übel.

15. a4—b5:? ....

Dieses verfehlte Opfer erfährt durch ein sofortiges Gegenopfer eine schlagende Widerlegung.

15. .... c4—b3:

16. Ld2—a5: ....

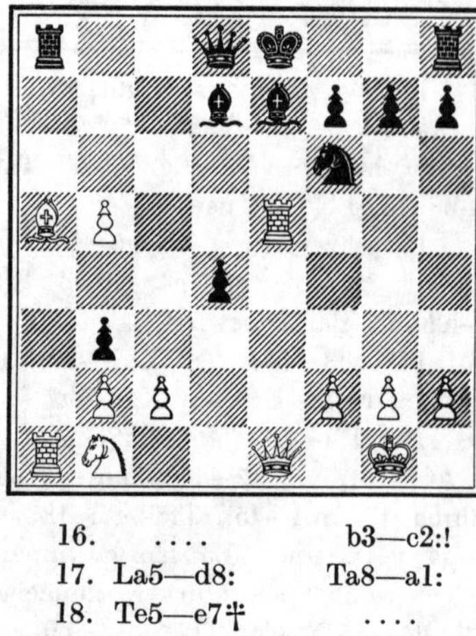

16. .... b3—c2:!

17. La5—d8: Ta8—a1:

18. Te5—e7† ....

Das letzte Röcheln!

18. .... Ke8—d8:

Weiß gab auf.

Nr. 56. Spanische Partie.

(Gespielt in Buenos Aires im September 1926.)

Weiß: J. Nolmann.

1. e2—e4 e7—e5
2. Sg1—f3 Sb8—c6
3. Lf1—b5 a7—a6
4. Lb5—a4 Sg8—f6
5. 0—0 Lf8—c5

Wegen dieser noch nicht genügend untersuchten Verteidigung vergleiche man die beiden Beratungspartien aus dem ersten Kapitel.

6. c2—c3 ....

Auch 6. Sf3—e5:, Sc6—e5: 7. d2—d4, Sf6—e4: 8. Tf1—e1 (oder 8. Dd1—e1), Lc5—e7! gibt dem Weißen nicht viel. Der Textzug bietet die besten Chancen.

6. .... Lc5—a7!
7. d2—d3 ....

Hier aber war folgerichtiger 7. d2—d4, Sf6—e4: 8. Dd1—e2, f7—f5 9. d4—e5: usw. wie u. a. Yates gegen mich im Turnier zu Hastings 1922 spielte. Nach dem Textzuge gleicht Schwarz das Spiel mühelos aus.

7. .... d7—d6
8. Lc1—e3 0—0
9. Sb1—d2 Sc6—e7
10. Le3—a7: ....

Dieser Tausch schwächt das Feld f4, so daß Schwarz etwas in Vorteil kommt. In Betracht kam 10. Sf3—h4, um auf 10. .... Lc8—g4 mit 11. Dd1—e1 fortzufahren.

10. .... Ta8—a7:
11. d3—d4 Se7—g6
12. La4—b3 Dd8—e7
13. Tf1—e1 Ta7—a8
14. Sd2—f1 Sg6—f4
15. Sf1—g3 g7—g6
16. Dd1—d2 Lc8—g4
17. Te1—e3 Ta8—d8
18. Ta1—e1 ....

(S. Stellungsbild)

18. .... Lg4—c8

Bisher hatte Schwarz durch folgerichtige Strategie einen klaren Positionsvorteil erreicht. Nun aber bestand die gegebene Fortsetzung in 18. .... c7—c5, um entweder die Öffnung der d-Linie oder die Schließung des Zentrums mittels d4—d5 zu erzwingen. Statt dessen beginne ich einer Opferkombination nachzujagen, zu welchem Zwecke zunächst h2—h3 provoziert werden soll. Die Opferidee läßt sich jedoch sehr schwer verwirklichen und so ist der Textzug aus diesem Grunde zu tadeln.

19. Te1—d1! ....

Auf 19. h2—h3 wäre das Opfer 19. .... Lc8—h3: usw. möglich.

19. .... Sf6—g4
20. Te3—e1 Kg8—h8
21. h2—h3 Sg4—f6
22. Dd2—e3 Td8—e8

Hier war das Opfer nicht klar, z. B. 22. .... Lc8—h3: 23. g2—h3:, Sf4—h3† 24. Kg1—g2, Sf6—g4 25. De3—c1, Sh3—f2: 26. Td1—d2 usw.

23. d4—e5: d6—e5:
24. Td1—d2 ....

Vorsichtiger war 24. Kg1—h2, worauf Schwarz Tf8—g8 nebst Sf6—h5 gespielt hätte. Der Textzug gibt ihm dagegen Gelegenheit zu dem beabsichtigten Opferspiel, welches allerdings bei korrekter Verteidigung kaum zum Gewinn ausgereicht hätte.

24. .... Lc8—h3:
25. g2—h3: Sf4—h3‡
26. Kg1—f1 ....

Die plausibelste, aber nicht die beste Verteidigung. Merkwürdigerweise ließ sich das Spiel mit 26. Kg1—g2 und dem darauf folgenden Damensprung nach a7 retten, z. B. 26. Kg1—g2, Sh3—f4† 27. Kg2—f1!, Sf6—g4 28. De3—a7 und Schwarz hätte sich wohl entschließen müssen, durch die Kombination 28. .... Sg4—h2†! 29. Sf3—h2:, De7—h4 30. f2—f3!, Dh4—h3† 31. Kf1—g1, Dh3—g3‡ 32. Kg1—f1, Dg3—h3† usw. Remis zu halten. Gewinnversuche, wie z. B. 28. ... Te8—d8 oder 28. .... De7—f6, wären wegen 29. Te1—d1 bzw. 29. Da7—c5! sehr zweischneidig.

26. .... Sf6—g4
27. De3—d3 De7—f6!
28. Lb3—d1 Te8—d8
29. Dd3—c2 Td8—d2:
30. Dc2—d2: Tf8—d8
31. Dd2—e2 Sg4—f2:

Damit hat Schwarz bei fortdauerndem Angriff das materielle Gleichgewicht hergestellt.

32. Ld1—c2 h7—h5!
33. Sg3—f5! ....

Die einzige Gegenchance; sonst folgt 33. .... h5—h4 usw.

33. .... g6—f5:
34. e4—f5: e5—e4!

Gewinnt das Tempo zur Besetzung der g-Linie.

35. Lc2—e4: Td8—g8
36. Le4—c2 Df6—c6

Danach kann Weiß den Damentausch erzwingen und noch längeren Widerstand leisten; einfacher war deshalb 36. .... Df6—g7!, z. B. 37. De2—e5, f7—f6 38. De5—h2, Dg7—g4 37. Te1—e3, Dg4—c4† mit leichtem Gewinn.

37. De2—e5† f7—f6
38. De5—e6! Sf2—g4

Natürlich nicht 38. .... Dc6—f3:? wegen 39. De6—f6‡, Tg8—g7 40. Df6—h6† nebst Matt in zwei Zügen.

39. De6—c6: b7—c6:

Nun kann der Anziehende auf dem Damenflügel Kompensationen suchen, aber er kommt zu spät — der h-Bauer verbürgt den Sieg der schwarzen Partei.

40. Lc2—b3 Tg8—g7
41. Te1—e8† Kh8—h7
42. Te8—e6 Sh3—f4!
43. Te6—c6: Sg4—e3†
44. Kf1—f2 ....

Oder 44. Kf1—e1, Tg7—g2 usw. (S. Stellungsbild)

44. .... Se3—f5:!
45. Sf3—e1 ....

Auf 45. Tc6—f6: folgt 45. .... Tg7—g2† nebst Matt in 2 Zügen.

45. .... Sf5—d6!
46. Kf2—f3 Sf4—g6
47. Lb3—c2 f6—f5
48. Tc6—c5 Kh7—h6
49. Se1—g2 h5—h4!

Der Freibauer kostet nun mindestens eine Figur.

50. Sg2—e3 h4—h3
51. Lc2—f5: ....

Oder 51. Se3—f5‡, Sd6—f5: 52. Lc2—f5:, Sg6—h4† 53. Kf3—f2, Sh4—f5: 54. Tc5—f5:, h3—h2 usw.

51. .... Sg6—h4†

Weiß gibt auf.

Nr. 57. Mittelgambit.

(Aus einem Handicap-Simultanspiel von 8 Partien mit Uhren im September 1926 in Buenos Aires.)

Schwarz: Dr. R. Molina.

1. e2—e4 e7—e5
2. d2—d4 e5—d4:
3. c2—c3 d7—d5
4. e4—d5: Sg8—f6!

Dieser u. a. auch von Dr. Lasker in seinem Lehrbuch empfohlene Zug ermöglicht dem Nachziehenden einen bequemen Ausgleich.

5. Sg1—f3 ....

Falls 5. c3—c4, so 5. .... c7—c6 usw.

5. .... Sf6—d5:
6. Dd1—d4: Sb8—c6
7. Lf1—b5 Lf8—e7

Energisch und gut. Falls nun 8. Dd4—g7:, so 8. .... Le7—f6 9. Dg7—h6 (g3), Dd8—e7† nebst Entwicklung des Damenläufers und 0—0—0 mit überlegenem Spiel.

8. 0—0 0—0
9. Lb5—c6: b7—c6:

Weiß hat nun kein leichtes Spiel: der schwarze Springer steht dominierend, d3 ist schwach und der Damenflügel schwer zu entwickeln. Er muß also zunächst bestrebt sein, womöglich das Schlimmste zu verhüten.

10. Tf1—e1 Lc8—b7
11. Sb1—a3 Tf8—e8
12. Sa3—c4 c6—c5
13. Dd4—d1 Dd8—d7

Schwarz hat mit Recht im 11. Zuge auf den Abtausch seines Königsläufers gegen den Springer verzichtet; nun mußte er aber auch den Damenläufer gegen den Abtausch sichern, z. B. durch 13. .... Ta8—b8 14. Sc4—a5, Lb7—a8 usw.

14. Sc4—a5 Dd7—b5
15. Sa5—b7: Db5—b7:
16. c3—c4 ....

Ein kühner Entschluß: Weiß gestattet das Eindringen des Springers nach d3 in der Erkenntnis, daß die sich daraus ergebende Fesselstellung für ihn günstig sein wird. Sonst war 16. Dd1—c2 nebst Läuferentwicklung unbedenklich.

16. .... Sd5—b4
17. Dd1—b3 Ta8—d8
18. Lc1—e3 Db7—a6

Mit der Drohung 19. .... Td8—d3, was sofort wegen 20. Db3—a4 usw. ohne Wirkung wäre.

19. a2—a3! Sb4—d3

19. .... Td8—d3? 20. a3—b4: usw.

20. Te1—d1 Da6—g6
21. Td1—d2 Td8—d7
22. Db3—a4! c7—c6
23. Ta1—d1 Te8—d8
24. h2—h3! ....

Weiß hat seinen mit dem 16. Zuge eingeleiteten Plan durchgeführt und konnte schon hier durch 24. Da4—c2, Le7—f6 25. Sf3—e1, Sd3—e5 26. Dc2—g6:, h7—g6: Turmtausch nebst Se1—d3 usw. ein günstiges Endspiel herbeiführen. Der Textzug ist aber feiner, da selbst auf die beste Antwort 24. .... h7—h6 dieselbe Variante, aber doch etwas vorteilhafter für Weiß (nämlich f7—g6: statt h7—g6:) erzwungen werden konnte und das plausible und scheinbar starke Gegenspiel durch ein überraschendes Opfer widerlegt wird.

24. .... Sd3—b2:

Gewinnt scheinbar die Qualität. Falls nämlich nun 25. Td2—d7:. So nicht 25. .... Sb2—a4:? 26. Td7—d8‡, Le7—f8 27. Sf3—e5 usw. sondern einfach 25. .... Td8—d7:!.

25. Da4—a7:!! ....

Dies sichert dem Weißen in allen Varianten einen entscheidenden Vorteil, z. B. I. 25. .... Td7—d2: 26. Td1—d2:, Td8—d2: 27. Sf3—d2: und der a-Bauer muß gewinnen.

II. 25. .... Sb2—d1: (Sb2—d3 26. Td2—d3:! usw.) 26. Td2—d7:, Sd1—e3: 27. f2—e3:, Td8—d7: 28. Da7—d7:, Le7—f8 28. Sf3—e5 usw. ±

III. 25. .... Le7—d6 26. Da7—d7:!, Td8—d7: 27. Td2—b2: (droht 28. Sf3—e5) Dg6—f6 (e6) 28. Tb2—d2 und Schwarz geht an der Fesselung zugrunde.

25. .... Td7—a7:
26. Td2—d8‡ Le7—f8
27. Le3—c5: h7—h6
28. Td8—f8‡ Kg8—h7
27. Td1—d8 Dg6—b1†
30. Kg1—h2 Ta7—b7
31. Sf3—h4! ....

Danach ist Matt in wenigen Zügen unabwendbar, z. B. 31. .... g7—g5 32. Tf8—h8†, Kh7—g7 33. Td8—g8†, Kg7—f6 34. Th8—h6‡, Kf6—e5 35. Tg8—e8† nebst Matt in 2 Zügen.

Schwarz gab auf.

Nr. 58. Englische Partie.

(Gespielt zu Montevideo, im November 1926.)

Weiß: E. Gabarayn.

1. c2—c4 e7—e5
2. Sg1—f3 Sb8—c6
3. Sb1—c3 Sg8—f6
4. e2—e4 ....

Wie man sieht, hat Nimzowitsch selbst in Uruguay Schule gemacht.

4. .... Lf8—b4
5. d2—d3 d7—d6
6. g2—g3 Lb4—c5
7. h2—h3 ....

In der Partie Nimzowitsch—Mieses (Hannover 1926) geschah bekanntlich 7. Lf1—g2, Sf6—g4 8. 0—0, f7—f5, was für Schwarz nicht übel aussieht; nur mußte er im nächsten Zuge einfach rochieren anstatt durch 9. .... h7—h6? die weißen Felder am Königsflügel weiter zu schwächen. Der Textzug verhindert diese Möglichkeit.

7. .... Lc8—e6
8. Lf1—g2 h7—h6
9. a2—a3 a7—a5
10. Dd1—a4 ....

Sieht schon auf den ersten Blick gekünstelt aus und erweist sich in der Tat als Tempoverlust. Angezeigt war die Rochade mit durchaus befriedigendem Spiel.

10. .... 0—0
11. Sc3—e2 ....

Nun wäre 11. 0—0 schon bedenklich, z. B. 11. .... Sf6—h5! 12. Kg1—h2, f7—f5 (13. e4—f5:?, Le6—f5: 14. g3—g4, Lf5—d3:) usw.

11. .... Sf6—d7
12. g3—g4 Lc5—b6!

Der weiße Damenläufer muß beseitigt werden, um die Schwäche der schwarzen Felder ausnützen zu können.

13. Lc1—e3 Sd7—c5
14. Da4—d1 a5—a4
15. Le3—c5: d6—c5:

Auf 15. .... Lb6—c5: hätte 16. Se2—c3 geschehen können, was nun durch 16. .... Lb6—a5 usw. einfach pariert wird.

16. 0—0 Dd8—d7!

Droht 17. .... Tf8—d8 usw. und deckt auch auf indirekte Weise den durch 17. Se2—c3 bedrohten a-Bauern

17. Se2—c3 ....

(S. Stellungsbild)

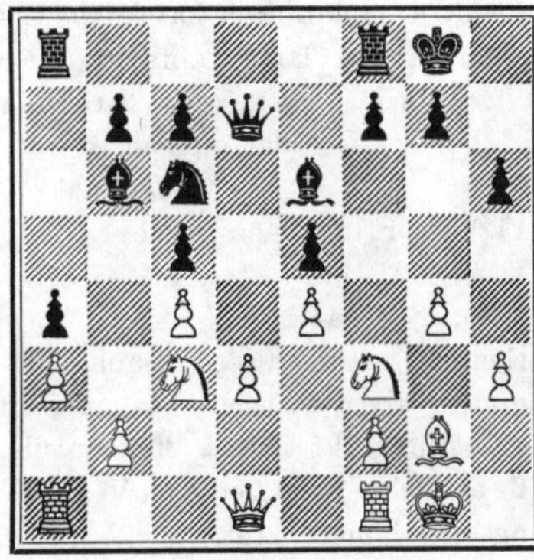

17. .... h6—h5!
18. Sf3—g5 ....

Darauf wird der Druck von Schwarz auf der offenen f-Linie übermächtig; aber auch 18. Sf3—h2, Sc6—d4 usw. sah wenig einladend aus.

18. .... h5—g4:
19. Sg5—e6: f7—e6:!
20. Dd1—g4: Tf8—f4
21. Dg4—g5 Sc6—d4!

Nach 21. .... Dd8—d3: käme Weiß zum Angriff, z. B. 22. Ta1—d1, Dd3—c4: 23. Td1—d7, Tf8—f7 24. Td7—f7:, Kg8—f7: 25. f2—f4, Kf7—g8 26. f4—f5! usw.

22. Ta1—d1 ....

Falls 22. Dg5—e5:, so zunächst 22. .... Ta8—f8 mit der Drohung 23. .... Sd4—f3† oder 23. .... Tf4—f3 usw.

22. .... Ta8—f8
23. h3—h4 Dd7—f7
24. h4—h5 c7—c6

Besser als 24. .... Tf8—f2: 25. h5—h6! usw.

25. h5—h6 Lb6—d8!
26. Dg5—g7‡ ....

Auf 26. Dg5—e5: gewinnt 26. .... Tf4—g4 usw.

26. .... Df7—g7:
27. h6—g7: Kg8—g7:
28. f2—f3 ....

Der mit solchen Anstrengungen

erreichte Damentausch hat keine Erleichterung der Lage gebracht. Der Textzug ist wegen der Drohung 28. .... Tf4—g4 der einzige.

28. .... Ld8—h4!

Verhindert die Königsflucht.

29. Td1—d2 Tf4—f6!

30. Sc3—a4: ....

Endlich wird dieser Bauer genommen, aber jetzt ist dies nur ein Verzweiflungsakt in der Erkenntnis, daß es keine genügenden Verteidigungsmittel mehr gibt.

30. .... Lh4—g5

31. f3—f4 ....

Oder 31. Td2—d1, Lg5—e3† 32. Kg1—h2, Tf8—h8† 33. Lg2—h3, Tf6—h6 usw.

31. ..... Lg5—f4:

32. Tf1—f4: e5—f4:

33. Sa4—c5: f4—f3

34. Lg2—h3 Tf8—h8!

35. Lh3—f1 Tf6—g6†

36. Kg1—f2 Th8—h2†

37. Kf2—e3 Sd4—c2†

Aufgegeben.

VII. Kapitel.

Partien mit Dr. Euwe und Turnier zu Kecskemét 1927.

Nach viermonatigem Aufenthalt in Südamerika war ich im Dezember 1926 heimgekehrt und mußte bereits eine Woche später in Holland gegen Dr. Euwe antreten. Diese Veranstaltung war schon ein Jahr vorher vereinbart. Es handelte sich um zehn Übungspartien, denn auf einen regelrechten Wettkampf hätte ich mich nur unter der Bedingung eingelassen, daß derjenige Sieger bleibt, der zuerst eine gewisse Anzahl von Punkten erreicht. Ich spielte zum erstenmal nach der neuen Zeitkontrolle von 40 Zügen in $2^1/_2$ Stunden. Diese Kontrollart ist für ernste Kämpfe trefflich geeignet, aber sie war mir ungewohnt und ich hatte infolgedessen sehr stark unter Zeitnot zu leiden. Während des Kampfes erhielt ich ein Telegramm, welches meinen Wettkampf mit Capablanca prinzipiell in Frage stellte, denn das New-Yorker Komitee hatte bestimmt, nur derjenige könne als erster Anwärter auf die Weltmeisterschaft gelten, welcher in dem kommenden New-Yorker Turnier mindestens den zweiten Preis erringe. Um diese Angelegenheit zu ordnen, mußte mein Kampf mit Dr. Euwe unterbrochen werden — und ich fuhr nach Paris. Natürlich haben diese Umstände mein Spiel ungünstig beeinflußt. Das Resultat (+ 3, − 2, = 5 zu meinen Gunsten) entsprach ungefähr den beiderseitigen Leistungen. Dr. Euwe spielte weit sicherer, ich hingegen war ihm taktisch überlegen, beging aber eine große Anzahl von Zeitnotfehlern. So z. B. stand ich in der 1., 7. und 9. Partie glatt auf Gewinn, erzielte aber aus diesen drei Partien nur einen (!) Punkt. Über alles Lob erhaben war die Organisation der Veranstaltung, achtunggebietend der Sportgeist und der Takt meines Gegners.

Über das folgende Sechsmeisterturnier von New-York 1927 habe ich in dem Turnierbuch bereits berichtet[1]). Ich befand mich in schlechter

[1]) Die ausführlich kommentierten Partien, sowohl dieses, als auch des New-Yorker Turniers 1927 sind in den entsprechenden Turnierbüchern zu finden.

Verfassung und hatte mich an die neuartige Zeitkontrolle (auch hier 40 Züge in $2^1/_2$ Stunden) noch immer nicht gewöhnt. Aus diesen Gründen verließ ich mich hauptsächlich auf meine Technik und habe erst gegen Schluß des Turniers einige Kombinationspartien geliefert.

Selbstverständlich war ich sowohl mit meinem Spiel gegen Dr. Euwe als auch mit meinen Leistungen in New-York 1927 nicht befriedigt. Mein Wettkampf mit Capablanca war unterdessen beschlossene Sache geworden und stand vor der Türe. War es erfolgreiche Arbeit gewesen, die ich jahrelang meiner Vervollkommnung widmete? War mein Stil endgültig geläutert, saßen die Erfahrungen fest, waren die Erkenntnisse richtig? Es drängte mich, zu sehen, ob ich alles das behalten habe, was ich schrittweise erobert hatte und deshalb nahm ich die Einladung nach Kecskemét gerne an, obwohl ich nur etwa sechs Wochen vor meiner Abreise nach Buenos Aires zum Wettkampf stand. Bald hatte ich mich zum besten davon überzeugt, daß ich klar und sicher spielte und mit derselben Leichtigkeit wie in Baden-Baden. Mit der ersten Turnierhälfte war für mich das schachliche Interesse auch vorüber, es galt nur noch die sportliche Aufgabe, einen genügenden Vorsprung bis zum Schlusse festzuhalten. Das Turnier verlief unter dem warmen Glanze der ungarischen Gastfreundschaft äußerst angenehm und wird mir in schönster Erinnerung bleiben.

Nr. 59. Damenindisch.

(2. Wettpartie, Amsterdam, Dezember 1926.)

Weiß: Dr. M. Euwe.

1.	d2—d4	Sg8—f6
2.	c2—c4	e7—e6
3.	Sb1—c3	Lf8—b4
4.	Sg1—f3	....

Dieser indifferente Zug genoß in den letzten Jahren den besonderen Beifall Bogoljubows (vgl. sein Buch „1. d2—d4!"), tritt aber immer mehr in den Hintergrund. Der Kursrückgang ist auf Nimzowitsch zurückzuführen, welcher mit dieser Variante als Nachziehender viele praktische Erfolge zu verzeichnen hat. Modern sind heutzutage 4. Dd1—b3 (m. E. doch am nachhaltigsten) und das Rubinsteinsche 4. e2—e3 — worauf Schwarz allerdings auf folgende Art bequem abwickeln kann: 4. .... c7—c5 5. Sg1—e2 (Rubinsteins Grundidee!), c5—d4: 6. e3—d4:, d7—d5 7. a2—a3, Lb4—c3† 8. Se2—c3:, d5—c4: 7. Lf1—c4:, 0—0 10. 0—0, Sb8—c6 11. Lc1—e3, b7—b6 usw. mit gleichem Spiel.

Auch auf andere Züge hat Schwarz kaum Eröffnungsschwierigkeiten, z. B. 4. Dd1—c2, d7—d5! oder 4. Lc1—g5, h7—h6 5. Lg5—f6:, Lb4—c3† 6. b2—c3:, Dd8—f6: 7. e2—e4, e6—e5! usw.

4.	....	b7—b6
5.	g2—g3	Lc8—b7
6.	Lf1—g2	0—0
7.	0—0	....

Schwarz hat keine Eile, auf c3 zu tauschen, anderseits scheint Weiß den Doppelbauer nicht zu fürchten. Auf 7. Dd1—c2 war übrigens 7. ....

Lb4—c3† 8. Dc2—c3:, Lb7—e4! usw. mit Gegenspiel beabsichtigt.

7. .... Lb4—c3:

8. b2—c3: d7—d6

Eine Ungenauigkeit, wonach der Gegner auf günstige Weise zur Initiative gelangt. Die Möglichkeit 7. d4—d5 mußte unbedingt berücksichtigt werden und es waren zu diesem Zwecke die Züge 8. .... Dd8—c8 8. .... Tf8—e8 oder gar 8. .... Lb7—e4 gut genug. Erst dann hätte Schwarz an die Ausnutzung der feindlichen Bauernschwäche schreiten können.

9. d4—d5! ....

Strategisch die einzige Möglichkeit, um die Kraft des Läuferpaares zur Geltung zu bringen. Das Bauernopfer ist nur vorübergehend.

9. .... e6—d5:

Oder 9. .... e6—e5 10. Sf3—h4, Sb8—d7 11. e2—e4 nebst eventuell f2—f4 zum Vorteil für Weiß.

10. Sf3—h4 Sf6—e4

Der Beginn eines schwierigen Verteidigungsspiels. Unzulänglich wäre der Versuch, den Bauern zu behaupten, z. B. 10. .... c7—c6 11. c4—d5:, Sf6—d5: (11. .... c6—d5: 12. c3—c4) 12. c3—c4, Sd5—b4 (12. .... Sd5—e7 13. Lc1—a3, Se7—c8 14. Sh4—f5) 13. a2—a3, Sb4—a6 14. Lc1—b2 mit entscheidendem Zusammenspiel der weißen Steine.

11. c4—d5: Tf8—e8

Aber nicht 11. .... Se4—c3: wegen 12. Dd1—d3, Sc3—a4 13. Lg2—e4!, h7—h6 14. Dd3—d4, Sa4—c5 15. Sh4—f5, f7—f6 16. Le4—c2 usw. mit entscheidendem Angriff für Weiß.

12. Lc1—b2 ....

Ich glaube, Dr. Euwe hat kaum recht, wenn er im Wettkampfbuche sowohl diesen als auch den nächsten Zug von Weiß bemängelt. Jedenfalls ist das von ihm angegebene Bauernopfer 12. Dd1—d3, Se4—c5 13. Dd3—c2, b6—b5 14. c3—c4 nach 14. .... b5—c4: 15. Lc1—b2, Sb8—d7 16. Sh4—f5, f7—f6 usw. sehr unklar.

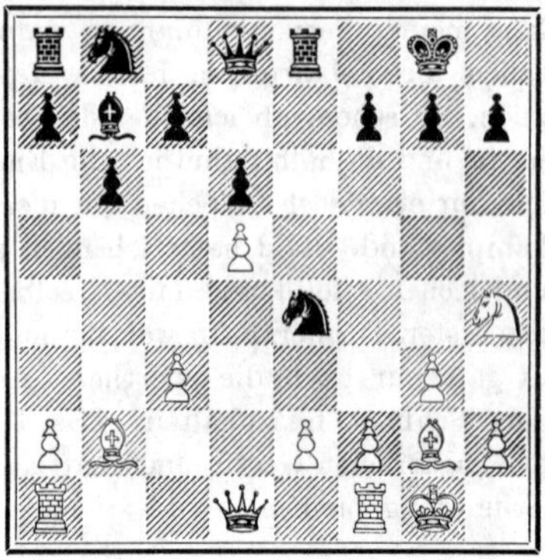

12. .... b6—b5!

Derart große Anstrengungen sind schon erforderlich, um nur einigermaßen das Gleichgewicht zu halten. Es drohte 13. c3—c4, wonach die weißen Figuren eine rasch entscheidende Gesamtwirkung erlangen würden. Verfehlt wäre 12. .... Dd8—g5 mit der Absicht 13. .... Dg5—d2 usw. wegen der Antwort 13. Dd1—a4!.

13. a2—a4 ....

Plausibel und gut. Auf das gekünstelte, von Dr. Euwe nachträglich empfohlene 13. Dd1—d4 dagegen hätte Schwarz die Wahl gehabt zwischen I) dem von ihm zwecks Eroberung des hochwichtigen Punktes c4 beabsichtigten Bauernopfer 13. .... c7—c5 14. d5—c6: e. p. Sb8—c6: 15. Dd4—d3, Sc6—e5 16. Dd3—b5:, Dd8—b6! 17. a2—a4, Lb7—c6 usw., II) der zweischneidigen, aber durchaus nicht aussichtslosen Spielweise 13. .... Dd8—f6 14. f2—f3, Df6—d4‡ 15. c3—d4:, Se4—d2 16. Tf1—f2!, Sd2—c4 17. e2—e4, Sb8—d7 usw.

13. .... Dd8—g5!

Beseitigt den wichtigen Bauer d5 — allerdings auf Kosten einer weiteren Aufschiebung der Entwicklung des Damenflügels.

14. a4—b5: Dg5—d5:
15. Dd1—a4 ....

Weiß überschätzt seine Aussichten, er mußte die Damen tauschen. Das Endspiel hätte sich dann für ihn günstig gestaltet, obwohl Schwarz doch noch genügende Verteidigungsmöglichkeiten gehabt hätte, z. B.: 15. Dd1—d5:, Lb7—d5: 16. Ta1—a4!, Se4—f6! 17. e2—e3, Ld5—g2: 18. Kg1—g2:, Sb8—d7 17. Tf1—a1, Te8—b8 20. c3—c4, Tb8—b7 21. Lb2—d4, Sd7—b6 22. Ta4—b4, Sf6—d7 23. Sh4—f5 (endlich!), g7—g6 24. Sf5—e7†, Kg8—f8 25. Se7—c6, Sd7—c5 und Schwarz hätte das Schlimmste überstanden. Auch nach 15. c3—c4 (statt Dd1—d5:), Dd5—d1: (die Annahme des Bauernopfers wäre offenbar halsbrecherisch) 16. Tf1—d1:, a7—a6! hätte Schwarz alle Schwierigkeiten überwunden. Nach dem Textzug, der hauptsächlich auf eine durchsichtige Falle berechnet ist, kommt Weiß allmählich ins Hintertreffen.

15. .... Sb8—d7

Ein Fehler wäre 15. .... Dd5—d2 wegen 16. b5—b6, Lb7—c6 17. b6—b7! und Weiß gewinnt.

16. c3—c4 Dd5—d2!

Beginn des Gegenangriffs!

17. Da4—a2 ....

Den Verhältnissen entsprechend am besten. Auf z. B. 17. Ta1—a2 würde 17. .... Sd7—b6 ∓ folgen.

17. .... a7—a6!

Erzwingt den Übergang in ein günstiges Endspiel, denn das nunmehrige Bauernopfer 18. b5—b6 würde nach 18. .... Sd7—b6: 19. Sh4—f5, Dd2—g5! 20. Sf5—g7:, Te8—e7 21. Lg2—h3, Lb7—c8 nebst eventuell f7—f6 erst recht den Nachziehenden in Vorteil bringen. Verfehlt wäre dagegen an der Textstelle 17. .... Dd2—e2: wegen 18. Sh4—f5 ±.

18. Lb2—c1 Dd2—a2:
19. Ta1—a2: a6—b5:
20. Ta2—b2 ....

Etwas besser als 20. Ta2—a8:, Lb7—a8: 21. c4—b5:, Se4—c3 ∓.

20. .... Ta8—b8!

Gewinnt einen Bauer, da es gegen die Drohungen 21. .... b5—c4: und 21. .... Se4—c3 keine ausreichende Verteidigung gibt.

21. c4—b5: ....

Oder 21. Tb2—b5:, Lb7—a6 22. Tb5—b8:, Sd7—b8: usw.

21. .... Se4—c3
22. Lg2—c6! ....

Noch ein geistreicher Rettungsversuch (22. .... Lb7—c6: 23. b5—c6:, Tb8—b2:? 24. c6—d7: usw.).

(S. Stellungsbild)

22. .... Te8—e2:!

Damit sichert sich Schwarz endgültig materiellen Vorteil. Die Pointe lautet offenbar 23. Lc6—d7:, Te2—b2: 24. Lc1—b2:, Sc3—e2 ×.

23. Tb2—b3 ....

Kaum besser war 23. Lc1—d2, Sc3—a4 24. Tb2—a2, Sd7—c5 usw.

23. .... Lb7—c6:

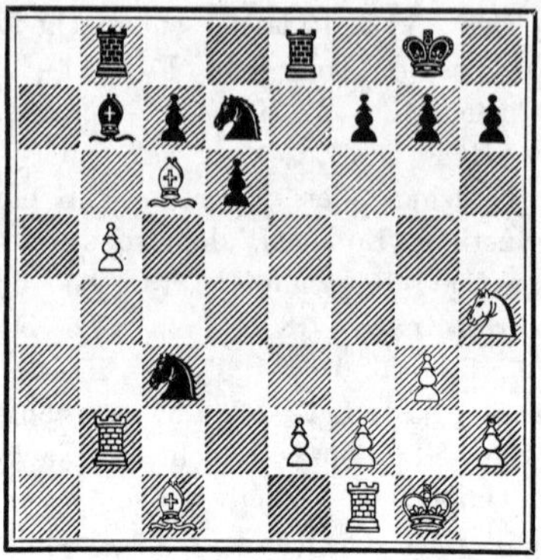

24. Tb3—c3: Lc6—b5:
25. Tc3—c7: Sd7—e5

Die Realisierung des materiellen Vorteils ist noch nicht ganz leicht. In Betracht kam auch 25. .... h7—h6, was sowohl 26. Sh4—f5 (wegen 26. .... Te2—e5) als auch 26. Lc1—f4 (wegen 26. .... g7—g5) verhindert hätte.

26. Sh4—f5? ....

Ein Versehen, wonach die Lage des Weißen völlig aussichtslos wird, Geboten war 26. Lc1—f4 etwa mit der Folge 26. .... h7—h6 27. Lf4—e5:, (27. Tf1—b1, Se5—d3∓) Te2—e5: 28. Tf1—b1, Tb8—e8 29. Sh4—f3, Te5—d5 und Schwarz wird seinen Mehrbauer allmählich verwerten können, aber es gibt immerhin noch Kampf.

26. .... Se5—f3†
27. Kg1—g2 ....

Oder 27. Kg1—h1, Te2—e5!

27. .... Sf3—e1†
28. Kg2—h3 ....

Falls 28. Kg2—g1, so ebenfalls 28. Te2—e5.

28. .... Te2—e5
29. Tf1—h1 ....

Auf 29. Tf1—g1 folgt 29. .... Se1—f3 usw. Verhältnismäßig am besten war 29. Tf1—e1:, Te5—e1: 30. Sf5—d6:, wonach Schwarz noch einige Schwierigkeiten gehabt hätte, seinen materiellen Vorteil zu verwerten.

29. .... Se1—d3
30. Sf5—e7† Kg8—f8
31. Lc1—a3 ....

Die letzten Zuckungen!

31. .... Sd3—f2‡
32. Kh3—g2 Sf2—h1:
33. La3—d6: Te5—e6
34. Ld6—c5 ....

Oder 34. Se7—c6†, Te6—d6: 35. Sc6—b8:, Td6—d1 usw.

34. .... Tb8—e8
35. Se7—f5† Kf8—g8
36. Sf5—e7† ....

Auf 36. Sf5—d6 folgt 36. .... Lb5—d3 37. Kg2—h1:, Te6—e1† 38. Kh1—g2, Te8—e2† 39. Kg2—h3, h7—h6 40. Tc7—f7:, Te2—c2 41. Lc5—f2, Te1—e6 usw.

36. .... Kg8—h8
37. Kg2—h1: Lb5—d3
38. Kh1—g2 h7—h6
39. Kg2—f3 Kh8—h7
40. h2—h4 h6—h5!

Weiß gab auf.

Nr. 60.
Königsindische Verteidigung.

(3. Wettpartie, Amsterdam, Dezember 1926.)

Schwarz: Dr. M. Euwe.

1. d2—d4 Sg8—f6
2. c2—c4 g7—g6
3. Sb1—c3 ....

Weiß läßt sich leichten Herzens auf die Grünfeld-Variante (3. .... d7—d5) ein, weil sie — wie übrigens der Erfinder selbst nachträglich erklärte — antipositionell ist. Wohl noch genauer als der Textzug ist aber 3. f2—f3, was z. B. Nimzowitsch gegen Dr. Tartakower in Karlsbad 1929 spielte und später ich in zwei Wettpartien gegen Bogoljubow angewendet habe.

3. .... Lf8—g7
4. e2—e4 0—0
5. Lc1—e3 ....

Zu scharfen, aber wegen der Sprengungsmöglichkeiten f7—f6, d7—d6 sowie c7—c5 für Schwarz keineswegs chancenlosen Varianten würde hier 5. e4—e5, Sf6—e8 führen.

5. .... d7—d6
6. f2—f3 e7—e5

Der ganze weiße Aufbau wäre saft- und kraftlos, wenn der Nachziehende das Zentrumsproblem auf diese einfache Art lösen könnte. Dies ist aber meines Erachtens nicht der Fall. Nur trifft Weiß hier nicht die richtige Antwort, welche in 7. Sg1—e2! bestand. Geschieht darauf 7. .... Sb8—c6 oder Lc8—e6, so folgt 8. d4—d5 und Weiß behält gegenüber der Textfortsetzung zwei Tempi mehr; nach 7. .... e5—d4: 8. Se2—d4, Sb8—c6 folgt aber einfach 9. Lf1—e2 nebst Dd1—d2 und — je nachdem — 0—0 bzw. 0—0—0 bei klarem Raumvorteil für Weiß; falls endlich 7. .... Tf8—e8, so 8. Dd1—d2, und Schwarz wird sich doch entschließen müssen, die Lage im Zentrum irgendwie zu klären. Alles in allem muß diese Spielweise meiner Meinung nach immer zum Vorteil des Anziehenden ausfallen, erfordert aber eine besonders genaue Berücksichtigung aller taktischen Einzelheiten.

7. d4—d5 ....

Dies führt dagegen zu einem gleichwertigen Spiel. Die Angriffsaussichten des Anziehenden werden durch die Sprengungsmöglichkeiten des Gegners völlig aufgewogen.

7. .... c7—c6
8. Dd1—d2 c6—d5:
9. c4—d5: Sf6—e8!

Bereitet einen Zentrumsangriff vor und verhindert damit auf einfache Art die eventuelle Öffnung der h-Linie (10. h2—h4, f7—f5 11. h4—h5, f5—f4 nebst g6—g5).

10. 0—0—0 f7—f5
11. Kc1—b1 ....

Daß der König nicht lange auf der offenen Linie bleiben kann, ist klar, hingegen ist es vorläufig unklar, auf welche Art die beiden noch unentwickelten Kleinfiguren mobilisiert werden sollen.

11. .... Sb8—d7

Gibt dem Gegner die erwünschte Gelegenheit, das Spiel unter Aufopferung von Material zu beleben. Aussichtsvoller war 11. .... a7—a6 12. Lf1—d3, b7—b5 13. Sg1—e2, f5—f4 14. Le3—f2, Sb8—d7—b6 usw.

12. Sg1—h3! ....

Droht zwar nicht viel Unmittelbares, verhindert aber 12. .... Sd7—f6, worauf 13. Sh3—g5 usw. folgen würde. Gleichzeitig wird aber auch der Zug 12. .... Sd7—b6 entkräftet, und zwar wegen folgender Fortsetzung: 13. Sh3—g5, f5—f4 14. Le3—b6:, Dd8—g5: 15. Lb6—f2, Lc8—d7 16. Td1—c1 (Se8—c7 17. g2—g4 oder 16. .... a7—a6 17. Lf2—b6) usw. ±. Schwarz muß sich also doch zu dem Abwartezug

12. .... a7—a6

entschließen. Nun entsteht eine Reihe bunter, kaleidoskopisch wechselnder Bilder.

13. e4—f5:! g6—f5:

14. g2—g4! ....

Gewinnt erstens das Springerfeld g5, zweitens die Diagonale b1—h7 und drittens vor allem die Gewißheit, im Laufe des bevorstehenden Kampfes weitere Einbruchspforten öffnen zu können — wahrlich kein geringer Preis für einen Bauer!

14. .... f5—g4:

Nach 14. .... f5—f4 15. Le3—f2 nebst Besetzung von e4 wäre Weiß Herr der Stellung.

15. Sh3—g5 ....

Die natürliche Ergänzung des vorigen Manövers.

15. .... Sd7—f6

16. Lf1—d3 Dd8—e7

Auf 16. .... g4—f3: hätte ich den Angriff mit 17. Td1—f1 fortgesetzt. Falls dann z. B. 17. .... h7—h6, so 18. Sg5—e6, Lc8—e6: 19. d5—e6:, Sf6—g4 20. Sc3—d5 mit entscheidenden Drohungen. Auf andere Züge nimmt aber Weiß den Bauer f3 mit dem Turm (17. .... Lc8—g4 18. h2—h3! ±) und forciert dann das Spiel auf einer der offenen Linien.

17. f3—f4 ....

Auch hier kamen die Züge 17. Td1—f1 oder 17. Th1—g1 sehr in Betracht. Die mit dem Textzuge verbundenen Möglichkeiten, nämlich die Öffnung der e-Linie oder f4—f5 nebst Sg5—e6 sahen aber gleichfalls sehr bestechend aus.

17. .... e5—e4!

Durch dieses Gegenopfer sichert sich Euwe die Gegenchance der Läuferdiagonale h8—a1 und schwächt auch den Druck gegen seine Königsstellung ab, indem es nun zum Abtausch einiger Kleinfiguren kommt. Trotzdem behält aber Weiß bei nunmehr gleichem Material ein verheißungsvolles Spiel.

18. Sg5—e4: ....

Das Nehmen mit diesem Springer ist aber eine kleine Inkonsequenz, durch die der Anziehende einen Teil seines Stellungsvorteils einbüßt. Er sollte weiter im Opferstil fortfahren: 18. Sc3—e4:!, h7—h6 (18. .... Sf6—e4: 19. Ld3—e4:!, h7—h6 20. Sg5—e6) 19. Sg5—e6, Lc8—e6: 20. d5—e6:, De7—e6: 21. Se4—g3 mit der Drohung 22. f4—f5. Schwarz hätte dabei kaum auf ein langes Leben hoffen dürfen.

18. .... Sf6—e4:

19. Sc3—e4: ....

Nun würde 19. Ld3—e4: an 19. .... Lg7—c3: offenbar scheitern.

19. .... Lc8—f5

20. Se4—g3 ....

Blockiert den g-Bauer, um baldmöglichst (nach h2—h3) den Trumpf der h-Linie ausspielen zu können.

Auf 20. Se4—g5 hätte Schwarz den Punkt e6 durch 20. .... Se8—c7 gedeckt.

20. .... Lf5—d3 ‡

21. Dd2—d3: De7—f6

Ein raffiniertes Manöver, typisch für Euwe: er provoziert den Zug Td1—d2, damit später nach h2—h3, g4—h3:, Th1—h3: die erste Reihe ungedeckt bleibt. Viel hilft dies allerdings nicht.

22. Td1—d2 Df6—f7

Wegen der Drohung 23. Sg3—h5.

23. h2—h3 g4—h3:

24. Th1—h3: ....

Nicht 24. Td2—h2 wegen 24. .... Df7—g6!.

24. .... Df7—g6

25. f4—f5 ....

Beinahe am Ziele strauchelt Weiß nochmals und nun wird der Sieg wirklich problematisch. Nach 25. Sg3—e4! hätte Schwarz kaum eine genügende Verteidigung gefunden. Auf 25. .... Se8—f6 folgt dann einfach 26. Se4—d6:, Ta8—d8 27. Le3—c5 und auf andere Züge setzt Weiß mit 26. Th3—g3 bzw. 26. Td2—h2 fort.

25. .... Dg6—g4

26. Td2—h2 Ta8—c8!

Den naheliegenden Deckungszug 26. .... Se8—f6 hätte Weiß mit 27. Le3—c1! drohend 28. Th3—h4 vorteilhaft beantwortet. Durch die Besetzung der offenen Linie hingegen verschafft sich Schwarz neue Drohungen. Das folgende Manöver von Weiß ist zwingend, aber auch praktisch so gut wie erzwungen.

(S. Stellungsbild)

27. f5—f6! ....

Ein Räumungsopfer, dessen Grundidee aus folgender Variante ersichtlich

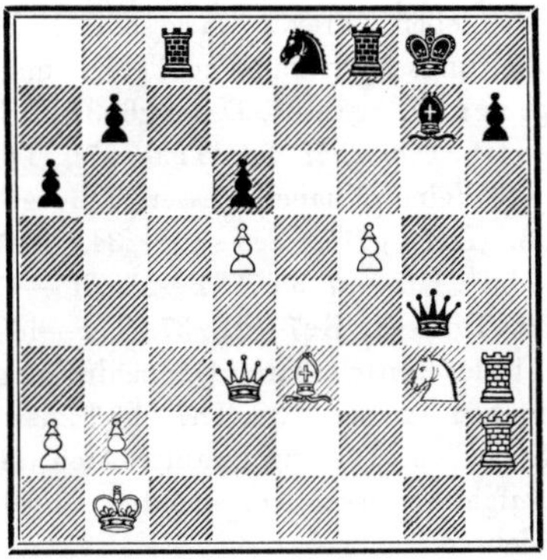

wird: 27. .... Se8—f6: 28. Sg3—f5, Dg4—c4! 29. Sf5—e7†, Kg8—f7 30. Dd3—f5!!, Kf7—e7: 31. Df5—e6†, Ke7—d8 32. Le3—b6†, Tc8—c7 33. Th3—c3, Dc4—f1† 34. Kb1—c2 und gewinnt.

27. .... Tf8—f6:!

28. Dd3—h7 ‡ Kg8—f8

29. Th2—h1 ....

Ein notwendiger Deckungszug. In der nun äußerst gespannten Stellung hat Schwarz mit einigen Verführungen zu kämpfen. So z. B. würde der scheinbar starke Angriffszug 29. .... Dg4—b4 einfach mit 30. a2—a3! beantwortet werden, denn 30. .... Tf6—f1†? scheitert nun daran, daß dieser Turm mit Schachgebot geschlagen wird; auch der Angriff 29. .... Tf6—f3 würde eine siegreiche Abwehr finden und zwar: 30. Le3—h6!, Tf3—g3: 31. Th3—g3: nebst Dh7—f5† usw. Daher fügt sich Schwarz in das Unvermeidliche und bietet den Damentausch an.

29. .... Dg4—g6†

Er hätte aber wohl doch etwas besser getan, zunächst noch den Verteidigungszug 29. .... Tc8—c7 einzuschieben. Prekär wäre seine Lage allerdings auch dann geblieben, man prüfe: 30. Sg3—e4, Dg4—g6 31. Le3—d4!, Dg6—h7: 32. Th3—h7:, Tf6—f5 (eine Nuance besser Tf6—g6) 33. Ld4—g7‡, Se8—g7: 34. Th7—h8†, Kf8—e7 35. Th1—g1, Tf5—f7 36. Tg1—e1, Ke7—d7 37. Th8—h7! mit der unparierbaren Doppeldrohung 38. Se4—g5 sowie 38. Th7—g7‡! usw. Nach dem Textzug gestaltet sich die Aufgabe des Anziehenden noch leichter.

30. Dh7—g6: Tf6—g6:

31. Sg3—f5 ....

Droht einfach 32. Sf5—g7: usw. Falls aber 31. .... Tc8—c7, so 32. Le3—d4, Lg7—d4: 33. Sf5—d4: und Schwarz ist völlig hilflos.

31. .... Lg7—e5

32. Th3—f3! Se8—f6

Auch auf 32. .... Tg6—f6 gewinnt Weiß spielend: 33. Le3—g5, Tf6—f7 34. Lg5—e7†, Tf7—e7: (34. .... Kf8—g8 35. Sf5—h6†) 35. Sf5—d6‡ usw.

33. Th1—h8† Tg6—g8

34. Th8—g8‡ Kf8—g8:

Oder 34. .... Sf6—g8: 35. Sf5—d6‡ usw.

35. Sf5—e7† Aufgegeben.

Eine trotz beiderseitiger kleiner Unterlassungen gute, scharf pointierte Partie.

Nr. 61. Holländische Verteidigung.

(10. Wettpartie, Amsterdam, Januar 1927.)

Weiß: Dr. M. Euwe.

1. Sg1—f3 e7—e6

2. c2—c4 f7—f5

Es ist im allgemeinen vorteilhafter, diese holländische Bauernformation erst nach dem Zuge Sg1—f3 zu wählen, denn sonst kann der weiße Königsspringer günstig via h3 nach f4 entwickelt werden.

3. g2—g3 Sb8—c6

Um den Gegner zu veranlassen, noch vor der Rochade den Damenbauer zu ziehen. Schwarz bekommt dadurch die Möglichkeit, seinen in dieser Spielweise sonst wenig wirksamen Königsläufer abzutauschen.

4. d2—d4 ....

Andernfalls folgt e6—e5.

4. .... Lf8—b4†

5. Lc1—d2 Lb4—d2‡

6. Dd1—d2: ....

In der Entscheidungspartie zu Hastings 1922 zog Bogoljubow gegen mich in ganz ähnlicher Stellung Sb1—d2:; der Textzug ist viel besser.

6. .... d7—d6

7. Sb1—c3 Sg8—f6

8. Lf1—g2 0—0

9. Ta1—d1 Sc6—e7

10. 0—0 Se7—g6

11. Dd2—c2 ....

Mit der Absicht, 12. e2—e4 zu spielen. Schwarz sollte nun einfach 11. .... f5—f4! ziehen, um die Öffnung der e-Linie nicht zuzulassen; er hätte dann nach 12. e2—e3 oder 12. e2—e4, f4—e3: 13. f2—e3:, Dd8—e7 14. e3—e4, Lc8—d7 eine befriedigende Partie erzielt. Statt dessen hält er hartnäckig an dem ungenügend durchdachten Plan fest, seinem Läufer die Diagonale c8—h3 möglichst rasch zu öffnen. Dabei muß er aber das Feld d5 frei geben, wodurch der Gegner mindestens die Initiative erlangt.

11. .... c7—c6

12. e2—e4 Dd8—a5

Verhindert 13. e4—e5.

13. e4—f5: e6—f5:
14. d4—d5 c6—d5:

Praktisch erzwungen, denn auf 14. .... c6—c5 folgt 15. Sf3—g5! nebst Sg5—e6 mit klarem Vorteil für Weiß. Die Textfortsetzung läßt wenigstens einigen Spielraum für Komplikationen.

15. Sc3—d5: ....

Besser als 15. c4—d5:, worauf Schwarz noch 15. .... f5—f4! zur Verfügung hätte.

15. .... Lc8—d7
16. Sf3—d4 ....

Dr. Euwe verzichtet wohlweislich auf die Variante 16. Sf3—g5, h7—h6 17. Sd5—f6‡, Tf8—f6 18. Lg2—d5†, Kg8—h8 19. Sg5—f7†, Kh8—h7 20. Ld5—b7:, Ta8—b8 21. Sf7—d6:, da nun Schwarz mit 21. .... Da5—c7! (aber nicht 21. .... Tf6—d6: 22. Td1—d6:, Tb8—b7: 23. Tf1—d1 ±) zwei Figuren gegen Turm und zwei Bauern gewinnen würde — in diesem Falle ein gutes Geschäft, denn die Diagonale a8—h1 würde treffliche Angriffsaussichten gewährleisten. Einfacher als der Textzug war aber 16. Sd5—f6‡, Tf8—f6: 17. c4—c5!, wonach sich die Verteidigung recht schwierig gestaltet hätte. Weiß hätte dann die Schräge a2—g8 für Dame und Läufer frei gehabt und in Verbindung mit dem Zuge Sf3—g5 sehr gefährliche Angriffe drohen können. Schwarz hätte dann wohl 17. .... Ld7—b5 ziehen müssen, denn auf 17. .... Ta8—c8 wäre schon 18. Sf3—g5! fatal.

16. .... f5—f4!

Den Umständen angemessen der beste Zug. Weiß kann jetzt einen Bauer gewinnen: 17. Sd5—f6‡, Tf8—f6: 18. Lg2—b7:, wäre aber nach 18. .... Ta8—f8 19. Lb7—d5† (um die feindliche Dame vom Königsflügel abzuschneiden) 19. .... Kg8—h8 20. f2—f3, f4—g3: 21. h2—g3:, Sg6—e5 einem nicht ungefährlichen Angriff ausgesetzt.

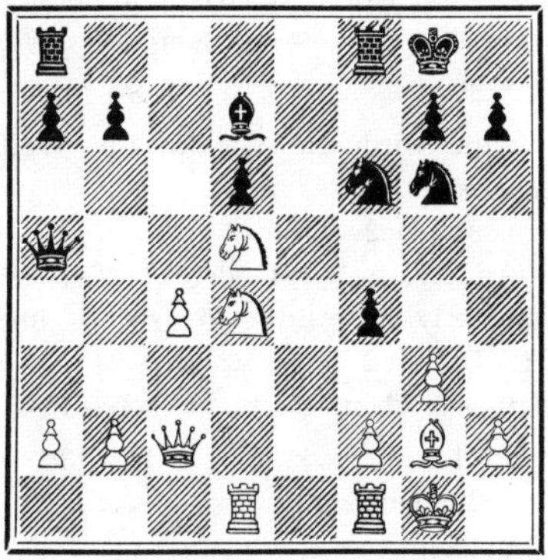

17. Td1—e1 ....

Es ist interessant, daß dieser anscheinend durchaus natürliche und starke Zug die prachtvolle Stellung des Anziehenden völlig verdirbt. Geboten war 17. Sd4—f5!, was den feindlichen Läufer zum Abtausch gezwungen und dem Weißen nach 17. .... f4—g3: 18. h2—g3:, Ld7—f5: 19. Dc2—f5: eine dauernde Initiative gesichert hätte, z. B. 19. .... Kg8—h8 (19. .... Da5—a2: 20. c4—c5! ±) 20. Sd5—e7!, Da5—a2: 21. Se7—g6‡, h7—g6: 22. Df5—g6:, Da2—c4: 23. Td1—d5!! usw.

17. .... Sf6—d5:!
18. Lg2—d5‡ Kg8—h8
19. Sd4—e6 ....

Nach 19. Ld5—b7: hält sich Schwarz an a2 schadlos, z. B. 19. .... Ta8—b8 20. Lb7—e4, Da5—a2: 21. Le4—g6:, h7—g6: 22. Te1—e7, Ld7—f5 oder 22. Dc2—g6:, Da2—c4: usw., wobei sich Angriff und Gegenangriff die Waage halten würden.

19. .... Tf8—f6

20. Se6—g5 ....

Der Bauer f4 war nicht zu schlagen: 20. Se6—f4:, Sg6—f4: 21. g3—f4:, Ld7—h3 usw. Relativ am besten wäre 20. Te1—e4 gewesen.

20. .... Ta8—f8

Nun wird die Gefahr für Weiß sehr ernst.

21. Dc2—b3 ....

Auf 21. Sg5—e4 oder 21. Te1—e7 folgt 21. .... Ld7—f5 usw. ∓ und 21. Dc2—e2 kann wegen 21. .... Sg6—e5 ebenfalls nicht befriedigen.

21. .... f4—g3:!

22. Db3—g3: ....

Verfehlt wäre 22. f2—g3: wegen 22. .... Da5—c5† usw., aber 22. h2—g3:! hätte trotz Bauernverlustes zähen Widerstand ermöglicht, z. B. 22. .... Tf6—f2: 23. Db3—e3!, Tf2—f1‡ 24. Te1—f1:, Tf8—f1‡ 25. Kg1—f1:, h7—h6 26. Sg5—f7† (oder 26. De3—e4, Da5—a2:! 27. De4—g6:, Da2—a1† 28. K beliebig, Da1—b2‡ und Schwarz wird schließlich den Springer mit der Dame nehmen) 26. .... Kh8—h7 27. Sf7—d6:, Da5—a2: und Schwarz kann nur nach langem Kampfe gewinnen.

22. .... Sg6—f4!

Gegen die Drohungen 23. .... Tf6—g6 bzw. 23. .... h7—h6 gibt es nun keine Rettung, denn 23. Ld5—e4? scheitert an 23. .... Da5—g5: usw.

23. Te1—e7 ....

Der letzte, keineswegs zu unterschätzende Versuch.

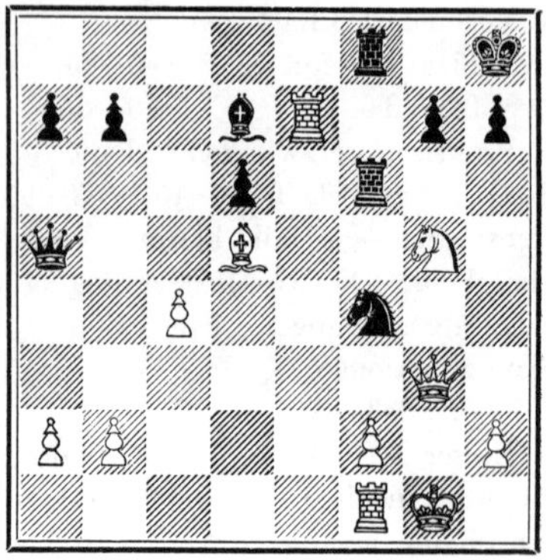

23. .... Tf6—g6!

Die Schwierigkeit dieses Zuges bestand darin, daß dabei die starke Verführung 23. .... h7—h6 vermieden werden mußte; darauf hätte sich nämlich Weiß mittels 24. Kg1—h1!, Sf4—d5: (24. .... h6—g5: 25. Te7—d7:, Sf4—d5: 26. Dg3—g5:! usw.) 25. Te7—d7:, Sd5—b6 26. Sg5—e6!! usw. retten können. Falls aber nach dem Textzuge 24. Kg1—h1 geschieht, folgt 24. .... Sf4—d5: 25. Te7—d7:, Sd5—f6 26. Td7—f7, Tf8—f7: 27. Sg5—f7‡, Kh8—g8 und gewinnt.

24. Te7—f7 ....

Verliert sofort. Die Hauptvariante, welche von Schwarz berechnet war, lautet: 24. Sg5—f7†, Tf8—f7: 25. Te7—f7:, Sf4—e2† 26. Kg1—h1 (26. Kg1—g2, Da5—d8! und gewinnt) 26. .... Se2—g3‡ 27. f2—g3:, h7—h5! 28. Tf7—d7:, Tg6—f6 29. Tf1—f6:, g7—f6: 30. Td7—b7:, Da5—e1† 31. Kh1—g2, De1—e2† 32. Kg2—g1! (32. Kg2—h3, De2—g4† 33. Kh3—g2, h5—h4 usw.) 32. .... h5—h4 (oder zunächst f6—f5) 34. g3—h4:, f6—f5 und dieser Freibauer sichert den Sieg.

24. .... Tf8—f7:
25. Sg5—f7‡ Kh8—g8
26. Sf7—e5† Da5—d5:!
27. c4—d5: Sf4—e2†

Damit ist eine Figur gewonnen. Weiß gab auf.

Nr. 62. Caro-Kann.

(Aus dem Turnier zu Kecskemét 1927.)

Schwarz: Dr. S. Tartakower.

1. e2—e4 c7—c6
2. d2—d4 d7—d5
3. Sb1—c3 d5—e4:
4. Sc3—e4: Sg8—f6
5. Se4—g3 e7—e5

So spielte gegen mich auch Capablanca im New-Yorker Turnier 1927. Schwarz kann dabei höchstens auf einen mühevollen Ausgleich hoffen.

6. Sg1—f3 e5—d4:
7. Sf3—d4: ....

Dies dürfte doch nachhaltiger sein als 7. Dd1—d4:, Dd8—d4: 8. Sf3—d4:, Lf8—c5 9. Sd4—f5, 0—0 10. Lc1—e3 usw., was in der erwähnten Partie geschah.

7. .... Lf8—c5

Solider war wohl 7. .... Lf8—e7

8. Dd1—e2! ....

Hier sah 8. Lc1—e3 besser aus als es in Wirklichkeit war. Schwarz hätte nämlich darauf nicht etwa 8. .... Sf6—g4 9. Sd4—c6:! usw., sondern 8. .... Sf6—d5! geantwortet, worauf die Variante 9. Sd4—c6:, b7—c6: 10. Le3—c5:, Dd8—a5† 11. b2—b4, Sd5—b4: usw. eher zu seinem Vorteil ausschlagen würde.

8. .... Lc5—e7

Oder 8. .... Dd8—e7 9. De2—e7‡, Lc5—e7: 10. Sd4—f5 usw. etwas zum Vorteil von Weiß.

9. Lc1—e3 c6—c5

Dieser Versuch, den weißen König im Zentrum festzuhalten, erweist sich als undurchführbar und vergrößert die Entwicklungsschwierigkeiten des Nachziehenden in entscheidender Weise. Das einzige war hier noch 9. .... 0—0 10. 0—0—0, Dd8—a5 11. Kc1—b1, Sf6—d5 12. De2—f3 usw. ±

10. Sd4—f5 0—0
11. De2—c4! ....

Ein sehr wichtiger Zug, welcher ohne Tempoverlust (Bedrohung von c5) die Entwicklung des Königsläufers vorbereitet.

11. .... Tf8—e8

Auch nach dem sofortigen 11. .... b7—b6 12. Ta1—d1 nebst Dc4—h4 usw. wäre die schwarze Stellung auf die Dauer kaum zu halten gewesen.

12. Lf1—d3 b7—b6
13. 0—0—0 Lc8—a6

Es ist klar, daß auf andere Züge ein rasches Debacle folgen würde.

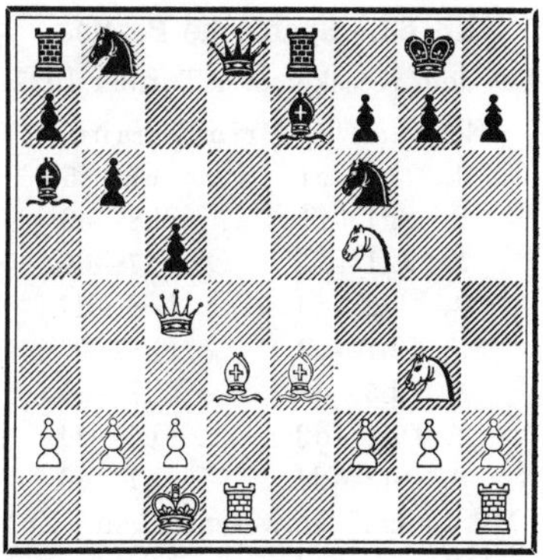

14. Sf5—h6†! ....

Die Pointe dieser hübschen Kombination besteht darin, daß Schwarz für seine Dame nicht drei, sondern —

infolge der geschwächten Diagonale h1—a8 — nur zwei Figuren erhält. Übrigens hätte hier 14. Dc4—h4 wahrscheinlich auch zum Gewinn ausgereicht, allerdings nach längerem Kampfe.

14. .... g7—h6:
15. Ld3—h7†! Sf6—h7:

Oder 15. .... Kg8—h8 16. Dc4—f7: nebst Sg3—f5 mit Mattangriff.

16. Dc4—g4† Kg8—h8
17. Td1—d8: Te8—d8:

Auf 17. .... Le7—d8: wird die Figur durch 18. Dg4—f3 erobert.

18. Dg4—e4 Sb8—c6
19. De4—c6: Le7—f8
20. Sg3—f5 La6—c4
21. Le3—h6: Lc4—d5
22. Dc6—c7 Ta8—c8
23. Dc7—f4 Tc8—c6
24. Lh6—f8: Td8—f8:
25. Df4—e5† Sh7—f6
26. Sf5—d6! Aufgegeben.

Eine Partie aus einem Guß und nicht ohne theoretischen Wert.

Nr. 63. Spanische Partie.

(Aus dem Kecskeméter Turnier 1927.)

Schwarz: A. Brinckmann.

1. e2—e4 e7—e5
2. Sg1—f3 Sb8—c6
3. Lf1—b5 d7—d6
4. d2—d4 Lc8—d7
5. Sb1—c3 Sg8—f6
6. Lb5—c6: Ld7—c6:
7. Dd1—d3 e5—d4:
8. Sf3—d4: g7—g6

Mit einer unwesentlichen Zugumstellung ist das Spiel jetzt identisch mit der bekannten Partie Nimzowitsch—Capablanca (St. Petersburg, 1914), wo der Nachziehende auch den Textzug (welcher ein vielleicht nicht ganz einwandfreies Bauernopfer involviert) dem wohl solideren 8. .... Lc6—d7 vorzog.

9. Lc1—g5! ....

Ich halte diesen einfachen Entwicklungszug für noch überzeugender, als 9. Sd4—c6:, b7—c6: 10. Dd3—a6, Dd8—d7 11. Da6—b7, Ta8—c8 12. Db7—a7:, Lf8—g7 usw., was in der erwähnten Partie geschah; denn Schwarz erhält in diesem Falle dank der starken Diagonale a1—h8 einen gewissen Druck auf den feindlichen Damenflügel, welcher die Realisierung des weißen Bauernvorteils in Frage stellt.

9. .... Lf8—g7
10. 0—0—0 Dd8—d7

Diese Entfesselung ist wenig effektiv, da der Springer nach dem nächsten Zuge von Weiß nur unter ungünstigen Umständen dem Drucke entzogen werden kann. In Betracht kam vielleicht 10. .... Dd8—c8, um das Feld d7 dem Springer frei zu behalten.

11. h2—h3! 0—0
12. Th1—e1 Tf8—e8

Darauf erzwingt Weiß den Abtausch des fianchettierten Läufers, und die schwarzen Felder im Lager des Nachziehenden werden dadurch erbärmlich schwach. Das kleinste Übel war noch 12. .... Kg8—h8 (um den Springerrückzug nach g8 zu ermöglichen), worauf Weiß seinen Zentraldruck mit 13. f2—f4 usw. ± zunächst verstärkt hätte.

13. Dd3—f3! Sf6—h5
14. g2—g4 Lg7—d4:
15. Td1—d4: Sh5—g7
16. Lg5—f6 Te8—e6
17. Td4—d1 ....

Ein Räumungszug für den Läufer.

17. .... Sg7—e8
18. Lf6—d4 Dd7—e7
19. Te1—e3 Se8—g7
20. Df3—f4 De7—h4!

Nach der unglücklichen Eröffnung hat sich Schwarz vom 13. Zuge ab ganz wacker verteidigt, z. B. wird durch den Textzug der immer drohende Bauernvormarsch am Königsflügel etwas erschwert. Auf die Dauer läßt sich aber die Stellung doch nicht halten.

21. Td1—e1 Ta8—e8
22. b2—b3! ....

In Verbindung mit den folgenden zwei Zügen ein gesundes Vorbereitungsmanöver: da Schwarz nichts unternehmen darf, trifft Weiß alle nötigen Maßnahmen zum entscheidenden Vorstoß des f-Bauern. Verfrüht wäre übrigens 22. Sc3—d5, Lc6—d5: 23. e4—d5:, Te6—e3: 24. Te1—e3:, Te8—e3: 25. Df4—e3:, Kg8—f8! nebst Sg7—e8 usw., mit Rettung.

22. .... a7—a5
23. a2—a4 b7—b6
24. Kc1—b2 Te8—e7
25. Df4—h2! Sg7—e8

Darauf wird der f-Bauer unwiderstehlich. Ein letzter Versuch war noch mit 25. .... Lc6—b7 zu machen, worauf Weiß zunächst 26. Sc3—b5! gespielt hätte.

26. f2—f4 Se8—f6

(S. Stellungsbild)

27. f4—f5! Te6—e4:

Oder 27. .... Sf6—g4: 28. Dh2—f4 usw. Der Rest ist Schweigen.

28. Sc3—e4: Sf6—e4:
29. Dh2—f4 g6—g5
30. Df4—f1 d6—d5

31. c2—c4 Dh4—h6
32. f5—f6 Te7—e8
33. c4—d5: Lc6—d5:
34. Df1—f5 Aufgegeben.

Nr. 64. Französische Partie.

(Aus dem Kecskeméter Turnier 1927.)

Weiß: F. D. Yates.

1. e2—e4 e7—e6
2. d2—d4 d7—d5
3. Sb1—c3 Sg8—f6
4. Lc1—g5 d5—e4:
5. Sc3—e4: Lf8—e7
6. Lg5—f6: ....

Dr. Euwe in Amsterdam, Januar 1927 und später Capablanca in New-York, spielten hier gegen mich 6. Se4—f6†, Le7—f6: 7. Lg5—f6:, Dd8—f6: 8. Sg1—f3, was aber dem Schwarzen einen bequemen Ausgleich gestattet.

6. .... Le7—f6:
7. Sg1—f3 Sb8—d7
8. Lf1—d3 ....

Oder 9. c2—c3, 0—0 nebst e6—e5 =. Dagegen kommt an der Textstelle sowohl 8. Dd1—e2 als auch 8. Dd1—d2 stark in Betracht.

8. .... c7—c5!

Dieser Zug, der auch in meiner Partie mit A. Aurbach (Bern, 1925) geschah, bildet die eigentliche Pointe der ganzen Verteidigung. Die Hauptvariante lautet: 9. d4—c5:, Sd7—c5: 10. Ld3—b5†, Ke8—e7! 11. Dd1—d8‡, Ta8—d8: 12. Se4—c5:, Td8—d5: 13. Sc5—a6, Lf6—b2: 14. Ta1—b1, Td5—b5: 15. Sa6—c7, Lb2—c3† 16. Ke1—e2, Tb5—b1: 17. Th1—b1:, Ta8—b8 18. Sc7—a6 usw. mit Remisschluß.

9. d4—c5: Sd7—c5:
10 Se4—f6‡ Dd8—f6:
11. 0—0 ....

Am besten war es noch, durch 11. Ld3—b5†, Ke8—e7 12. Dd1—d4 usw. einen dürftigen Ausgleich anzustreben. Das Bauernopfer dagegen erweist sich sehr bald als ungenügend.

11. .... Df6—b2:

Dadurch kommt Schwarz nicht nur in materiellen Vorteil, sondern befestigt vor allem die starke Springerstellung c5. Der Rest hätte eigentlich ganz unschwer sein sollen.

12. Ta1—b1 Db2—f6
13. Ld3—b5† Ke8—e7
14. Dd1—c1 ....

Verhältnismäßig noch das chancenreichste, da die Dame von hieraus auf verschiedene schwarze Felder schielt.

14. .... b7—b6
15. Tb1—b4 Lc8—b7
16. Tb4—f4 Df6—h6
17. Sf3—e5 ....

Der Beginn eines schier aussichtslosen Abenteuers. Aber was tun? Auf andere Züge erlangt der Nachziehende durch einfache Besetzung der c- bzw. d-Linien mit den Türmen ein erdrückendes Stellungsübergewicht.

17. .... f7—f6
18. Dc1—e3 ....

Oder 18. Se5—g4, Dh6—g5 mit den Drohungen h5 oder e5 usw.

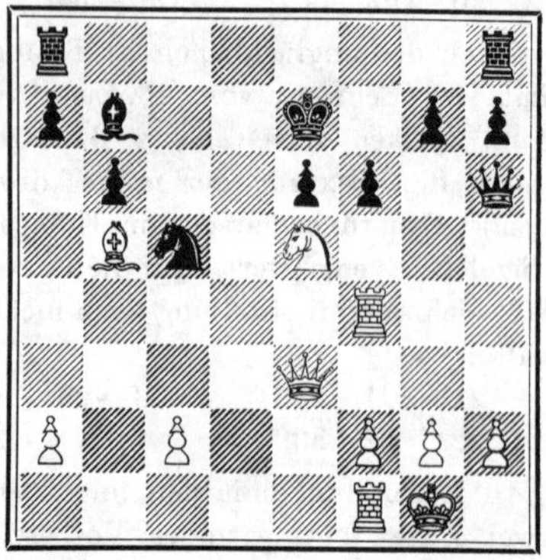

18. .... Th8—f8

Schwarz konnte und sollte den Springer nehmen, womit er leicht gewonnen hätte, z. B.: 18. .... f6—e5: 19. De3—e5:, Ta8—c8 20. Tf1—d1, Th8—d8 21. Td1—d8:, Tc8—d8: 22. De5—c7†, Sc5—d7 23. Lb5—d7: (oder 23. g2—g3, Dh6—h5 usw.), Td8—d7: 24. Tf4—f7†, Ke7—f7: 25. Dc7—d7‡, Kf7—f6 26. Dd7—d8† Kf6—f5 usw. Übrigens war auch 18. .... Th8—d8 weit besser als der inkonsequente Textzug, nach welchem Weiß einen starken, mindestens zum Remis ausreichenden Angriff erhält.

19. Se5—g4 Dh6—g5
20. De3—g3 Tf8—f7

Nun wäre schon sowohl 20. .... Sc5—e4 wegen 21. Tf4—e4:, Dg5—b5: 22. Dg3—c7†, Db5—d7 23. Te4—e6‡ usw., als auch 20. .... Ta8—d8 wegen 21. Tf4—a4! bedenklich. Aber auch nach dem Textzuge wird der weiße Druck auf der d-Linie sehr unangenehm.

21. Tf4—d4 Ke7—f8

22. h2—h4 ....

Ob an dieser Stelle 22. f2—f4, wie es von einigen Teilnehmern nach Schluß der Partie behauptet wurde, zu einem besseren Resultat geführt hätte, bleibt m. E. dahingestellt. Zwar konnte nach 22. .... Dg5—f5 23. Tf1—d1, Df5—c2: 24. f4—f5!, e6—e5 wegen 25. Sg4—e5:! usw., mit entscheidendem Angriff nicht geschehen, aber 24. .... g7—g6 oder g7—g5 hätte wohl die Hauptgefahr beseitigt und im Notfalle ein rettendes Figurenopfer auf g2 für einige Bauern ermöglicht. Der von Yates gewählte Zug ist jedenfalls ganz gut, indem er nach Wahl Qualitäts- oder Damengewinn so gut wie erzwingt.

22. .... Dg5—f5

23. Tf1—d1 e6—e5

24. Sg4—h6 ....

Durch 24. Td4—d8†, Ta8—d8: 25. Td1—d8‡, Kf8—e7 26. Sg4—h6!, Df5—h5 27. Sh6—f7:, Dh5—f7: 28. Td8—d1!, Df7—g6 29. Dg3—g6:, h7—g6: hätte er ein zwar gutes, aber der starken Springerstellung in Verbindung mit dem Mehrbauern wegen, doch kaum zu gewinnendes Endspiel herbeiführen können. Nach dem Textzuge entgeht Schwarz durch das folgende Damenopfer jeder Gefahr.

24. .... Df5—c8!

Natürlich nicht 24. .... g7—h6: 25. Td4—d8†, Ta8—d8: 26. Td4—d8‡, Kf8—e7 27. Dg3—g8 nebst Matt.

25. Td4—d8† Dc8—d8:

26. Td1—d8‡ Ta8—d8:

27. Sh6—f7: Kf8—f7:

28. Lb5—c4† Lb7—d5

29. Dg3—g4 Ld5—c4:

30. Dg4—c4‡ Kf7—e7

Nach der großen Liquidation hat Schwarz offenbar nichts zu fürchten und die Partie hätte eigentlich bei beiderseitigem fehlerfreien Spiel mit Remis enden sollen. Erst durch sein unberechtigtes Bestreben, unbedingt auf Gewinn zu spielen, gefährdet Weiß allmählich seine Stellung und fällt schließlich einer verschmitzten Falle zum Opfer.

31. Dc4—g4 Ke7—f8

32. Kg1—h2 h7—h6

33. Kh2—h3 ....

Er würde wohl besser getan haben, den König ins Zentrum zur Verteidigung der Einbruchspunkte auf der d-Linie hinüberzuspielen. Allerdings verdirbt der Textzug noch nichts.

33. .... Kf8—f7

34. Dg4—h5† Kf6—e7

35. Dh5—g6 Sc5—e6

36. g2—g3 ....

Es ist merkwürdig genug, daß dieser ganz plausible, ja geradezu selbstverständliche Zug den Anziehenden in schwere Verlegenheit bringt! Richtig war 36. Dg6—e4.

36. .... Td8—d4!

Damit droht natürlich Td4—a4—a2:. Durch c3 ist diese Drohung wegen Td4—d2 nicht zu parieren und auf den naheliegenden Gegenzug kommt eine peinliche Überraschung.

37. a2—a3 ....

Um Td4—a4 mit 38. Dg6—d3 zu beantworten.

37. .... Td4—f4!

38. Kh3—g2 ....

Dies ist wohl als der entscheidende Fehler zu betrachten. Notwendig war 38. Dg6—d3, Tf4—f2: 39. Dd3—a6, f6—f5! 40. Da6—a7‡, Ke7—f6 41. Da7—b6, Tf2—c2: 42. Db6—b3 usw. mit einigen Rettungschancen.

38. .... Tf4—h4:!

39. Dg6—d3 Th4—d4

Schwarz wird es selbstverständlich noch gar nicht leicht haben, im kommenden Endspiel sein kleines Übergewicht zur Geltung zu bringen. Die Gewinnidee ist folgende: um mit der Bauernmasse des Königsflügels erfolgreich operieren zu können, ist es notwendig, die weiße Dame mit der Verteidigung der vereinzelten Bauern des Damenflügels zu beschäftigen und ihre Bewegungsfreiheit einzuschränken. Zu diesem Zwecke soll zunächst der Zug c2—c3 provoziert werden, was auch durch die Manöver der nächsten acht Züge gelingt.

40. Dd3—a6 Td4—d7

41. Da6—c4 Td7—c7

42. Dc4—b4† Tc7—c5

43. Db4—e4 Ke7—f7

44. De4—b7† Tc5—c7

45. Db7—d5 Kf7—e7

46. Dd5—e4 Se6—d4

Es ist erreicht.

47. c2—c3 Sd4—e6

48. De4—b4† Tc7—c5

49. Db4—a4 Tc5—a5

50. Da4—b4† Se6—c5

51. Db4—g4 Ke7—f7

52. Dg4—c4† Kf7—f8

53. Dc4—a2 ....

Endlich muß die Dame die vierte Reihe verlassen.

53. .... Ta5—a4

54. Kg2—h3 Kf8—e7!

Falls nun oder im nächsten Zuge Da2—g8, so natürlich Sc5—e6 mit Gewinn des a-Bauern.

55. Kh3—g2 Ta4—a5

56. Kg2—f1 Sc5—e6

57. Da2—b3 f6—f5

Damit beginnt die letzte Phase des Endspiels — der Bauernangriff —, die sich im Gegensatz zu den etwas langwierigen Vorbereitungen mit kinematographischer Geschwindigkeit abspielt.

58. Db3—b4† Ta5—c5

59. Kf1—g2 g7—g5

60. f2—f3 h6—h5

61. Kg2—f2 Ke7—f6

62. Kf2—e1 ....

Weiß ist seit langer Zeit auf belanglose Abwartungszüge angewiesen.

62. .... g5—g4

63. Ke1—f2 Se6—g5!

64. f3—f4 Sg5—e4†

65. Kf2—g2 e5—f4:

66. g3—f4: h5—h4

67. Db4—d4† Kf6—e6

Oder auch sofort Kf6—g6.

68. Dd4—h8 h4—h3†

69. Kg2—h2 Se4—f6!

Die entscheidende Verteidigungsstellung.

70. Dh8—b8 Tc5—d5!

71. Db8—c8† ....

Falls 71. Db8—a7:, so Td5—d2† 72. Kh2—g3, Sf6—e4† 73. Kg3—h4, h3—h2 74. Da7—b6‡, Td2—d6 75. Db6—b3†, Ke6—f6 76. Db3—b1, h2—h1D†! 77. Db1—h1:, Td6—d8 und gewinnt.

71. .... Ke6—f7
72. Kh2—g3 Kf7—g6
73. Dc8—c6 Td5—d2!
74. Kg3—h4 h3—h2
75. Kh4—g3 ....

75. .... Kg6—h5!

Ein Schlußwitz: 76. Dc6—f6:, h2—h1S ×.

Aufgegeben.

Eine, wenn auch nicht fehlerfreie, so in ihrer Gesamtheit doch recht interessante Partie.

Nr. 65. Abgelehntes Damengambit.

(Aus dem Turnier zu Kecskemét 1927.)

Schwarz: Dr. L. Asztalos.
Schönheitspreis.

1. Sg1—f3 d7—d5
2. c2—c4 e7—e6
3. d2—d4 Sg8—f6
4. Lc1—g5 h7—h6
5. Lg5—f6: Dd7—f6:
6. Sb1—c3 c7—c6

Verhältnismäßig besser ist Lf8—b4.

7. Dd1—b3! ....

Durch diesen Zug des englischen Meisters Buerger (Partie gegen Thomas, Hastings 1927) soll die Fesselung des Springers verhindert und dadurch der Doppelschritt des e-Bauern vorbereitet werden.

7. .... Sb8—d7
8. e2—e4 d5—e4:
9. Sc3—e4: Df6—f4
10. Lf1—d3 Lf8—e7
11. 0—0 0—0
12. Tf1—e1 Tf8—d8
13. Ta1—d1 Df4—c7

Schwarz hat infolge der gewählten Variante große Schwierigkeiten, seine Figuren zu entwickeln, besonders den Damenläufer. Der Rückzug der Dame ist praktisch erzwungen, denn auf 13. .... Sd7—f8 folgt 14. Db3—c3 mit der Drohung 15. Sf3—e5.

14. Se4—g3 Sd7—f8
15. Db3—c3! ....

Droht Sg3—h5, gefolgt von d4—d5, was eine verhängnisvolle Schwächung des feindlichen Königsflügels erzwingen würde. Mit seinen nächsten zwei Zügen beugt Schwarz dieser Gefahr vor, aber um den Preis einer fühlbaren Desorganisation der Bauern des anderen Flügels.

15. .... a7—a5
16. a2—a3 a5—a4
17. Sf3—e5 ....

Und nicht 17. Sg3—h5, wegen 17. .... Dc7—a5 usw.

17. .... Dc7—a5
18. Dc3—c1 Lc8—d7

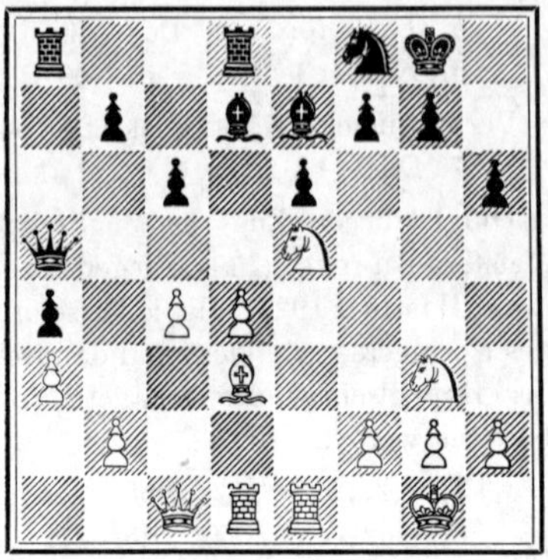

19. c4—c5! ....

Die logische Folge des gegnerischen Bauernvormarsches am äußersten Damenflügel. Weiß droht nun den Punkt b6 mit dem Springer zu besetzen und erzwingt dadurch die folgende Antwort, wodurch der schwarze c-Bauer unheilbar schwach wird.

19. .... b7—b5
20. Ld3—e4 Da5—c7
21. Dc1—c3 ....

Mit der Drohung 22. Dc3—f3 usw.

21. .... Ld7—e8
22. Sg3—e2! ....

Die Einleitung zu einer Serie von Manövern, gegen welche Schwarz keine genügende Verteidigung hat. Weiß droht nun, durch das Hinüberspielen des Springers von c1 nach b4 den Druck gegen c6 entscheidend zu verstärken. Um diese Drohung parieren zu können, muß Schwarz den Springertausch anbieten, welcher dem Punkt h7 seinen berufenen Schützer entzieht.

22. .... Ta8—a6
23. Se2—c1 Sf8—d7
24. Se5—d7: Td8—d7:
25. Sc1—d3 Td7—d8
26. Sd3—e5 Le7—f8

In der Hoffnung, die Stellung durch g6 nebst Lg7 zu sanieren. Der folgende Zug des Weißen läßt jedoch keine Zeit dazu.

27. h2—h4! Ta6—a8

Oder 27. .... g7—g6 28. h4—h5, g6—g5 29. f2—f4 mit schneller Vernichtung der schwarzen Festung.

28. Le4—b1 ....

Mit der Drohung 29. Dc3—c2, g7—g6 30. h4—h5 usw.

28. .... h6—h5
29. Dc3—f3 g7—g6
30. g2—g4 h5—g4:
31. Df3—g4: Lf8—g7
32. Lb1—a2! ....

Ein sehr wichtiger Zug, welcher das Aufziehen des f-Bauern verhindert. Schwarz kann letzteres nicht mit 32. .... Dc7—e7 vorbereiten wegen der Antwort 33. Se5—g6:! nebst Te1—e6: und gewinnt.

32. .... b5—b4

Ein geistreiches Hilfsmittel in der hoffnungslosen Stellung: wenn 33. a3—b4:, so 33. .... a4—a3 34. b2—a3:, Ta8—a3: mit verschiedenen taktischen Drohungen.

33. La2—c4! b4—a3:
34. b2—a3: Dc7—a5
35. Dg4—e4 ....

Der beste Zug; verfrüht wäre 35. Se5—g6: wegen Td8—d4: und auch 35. h4—h5 wegen g6—h5: 36. Dg4—h5:, Td8—d4: usw.

35. .... Da5—c7
36. De4—f4 ....

Bereitet den Vormarsch des h-Bauern vor, gegen welchen kein Kraut gewachsen ist.

36. .... Ta8—b8
37. h4—h5! g6—h5:

38. Kg1—h1 Tb8—b7
39. Te1—g1 Dc7—e7

40. Tg1—g7‡! Kg8—g7:
41. Td1—g1† Kg7—h7
42. Se5—f7:! ....

Die Pointe der Schlußkombination. Falls jetzt 42. .... De7—f7:, so 43. Lc4—d3†, Df7—g6 44. Ld3—g6‡, Le8—g6: 45. Tg1—g6:!, Kh7—g6: 46. Df4—e4†, Kg6—g7 47. De4—e5† und Schwarz verliert, wie leicht ersichtlich, nach einigen Schachs einen seiner Türme.

42. .... Aufgegeben.

Nr. 66. Abgelehntes Damengambit.

(Aus dem Turnier zu Kecskemét 1927.)

Weiß: H. Kmoch.

1. d2—d4 d7—d5
2. Sg1—f3 c7—c6
3. e2—e3 ....

Diese zurückhaltende Spielweise erlaubt dem Nachziehenden, das Problem des Damenläufers schmerzlos zu lösen. Der gegebene Zug ist natürlich 3. c2—c4.

3. .... Lc8—f5
4. Lf1—d3 e7—e6
5. 0—0 ....

An dem Tausch auf f5 — hier oder im nächsten Zuge — wäre kein Segen.

5. .... Sb8—d7
6. c2—c4 Sg8—f6
7. Dd1—c2 ....

Der Wunsch, die Läuferspannung im Zentrum aufzulösen, ist begreiflich. Auf 7. Sb1—c3 würde Schwarz ruhig 7. .... Lf8—e7 ziehen.

7. .... Lf5—d3:
8. Dc2—d3: Sf6—e4

In der Absicht, möglichst viele kleine Figuren zu tauschen. Selbstverständlich war auch das sofortige 8. .... Lf8—e7 gut.

9. Sf3—d2 Sd7—f6
10. Sb1—c3 ....

Nach 10. Sd2—e4:, Sf6—e4: 11. f2—f3, Se4—f6 12. e3—e4, d5—c4: 13. Dd3—c4:, Dd8—b6 14. Sb1—c3, Ta8—d8 15. Tf1—d1, Lf8—e7 nebst 0—0 usw. würde Weiß nichts weiter als ein schutzbedürftiges Zentrum erreicht haben.

10. .... Se4—d2:
11. Lc1—d2: Lf8—e7

Damit ist merkwürdigerweise eine Stellung entstanden, welche bei vertauschten Farben ähnliche strategische Merkmale trägt, wie die zwischen denselben Gegnern aus dem Semmeringer Turnier 1926. (Siehe Partie Nr. 44!) Der wesentliche Unterschied besteht jedoch darin, daß hier dem Weißen (analog dem Schwarzen in der erwähnten Partie) nicht die Möglichkeit gegeben ist, die Umzinglung c4—c5 nebst f2—f4 durchzuführen, denn auf 12. c4—c5 würde 12. .... e6—e5 und auf 12. f2—f4, 12. .... c6—c5 usw. mit starkem Gegenspiel folgen. Weiß entschließt sich daher zu dem hier zweischneidigen

Vorstoß des Königsbauern, erreicht aber nur eine ausbalancierte Stellung.

12. e3—e4 d5—e4:
13. Sc3—e4: 0—0
14. Ld2—c3 Dd8—c7

Auch auf b6 hätte die Dame gute Dienste geleistet.

15. Ta1—d1 Ta8—d8
16. Td1—d2 ....

Nicht infolge der Eröffnung — wie das Turnierbuch nachzuweisen sucht —, sondern infolge seines allzu schematischen, passiven Spiels kommt nun Weiß nach und nach ins Hintertreffen. Hier z. B. konnte zwecks Verhinderung des folgenden Damenausfalls ganz gut 16. f2—f4 geschehen. Der Raumvorteil des Anziehenden hätte dann die kleinen Schwächen im Zentrum aufgewogen. Die Probleme, welche dieser Stellung innewohnen, sind übrigens eines genauen Studiums wert.

16. .... Dc7—f4!
17. Se4—f6† Le7—f6:
18. Tf1—d1 Td8—d7
19. Dd3—g3 ....

Natürlich braucht Schwarz nicht so gefällig sein, das Angebot des Gegners anzunehmen. Mit den Aussichten des Anziehenden, für die Schwäche d4 Ersatz zu finden, ist es schon so ziemlich vorbei.

19. .... Df4—f5
20. f2—f4 ....

Keineswegs ein aggressiver Gedanke, vielmehr eine Verteidigung gegen den gelegentlichen Läuferausfall nach g5.

20. .... Tf8—d8
21. Dg3—e3 h7—h5!

Mit der doppelten Tendenz, einerseits dem König ein Luftloch zu schaffen, anderseits den feindlichen Königsflügel zu blockieren, z. B. 22. h2—h3?, h5—h4! usw.

22. b2—b4 ....

Erleichtert die Arbeit des Gegners, der nun durch Beseitigung des schützenden Bauern c4 das hochwichtige Feld d5 in seine Gewalt bringt.

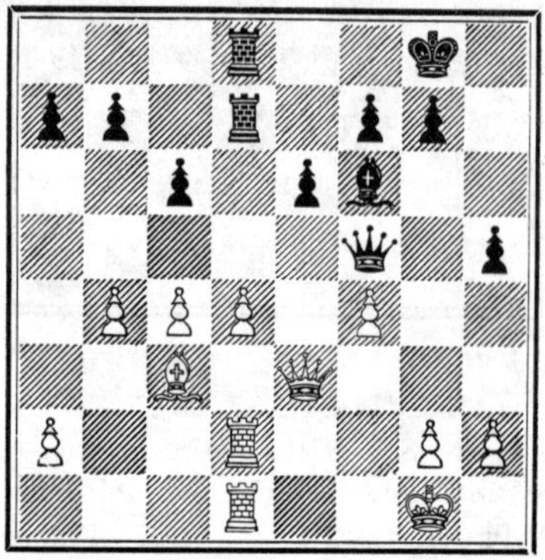

22. .... b7—b5!

Auf dieselbe Art kam auch Rubinstein in seiner Semmeringer Partie gegen den nämlichen Gegner in entscheidenden Vorteil.

23. De3—f3 ....

Dieser Versuch, die strategisch verfahrene Partie durch einen taktischen Ausfall zu retten, führt zu einem raschen Zusammenbruch. Allerdings hätte der Kampf auch nach 23. c4—c5, Td7—d5 nebst g7—g5 usw. nicht lange gedauert.

23. .... b5—c4:
24. Df3—c6: Df5—f4:
25. Dc6—c4: e6—e5!

Erzwingt entscheidenden materiellen Vorteil.

26. Dc4—e2 e5—d4:
27. Td2—d3 ....

Wenn diese Blockade des Freibauern durchgeführt werden könnte, hätte Schwarz noch einige technische Schwierigkeiten zu überwinden. Die Stellung birgt jedoch die Möglichkeit zu einer sofortigen kombinatorischen Entscheidung.

27. .... d4—c3:!!

Die Hauptvariante dieses Qualitätsopfers ist scharf pointiert, sie lautet: 28. Td3—d7:, Td8—d7: 29. De2—e8†, Kg8—h7 30. De8—d7:, Df4—e4!! 31. Dd7—f7: (oder 31. Dd7—d5, De4—d5: 32. Td1—d5:, c3—c2 und gewinnt, da 33. Td5—c5 an 33. .... Lf6—d4† scheitert), c3—c2 32. Df7—h5‡, Kh7—g8 und Schwarz gewinnt.

28. Td3—d7: Td8—d7:

29. Td1—d7: ....

Danach verläuft die Gewinnführung allerdings noch einfacher.

29. .... Lf6—d4†

30. Kg1—h1 ....

Oder 30. Td7—d4:, Df4—d4‡ 31. Kg1—f1, Dd4—f4† 32. Kf1—e1, Df4—b4: usw. mit Abschlachtung.

30. .... Df4—c1†

nebst Matt im nächsten Zuge.

VIII. Kapitel.

Wettkampf gegen Capablanca.

Also haben die Ereignisse meine Arbeit belohnt, mein Streben gekrönt! Überflüssig, Einzelheiten hervorzuheben — die Partien haben jetzt das Wort.

Der Wettkampf verlief im allgemeinen glatt. Komitee und Zuschauer haben sich vorbildlich verhalten.

Mein besonderer Dank gebührt sowohl dem damaligen (Dr. Molina-Carranza) als auch dem nunmehrigen (Dr. Gabaret) Vorsitzenden des „Argentinischen Schachklubs“, sowie meinem treuen Sekundanten D. Deletang, der sich seiner Pflichten mit größter Gewissenhaftigkeit und Hingebung entledigte und — last but not least — dem referee des Wettkampfes Dr. Querencio.

Dankbar gedenke ich auch des objektiven Verhaltens der argentinischen Presse und ihrer Referenten, namentlich C. Grau in „La Nacion“, A. Ellermann in „La Prensa“, C. Portela in „La Razon“ und C. Celaja in „La Critica“.

Dankbar bin ich all den argentinischen Freunden und Schachliebhabern, welche diesen Wettkampf ermöglicht haben, und ich bin glücklich, daß ich weder diese noch mich selbst enttäuscht habe.

Mit Buenos Aires 1927 war für mich eine neue Ära angebrochen, eine Ära mit neuen Aufgaben, neuen Zielen und neuer Verantwortung. ....

Nr. 67.

Französische Partie.

(1. Partie des Wettkampfes.)

Weiß: J. R. Capablanca.

1. e2—e4 e7—e6
2. d2—d4 d7—d5
3. Sb1—c3 Lf8—b4
4. e4—d5: e6—d5:
5. Lf1—d3 Sb8—c6
6. Sg1—e2 Sg8—e7
7. 0—0 Lc8—f5
8. Ld3—f5: ....

Hier kamen auch andere Züge, wie 8. a2—a3 (Lb4—c3: 9. b2—c3:, Dd8—d7) oder 8. Se2—g3 (Lf5—g6 9. f2—f4, f7—f5) in Betracht. Viel könnte aber Weiß dabei nicht erreichen. Der Bauerntausch im 4. Zuge gestattet eben dem Nachziehenden ein ganz bequemes Ausgleichsspiel und müßte, wenn man höhere Ziele anstrebt, durch 4. e4—e5 oder gar 4. Lf1—d3 ersetzt werden.

8. .... Se7—f5:
9. Dd1—d3 Dd8—d7

Zweifellos das Beste, doch mußten hierbei die Möglichkeiten 10. Sc3—b5 sowie 10. Lc1—f4 ins Auge gefaßt werden; ich hätte in beiden Fällen einfach 10. .... 0—0—0 gezogen. Nicht ersprießlich wäre an der Textstelle 9. .... Lb4—c3: mit der Folge 10. Se2—c3:!, Sf5—d4: 11. Tf1—e1†, Sd4—e6 12. Sc3—d5: ±.

10. Sc3—d1 ....

Hierzu hatte Capablanca 40 Minuten Bedenkzeit verbraucht. Der Vorteil des Zuges besteht in der Absicht, den lästigen Sf5 schleunigst zu befragen, sein Nachteil liegt jedoch ebenfalls auf der Hand und besteht in der weiteren Verstellung der in dieser Variante lebenswichtigen e-Linie durch eigene Figuren.

10. .... 0—0
11. Sd1—e3 Sf5—e3:
12. Lc1—e3: Tf8—e8
13. Se2—f4 ....

Wie der Gegenzug beweist, ist dieser Ausfall unzweckmäßig. Leichten Ausgleich (mehr durfte Weiß nach seiner farblosen Eröffnungsbehandlung nicht erwarten) bot 13. Le3—f4 nebst eventuell c2—c3 und Gegenüberstellung der Türme auf der e-Linie.

13. .... Lb4—d6!

Ein scheinbar ungünstiges Angebot, denn Weiß kann nun einen Mittelbauer gegen einen Eckbauer eintauschen. Schwarz würde aber danach gute Angriffsaussichten erlangen und damit wäre der grundsätzliche Nachteil jenes Geschäftes stark überboten. Man prüfe z. B. 14. Sf4—d5:, Ld6—h2‡ 15. Kg1—h2:, Dd7—d5: 14. c2—c4, Dd5—h5† (nicht 14. .... Sc6—e5? wegen 15. Dd3—f5!) 17. Kh2—g1, Ta8—d8 18. d4—d5, Td8—d6 und die weiße Königsstellung ist kritisch.

14. Tf1—e1 ....

Während die letzten Züge des Anziehenden nur ungenau waren und sein Spiel bei der verflachten Stellung noch nicht gefährdeten, ist diese mechanische Turmentwicklung schon ein ernster Fehler, der den friedlichen Ausgang der Partie in Frage stellt. Notwendig und schließlich zum dürftigen Ausgleich langend, war 14. c2—c3.

14. .... Sc6—b4
15. Dd3—b3 ....

Wieder das Zweitbeste! Auch nach 15. Dd3—d2, Dd7—f5 16. Te1—c1, h7—h5!; mit der Absicht Te8—e4 nebst h5—h4 war die weiße Stellung nicht angenehm, aber eine verhängnisvolle Schwächung der Bauernstellung, wie sie nach dem geschehenen Zuge unvermeidlich wird, ließ sich auf diese Art doch verhüten.

15. .... Dd7—f5

16. Ta1—c1? ....

Führt ohne jeden Ersatz zum Verlust eines Bauern. Aber auch die Varianten I. 16. Te1—c1, a7—a5! 17. a2—a3, a5—a4 18. Db3—c3, Sb4—c6 19. Sf4—d3 (Sf4—e2?, Ld6—h2†!), Te8—e6 bzw. II. 16. Sf4—d3, Sb4—d3: 17. Db3—d3:, Df5—d3: 18. c2—d3:, Ld6—b4 19. Te1—c1, c7—c6 nebst eventuell a7—a5! usw. waren schon sehr unerfreulich für Weiß.

16. .... Sb4—c2:!

17. Tc1—c2: Df5—f4:!

Diese kleine Pointe hatte Capablanca übersehen. Auf 17. .... Ld6—f4: hätte er den Bauer mit 18. Tc2—c5 usw. wiedererobert.

18. g2—g3 Df4—f5

In Betracht kam auch das sofortige Rückopfer des Bauern mit 18. .... Df4—f3, denn nach 19. Db3—b7:, h7—h5! hätte Schwarz sehr starken Angriff. Der Textzug ist einfacher.

19. Tc2—e2 b7—b6

20. Db3—b5 h7—h5

21. h2—h4 Te8—e4

Mit der klaren Drohung 22. .... Te4—h4: usw.

22. Le3—d2! ....

Die einzige Antwort. Merkwürdigerweise erhält nun Weiß noch Gelegenheit, eine Zeitlang im Trüben zu fischen.

22. .... Te4—d4:

Das seinerzeit von Capablanca empfohlene 22. .... Ta8—e8 war durchaus nicht einfacher und zwar wegen 23. Db5—e8†, wonach Weiß mit zwei Türmen gegen die Dame noch hartnäckigen Widerstand leisten könnte.

23. Ld2—c3 Td4—d3

Besser als 23. .... Td4—c4 24. Te2—e5!, Tc4—c5 25. Te5—f5:, Tc5—b5: 26. Tf5—h5: usw. bzw. 23. .... Td4—g4 24. Lc3—e5 mit sofortiger Bedrohung von d5.

24. Lc3—e5 Ta8—d8

25. Le5—d6: Td8—d6:

Mit 25. .... c7—d6: konnten zunächst beide Mehrbauern behauptet werden, aber nach 26. Db5—c6 wäre die Stellung noch reich an Spannungen geblieben. Die Rückgabe eines der Bauern schafft Erleichterung, denn sie hat den Tausch eines Turmpaares zur Folge.

26. Te2—e5 Df5—f3

Natürlich nicht 26. .... Df5—g6? 27. Te5—g5! usw.

27. Te5—h5: Df3—h5:

Und hier wäre 27. .... Td6—e6? ein böser Hineinfall wegen 28. Db5—e8† usw.

28. Te1—e8† Kg8—h7
29. Db5—d3‡ Dh5—g6
30. Dd3—d1 ....

Da der Übergang ins Turmendspiel aussichtslos wäre, muß Weiß um jeden Preis weitere Verwicklungen suchen. Dem Textzug liegt der Gedanke zugrunde, auf 30. .... d5—d4 die feindliche Dame durch 31. h4—h5 nebst allenfalls g3—g4 von der Schräge b1—h7 abzulenken. Trotzdem durfte sich Schwarz auf diese Spielweise einlassen, z. B. 30. .... d5—d4 31. h4—h5, Dg6—f5 32. g3—g4, Df5—b5 33. Dd1—c2† (33. Dd1—e1, Db5—d5!), d4—d3 34. Dc2—c7:, Db5—d7 35. Dc7—d7: (35. Dc7—b8, Kh7—h6! usw.), Td6—d7: 36. Te8—e1, d3—d2 37. Te1—d1, Kh7—h6 38. Kg1—g2, Kh6—g5 39. Kg2—g3, Td7—d3† 40. f2—f3, f7—f6 mit siegreichem Spiel. Weiß könnte aber 30. .... d5—d4 zunächst mit 31. Dd1—f3! beantworten und erst auf 31. .... c7—c6 mit 32. h4—h5 fortfahren und damit dem Gegner doch noch einige Probleme stellen. Demnach bildet der folgende Zug wohl die beste Spielweise.

30. .... Td6—e6
31. Te8—a8 Te6—e5!

Ein Räumungszug für die Dame und gleichzeitig eine Vorbereitung zur Gestaltung der entscheidenden Bauernkette d4—c5—b6. Der Verlust von a7 nimmt diesem Plan nichts von seiner Wirksamkeit, er hätte auch dann entscheiden müssen, wenn Weiß im zweitnächsten Zuge nicht fehlgegangen wäre.

32. Ta8—a7: c7—c5
33. Ta7—d7 ....

Das erleichtert die Aufgabe des Gegners ganz bedeutend. Ich hatte hauptsächlich 33. Kg1—g2 berücksichtigt und wollte mit 33 .... d5—d4 34. Ta7—a3, Dg6—e6! (droht Te5—e2) 35. Dd1—f3, c5—c4 nebst d4—d3 usw. fortsetzen.

33. .... Dg6—e6
34. Dd1—d3† g7—g6
35. Td7—d8 d5—d4
36. a2—a4 ....

Verzweiflung!

36. .... Te5—e1†

Hier muß ich mir in dieser Partie den einzigen ernstlichen Vorwurf machen, denn mit 36. .... De6—e7! konnte der Kampf um einige Züge verkürzt werden. Auf 38. Td8—b8 konnte dann folgen: 38. .... De7—c7 39. Tb8—a8 (oder 39. Tb8—f8, Kh7—g7 bzw. 39. Dd3—b3, Te5—e6!) Dc7—b7 oder Dc7—c6 und erobert entweder den Turm oder die Dame. Selbstverständlich führt auch der tatsächlich eingeschlagene Weg sicher zum Ziel.

37. Kg1—g2 De6—c6†
38. f2—f3 Te1—e3
39. Dd3—d1 Dc6—e6
40. g3—g4 Te3—e2†

41. Kg2—h3	De6—e3
42. Dd1—h1	De3—f4

Mit der unabwendbaren Drohung Te2—f2.

43. h4—h5	Te2—f2

Weiß gab auf.

Nr. 68. Abgelehntes Damengambit.

(2. Partie des Wettkampfes.)

Schwarz: J. R. Capablanca.

1. d2—d4	Sg8—f6
2. c2—c4	e7—e6
3. Sb1—c3	d7—d5
4. Lc1—g5	Lf8—e7
5. e2—e3	0—0
6. Sg1—f3	Sb8—d7
7. Ta1—c1	c7—c6
8. Dd1—c2	a7—a6
9. c4—d5:	Sf6—d5:
10. Lg5—e7:	Dd8—e7:
11. Lf1—e2	Tf8—e8
12. 0—0	Sd5—c3:
13. Dc2—c3:	e6—e5
14. Tf1—d1	e5—d4:
15. Sf3—d4:	Sd7—f6
16. Le2—f3	Lc8—g4
17. Lf3—g4:	Sf6—g4:
18. Sd4—f5	De7—f6
19. Dc3—f6:	Sg4—f6:

Remis.

Trotz der zurückhaltenden Eröffnungsbehandlung (11. Lf1—e2 statt 11. Sc3—e4 oder auch 11. Sc3—d5:, e6—d5: 12. Lf1—d3) behält Weiß bis ins Mittelspiel einen kleinen Vorteil. Mein einziger Fehler bestand — ebenso wie in einigen anderen Partien dieses Wettkampfes — in der verfrühten Annahme des Remisofferts. Tatsächlich hätten sich in der Schlußstellung (S. Stellungsbild)

mit 20. Sf5—d6, Te8—e7 21. e3—e4! noch einige keineswegs aussichtslose Gewinnversuche unternehmen lassen. Aber es stand eben in den Sternen geschrieben, daß der Wettkampf $2^1/_2$ Monate dauern sollte.

Nr. 69.
Damenindische Verteidigung.

(3. Partie des Wettkampfes.)

Weiß: J. R. Capablanca.

1. d2—d4	Sg8—f6
2. Sg1—f3	b7—b6
3. g2—g3	Lc8—b7
4. Lf1—g2	c7—c5
5. 0—0	c5—d4:
6. Sf3—d4:	Lb7—g2:
7. Kg1—g2:	d7—d5
8. c2—c4	e7—e6
9. Dd1—a4†	Dd8—d7
10. Sd4—b5	Sb8—c6
11. c4—d5:	e6—d5:
12. Lc1—f4	Ta8—c8
13. Tf1—c1	Lf8—c5
14. b2—b4	Lc5—b4:
15. Tc1—c6:	Tc8—c6:
16. Da4—b4:	Sf6—e4
17. Sb1—d2	Se4—d2:
18. Db4—d2:	0—0

19. Ta1—d1	Tc6—c5
20. Sb5—d4	Tf8—e8
21. Sd4—b3	Tc5—c8
22. e2—e3	Dd7—a4
23. Dd2—d5:	Tc8—c2
24. Td1—d2	Tc2—a2:
25. Td2—a2:	Da4—a2:
26. Dd5—c6	Te8—f8
27. Sb3—d4	Kg8—h8
28. Lf4—e5	f7—f6
29. Sd4—e6	Tf8—g8
30. Le5—d4	h7—h6
31. h2—h4	Da2—b1
32. Se6—g7:	Db1—g6
33. h4—h5	Dg6—f7
34. Sg7—f5	Kh8—h7
35. Dc6—e4	Tg8—e8
36. De4—f4	Df7—f8
37. Sf5—d6	Te8—e7
38. Ld4—f6:	Df8—a8†
39. e3—e4	Te7—g7
40. Lf6—g7:	Kh7—g7:
41. Sd6—f5†	Kg7—f7
42. Df4—c7†	Aufgegeben.

Außer der 34. Partie, in deren Schlußphase ich mich in begreiflicher Aufregung befand, ist die vorliegende die einzige des Wettkampfes, in der ich nicht ganz Herr meiner Nerven war. Schon meine Eröffnungsbehandlung ließ nach einigen befriedigenden Anfangszügen zu wünschen übrig, geboten war 7. .... g7—g6 oder 7. .... Dd8—c8 statt 7. .... d7—d5. Noch krasser zeigt sich dies im 8. Zuge, wo ich statt e7—e6? einfach 8. .... d5—c4:! 9. Dd1—a4†, Dd8—d7 10. Sd4—b5, Dd7—c6† nebst Sb8—d7 ziehen sollte und ungefähren Ausgleich erreicht hätte. Trotzdem hätte Schwarz sogar nach 13. Tf1—c1 (S. Stellungsbild) treffliche Aus-

gleichschancen behalten, wenn er statt 13. .... Lf8—c5?? — womit eine Figur eingestellt wird — 13. .... Sf6—e4! gezogen hätte. Darauf wäre 14. Sb5—c7†? wegen Tc8—c7: 15. Lf4—c7:, Se4—c5 16. Da4—f4, Sc5—e6 usw. verfehlt und 14. b2—b4 könnte einfach mit 14. .... Lf8—d6! beantwortet werden, was eine genügende Verteidigung gesichert hätte. Aber auch die Art, wie Capablanca seinen entscheidenden materiellen Vorteil verwertete, war alles andere denn tadellos. Schon im 18. Zuge hätte 18. Lf4—d2:, Dd7—e7 19. Db4—b2!, um auf 19. .... De7—e4† mit 20. f2—f3!, De4—e2‡ 21. Kg2—g1 usw. fortzufahren, einen ziemlich mühelosen Gewinn verbürgt. Nachdem Weiß diese Gelegenheit versäumt hatte, war sein Entschluß im 23. Zuge, der dem Gegner durch Abtausch von d5 gegen a2 in einer noch keineswegs übersichtlichen Lage zwei verbundene Freibauern auf dem Damenflügel überließ, kühn, aber letzten Endes doch risikofrei. Allerdings hätte ihm die Entgegnung 24. .... Da4—a2: (statt 24. .... Tc2—a2:?) nach 25. Dd5—d7, Te8—f8

26. Td2—c2:, Da2—c2: 27. Sb3—d4, Dc2—c5! (28. Dd7—a7:, g7—g5 oder 28. Lf4—d6, Dc5—d5† usw.) noch einige Schwierigkeiten bereitet. — Die Schlußphase ist hübsch und zwingend.

Nr. 70. Abgelehntes Damengambit.

(4. Partie des Wettkampfes.)

Schwarz: J. R. Capablanca.

1.	d2—d4	Sg8—f6
2.	c2—c4	e7—e6
3.	Sb1—c3	d7—d5
4.	Lc1—g5	Lf8—e7
5.	e2—e3	0—0
6.	Sg1—f3	Sb8—d7
7.	Ta1—c1	c7—c6
8.	a2—a3	a7—a6
9.	Dd1—c2	Tf8—e8
10.	Lf1—d3	h7—h6
11.	Lg5—f4	d5—c4:
12.	Ld3—c4:	b7—b5
13.	Lc4—a2	Lc8—b7
14.	0—0	c6—c5
15.	d4—c5:	Sd7—c5:
16.	Tf1—d1	Dd8—b6
17.	Lf4—e5	Ta8—c8
18.	Dc2—e2	Sc5—e4
19.	Le5—d4	Le7—c5
20.	Sc3—e4:	Lc5—d4:
21.	Sf3—d4:	Lb7—e4:
22.	La2—b1	Tc8—c1:
23.	Td1—c1:	Le4—b1:
24.	Tc1—b1:	Te8—c8
25.	De2—e1	Db6—c7
26.	h2—h3	Sf6—e4
27.	Sd4—e2	Dc7—e5
28.	Tb1—c1	Tc8—c1:
29.	De1—c1:	De5—c5
30.	Dc1—c5:	Se4—c5:
31.	Se2—d4	Kg8—f8
32.	b2—b4	Sc5—a4
33.	Kg1—f1	Sa4—b6

34.	Sd4—b3	Sb6—c4
35.	Sb3—c5	Sc4—a3:
36.	Sc5—a6:	Kf8—e7
37.	Kf1—e2	Ke7—d6
38.	Ke2—d3	Sa3—c4
39.	Sa6—c5	f7—f5
40.	Kd3—c3	Kd6—d5
41.	Sc5—a6	Kd5—d6
42.	Sa6—c5	Sc4—b6
43.	Sc5—d3	e6—e5
44.	Kc3—b3	Sb6—c4
45.	Kb3—c3	Kd6—d5
46.	Sd3—c5	Sc4—d6
47.	Kc3—d3	g7—g5
48.	Sc5—a6	e5—e4†
49.	Kd3—c3	Kd5—c6

Remis.

Eine leicht verständliche Partie, welche, wie so viele andere, beweist, daß die Blütezeit des Rubinsteinschen Zuges Dd1—c2 (nach Ta1—c1) längst vorbei ist. Allerdings ist 11. Lg5—h4 wohl doch etwas nachhaltiger als 11. Lg5—f4. Im weiteren Verlaufe ist noch der mögliche Fehler 20. .... Sf6—e4: (statt 20. .... Lc5—d4:!) (S. Stellungsbild) zu erwähnen. Die

Folge wäre 21. Tc1—c5:, Tc8—c5:

22. b2—b4, Se4—c3 23. De2—e1, Lb7—f3: (oder I. 23. .... Sc3—a2: 24. b4—c5: nebst baldigem Springerfang bzw. entscheidendem Bauerngewinn; II. 23. .... Sc3—d1: 24. b4—c5:, Db6—d8 25. Sf3—e5! ±) 24. b4—c5:, Sc3—e2† 25. De1—e2:, Lf3—e2: 26. c5—b6:, Le2—d1: 27. Ld4—e5 nebst b6—b7 und Weiß gewinnt. Ein notwendiger Zug war 27. Sd4—e2, womit der kleine Druck des Gegners auf der c-Linie liquidiert wurde. Die letzten 15 Züge hätte sich Schwarz ersparen können.

Nr. 71. Abgelehntes Damengambit.

(5. Partie des Wettkampfes.)

Weiß: J. R Capablanca.

1.	d2—d4	d7—d5
2.	c2—c4	e7—e6
3.	Sb1—c3	Sg8—f6
4.	Lc1—g5	Sb8—d7
5.	e2—e3	c7—c6
6.	a2—a3	....

Diese Art, die Cambridge-Springs-Verteidigung zu vermeiden, scheint gut angebracht. Später läßt sich jedoch Weiß die konsequente Zentrumsaufstellung entgehen.

6.	....	Lf8—e7
7.	Sg1—f3	0—0
8.	Lf1—d3	....

Hier war 8. Dd1—c2 nebst Ta1—d1 die logische Fortsetzung, wonach Schwarz erfahrungsgemäß mit weit größeren Schwierigkeiten zu kämpfen hat.

8.	....	d5—c4:
9.	Ld3—c4:	Sf6—d5
10.	Lg5—e7:	Dd8—e7:
11.	Ta1—c1	Sd5—c3:
12.	Tc1—c3:	e6—e5
13.	d4—e5:	Sd7—e5:
14.	Sf3—e5:	De7—e5:
15.	0—0	....

Mit Zugumstellung ist eine bekannte Position entstanden, in welcher Weiß statt der üblichen Fortsetzungen 15. Dd1—b3, Lc4—b3 oder f2—f4 den anscheinend harmloseren Zug a2—a3 gemacht hat. Wie jedoch der weitere Verlauf dieser Partie zeigt, enthält dieser Zug viel mehr Gift, als man annehmen sollte. Schon der nächste Zug des Nachziehenden trägt der Bedeutung von a2—a3 nicht genügend Rechnung.

15.	....	Lc8—e6

Dieses plausible Tauschangebot ist hier unangebracht und hätte durch Lc8—f5! ersetzt werden sollen. Ich verwarf diesen Zug wegen der möglichen Folge 16. Dd1—b3, De5—e7. (Auf b7—b5 bzw. b7—b6 folgt 17. Lc4—d3 usw. zum Vorteil für Weiß.) 17. e3—e4!?, da nun Weiß sowohl nach 17. .... De7—e4: als auch nach 17. .... Lf5—e4: durch 18. Db3—b7: bzw. 18. Tc3—e3 in Vorteil gekommen wäre. Aber nach dem einfachen Rückzug 17. .... Lf5—g6 wäre die momentane Absperrung dieses Läufers durch die rasche Besetzung der offenen Linie durch die schwarzen Türme und die durch das Vorgehen des weißen e-Bauern hervorgerufene Schwächung der schwarzen Felder im Lager des Anziehenden, reichlich aufgewogen gewesen. Nach dem Textzug kommt dagegen Weiß allmählich in starken Positionsvorteil.

16. Lc4—e6: De5—e6:
17. Tc3—d3 De6—f6

Durch dieses Manöver erzwingt Schwarz wenigstens den Abtausch eines Turmpaares. Andernfalls hätte die Triplierung der weißen Türme auf der d-Linie unter Umständen noch unangenehmer werden können.

18. Dd1—b3 Df6—e7
19. Tf1—d1 Ta8—d8

Natürlich nicht 19. .... Tf8—d8? wegen 20. Db3—b7:! usw.

20. h2—h3 Td8—d3:

Der b-Bauer war jetzt angegriffen. Auch nach 20. .... b7—b6 21. Db3—a4 hätte Schwarz die d-Linie auf die Dauer nicht behaupten können.

21. Td1—d3: g7—g6
22. Db3—d1 De7—e5
23. Dd1—d2 a7—a5

Das Entfernen der Bauern von der gefährdeten siebenten Reihe verschafft dem Anziehenden in dem auf die Dauer kaum zu vermeidenden Turmendspiel neue Angriffspunkte, war aber doch nicht recht zu umgehen. So z. B. scheiterte der plausible Zug 23. .... Tf8—e8 an 24. Td3—d7, Te8—e7 (oder De5—b5 25. Dd2—d4±) 25. Td7—d8†, Te7—e8 (oder Kg8—g7 26. Td8—a8 ±) 26. Dd2—d4! mit Bauerngewinn.

24. Td3—d7 b7—b5

Noch schlimmer wäre 24. .... b7-b6, weil dann Weiß mittels 25. Td7—b7, De5—c5 26. Dd2—c3! gegenüber der Textfortsetzung ein Tempo gewinnen kann.

25. Dd2—c3! ....

Erzwingt den Damentausch, da 25. .... Tf8—e8 wieder an der Wendung 26. Td7—d8! nebst Bauerngewinn scheitert und auch 25. .... De5—e6 wegen 26. Td7—c7 nicht angängig ist. In dem nun folgenden Turmendspiel hat aber Schwarz infolge seines geschwächten Damenflügels mit erheblichen Schwierigkeiten zu kämpfen.

25. .... De5—c3:
26. b2—c3: Tf8—c8

Noch schwieriger hätte sich die Lage des Nachziehenden nach 26. .... Tf8—e8 27. Td7—c7, Te8—e6 gestaltet, da sich nach dem Heranbringen des weißen Königs ins Zentrum und dem nachfolgenden Vorgehen der Bauern e und f die Stellung des schwarzen Turmes auf der 6. Reihe als prekär erwiesen hätte.

27. Kg1—f1 Kg8—g7
28. Td7—a7 a5—a4

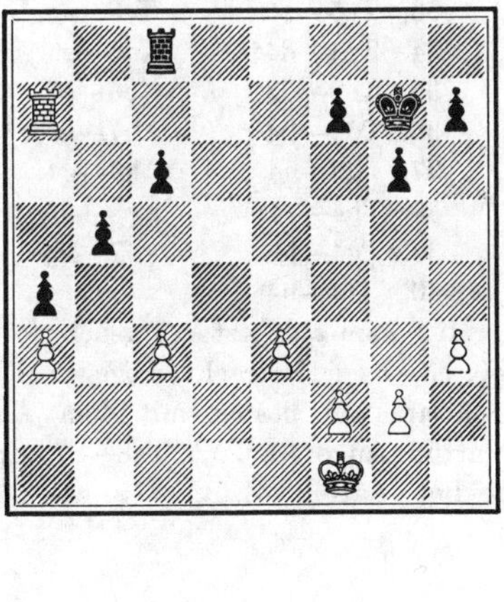

29. c3—c4 ....

Diese Übereilung gestattet dem Nachziehenden mühelosen Ausgleich. Richtig war 29. Kf1—e2 mit der Absicht, zunächst die Aufstellung Be4 und f4 und Ke3 einzunehmen. Auf 29. .... g6—g5 wäre dann g2—g3 nebst f2—f4, auf 29. .... h7—h5 aber zunächst 30. h2—h4 gefolgt. Bei der gelähmten Stellung der beiden schwarzen Figuren hätten sich dann weitere günstige Angriffsmomente von selber ergeben.

29. .... Kg7—f6
30. Ta7—a5 Kf6—e6!

Durch diese Gegenpointe, welche darin gipfelt, daß nach dem doppelten Nehmen auf b5 der Bauer mittels Tc8—c3 sofort zurückgewonnen wird, stellt sich Schwarz vollkommen sicher. Verfehlt wäre dagegen der Verteidigungsversuch 30. .... Tc8—b8? wegen 31. Ta5—a6! mit Bauerngewinn.

31. Kf1—e2 b5—c4:
32. Ta5—c5 ....

Ebenfalls im Gewinnsinne chancenlos wäre 32. Ta5—a4: wegen Ke6—d5 33. Ta4—a7, Tc8—b8 usw.

32. .... Ke6—d6
33. Tc5—c4: Tc8—a8
34. Tc4—d4† Kd6—e6
35. Ke2—d3 c6—c5
36. Td4—h4 h7—h5
37. g2—g4 h5—g4:
38. Th4—g4: Ke6—d6
39. Tg4—f4 f7—f5
40. Tf4—h4 ....

Hier kam als letzter Versuch noch 40. h3—h4 in Betracht, wogegen sich Schwarz am besten mit dem Abwartungszuge 40. .... Ta8—a7 verteidigt hätte. Z. B. 41. h4—h5, g6—h5: 42. Tf4—f5:, Ta7—h7 43. Kd3—c4, h5—h4 44. Tf5—d5†, Kd6—e6 45. Kc4—c5:, h4—h3 46. Td5—d1, h3—h2 47. Td1—h1, Ke6—e5 48. f2—f3, Th7—h4 49. Kc5—b5, Ke5—d5 usw., wobei von einem Gewinn für Weiß offenbar nicht die Rede sein könnte.

40. .... Kd6—d5
41. Kd3—c2 ....

Falls nunmehr 41. Th4—f4, um mit h3—h4 usw. fortzufahren, sichert Schwarz sein Spiel mit dem Bauernopfer 41. .... Ta8—b8, z. B. 42. Tf4—a4:, Tb8—b2 43. f2—f3, Tb2—b3† 44. Kd3—d2, g6—g5 usw.

41. .... Ta8—a6
42. Kc2—c3

Remis.

Nr. 72. Abgelehntes Damengambit.

(6. Partie des Wettkampfes.)

Schwarz: J. R. Capablanca.

1. d2—d4 Sg8—f6
2. c2—c4 e7—e6
3. Sb1—c3 d7—d5
4. Lc1—g5 Sb8—d7
5. e2—e3 Lf8—e7
6. Sg1—f3 0—0
7. Ta1—c1 c7—c6
8. Lf1—d3 d5—c4:
9. Ld3—c4: Sf6—d5
10. Lg5—e7: Dd8—e7:
11. Sc3—e4 De7—b4†

In den späteren Partien wählte Capablanca die genauere Zugsfolge 11. .... Sd5—f6 nebst De7—b4† usw., welche den Vorteil hat, daß Schwarz den die Befreiungszüge e6—e5 sowie c6—c5 unterstützenden Springer auf d7 behält.

12. Dd1—d2 Db4—d2‡
13. Ke1—d2: Tf8—d8

14. Th1—d1 Sd5—f6
15. Se4—f6✝ ....

Besser, als mit dem angegriffenen Springer zu weichen, worauf Schwarz sofort c6—c5 usw. antworten könnte.

15. .... Sd7—f6:
16. Lc4—b3! ....

Verhindert sowohl b7—b6 als auch c6—c5, auf welch letzteren Zug nunmehr 17. Kd2—e1!, c5—d4: 18. Td1—d4:, Td8—d4: 19. Sf3—d4: zum Vorteil für Weiß folgen könnte.

16. .... Kg8—f8
17. Kd2—e2 Kf8—e7
18. Sf3—e5 Lc8—d7
19. f2—f3 Ld7—e8
20. e3—e4 ....

Damit wird der Durchbruch d4—d5 vorbereitet, wobei Weiß jedenfalls einen kleinen Vorteil behalten sollte. Es ist jedoch die Frage, ob der Plan des Anziehenden nicht zunächst durch das Manöver a2—a4—a5 nachhaltiger gestaltet werden konnte.

20. .... Sf6—d7
21. Se5—c4 ....

Und hier kam der Springerrückzug nach d3 nebst a2—a4 in Betracht. Der zwar geringe Mangel des Textmanövers besteht in seiner in der Stellung nicht genügend motivierten Schärfe.

21. .... Sd7—b6
22. Sc4—e3 Td8—d7
23. a2—a4 Ta8—d8
24. a4—a5 Sb6—a8

Dies sollte in Verbindung mit Sa8—c7 die schwarze Stellung halten, während 24. .... Sb6—c8? nach 25. d4—d5, c6—d5: 26. e4—d5:, e6—d5: 27. Lb3—a4 zum Qualitätsverlust führen würde.

25. d4—d5 c6—d5:

Damit wählt Schwarz eine recht gefährliche Marschroute. Capablanca gab an, sein ursprünglicher Plan sei 25. .... Sa8—c7! gewesen, und dieser Zug hätte die Stellung auch tatsächlich ohne größere Schwierigkeiten gehalten. Falls dann Weiß 26. d5—e6: zieht, so kann Sc7—e6: 27. Se3—f5†, Ke7—f6 28. Lb3—e6:, f7—e6: 29. Td1—d7:, Td8—d7: 30. Sf5—e3, Td7—d4 mit ungefährem Ausgleich folgen. Versucht dagegen Weiß die Auflösung der Spannung hinauszuschieben und einen Vorbereitungszug, etwa Ke2—f2 einzuschalten, so kann sich Schwarz dieselbe Taktik leisten, indem er Ke7—f8 zieht.

26. e4—d5: Td7—c7

Den Umständen angemessen der beste Zug. Nach 26. .... e6—d5: würde Weiß zwar mit 27. Lb3—a4 wegen Td7—c7! 28. Se3—d5✝?, Td8—d5:! usw. nichts erreichen, hingegen würde er mit dem einfachen 27. Lb3—d5: (Drohung: 28. Ld5—b7:, Td7—b7: 29. Se3—f5† usw.) eine starke Drohstellung einnehmen, z. B. 27. .... g7—g6 28. Tc1—c4!, f7—f5 29. Tc4—b4 usw.

27. d5—e6:! Td8—d1:

Aber dieser Tausch ist entschieden verfehlt und bringt den Nachziehenden in klaren Nachteil. Das weitaus kleinere Übel bestand in folgender Variante: 27. .... f7—e6: 28. Td1—d8:, Ke7—d8: 29. Tc1—d1†, Kd8—e7 30. Lb3—e6:, Ke7—e6: 31. Td1—d8, Le8—b5† 32. Ke2—f2, Sa8—b6 33. a5—b6:, a7—b6: und Schwarz wird dieses Endspiel wohl noch vorsichtig behandeln müssen, sollte aber letzten Endes doch nicht verlieren, hauptsächlich wegen der starken Verteidigungswirkung, die sein Läufer auf c6 ausüben kann.

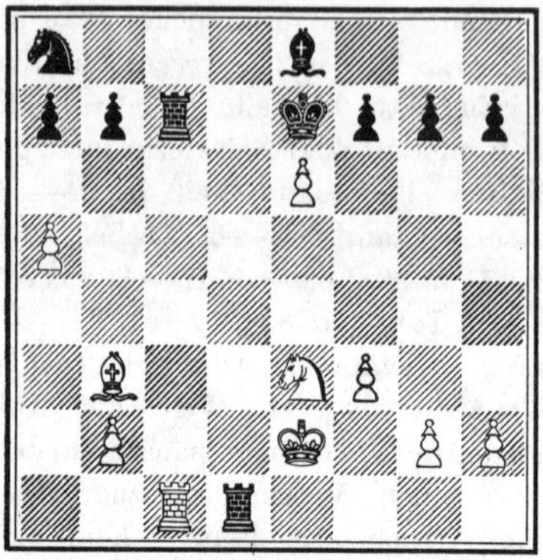

28. Se3—f5†! ....

Durch dieses Zwischenschach, welches mit einigen Scheinopferwendungen verbunden ist, gewinnt Weiß für seinen Springer das hochwichtige Feld d6.

28. .... Ke7—f6
29. Tc1—d1: f7—e6:

Oder 29. .... Kf6—f5: 30. Td1—d8, Le8—b5† 31. Ke2—d2!, f7—e6: 32. Td8—a8:, Tc7—d7† 33. Kd2—c3, Td7—c7† 34. Kc3—d4 mit klarem Endspielvorteil für Weiß.

30. Sf5—d6! ....

Auf 30. Td1—d8 könnte Schwarz auf folgende Art ausgleichen: Le8—b5† 31. Ke2—e3, e6—f5: 32. Td8—a8:, Tc7—e7† usw.

30. .... Le8—g6
(S. Stellungsbild)

31. Td1—d4 ....

Mit diesem Zuge gibt Weiß seinen mühsam errungenen Vorteil aus der Hand. Die richtige Fortsetzung bestand in 31. Lb3—c4, z. B. I. 31. .... Kf6—e7 (b7—b6 32. a5—a6!) 32. b2—b3, a7—a6 33. Td1—d2! II. 31 .... Tc7—c5 32. b2—b4, Tc5—c7 33. Ke2

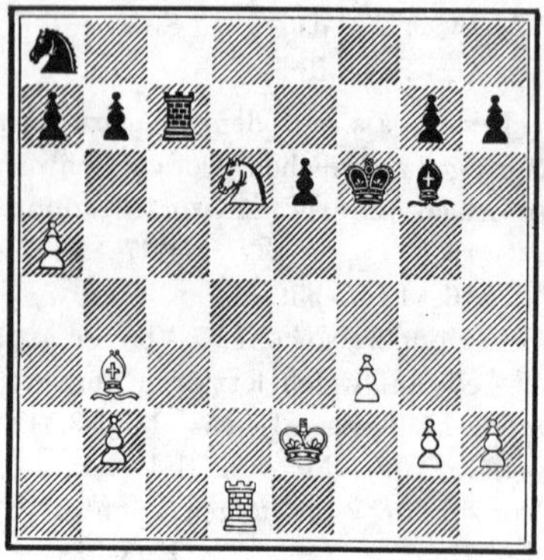

—e3! nebst eventuell Ke3—d4 oder Ke3—f4. In beiden Fällen bleibt Schwarz sehr stark eingeengt und es ist nicht ersichtlich, wie der Springer a8 ins Spiel kommen soll.

31. .... Tc7—c5!
32. Td4—b4 ....

Wie ersichtlich, scheitert 32. Sd6—b7: an Tc5—b5 usw.

32. .... b7—b6
33. a5—b6: Sa8—b6:
34. Ke2—d2 ....

Nicht 34. Sd6—b5? wegen a7—a5 usw. Damit ist der Fall erledigt, denn Weiß kann weitere Vereinfachung nicht vermeiden.

34. .... Kf6—e7
35. Sd6—e4 Lg6—e4:
36. Tb4—e4: Sb6—d5
37. Lb3—d5: Tc5—d5‡
38. Kd2—c3 a7—a5
39. Te4—c4 h7—h5
40. h2—h4

Remis.

Nr. 73. Abgelehntes Damengambit.

(7. Partie des Wettkampfes.)

Weiß: J. R. Capablanca.

1. d2—d4 d7—d5
2. c2—c4 e7—e6

3.	Sg1—f3	Sb8—d7
4.	Sb1—c3	Sg8—f6
5.	Lc1—g5	c7—c6
6.	e2—e3	Dd8—a5
7.	Sf3—d2	Lf8—b4
8.	Dd1—c2	0—0
9.	Lg5—h4	c6—c5
10.	Sd2—b3	Da5—a4
11.	Lh4—f6:	Sd7—f6:
12.	d4—c5:	Sf6—e4
13.	c4—d5:	Lb4—c3‡
14.	b2—c3:	Se4—c5:
15.	Ta1—d1	e6—d5:
16.	Td1—d5:	Sc5—b3:
17.	a2—b3:	Da4—c6
18.	Td5—d4	Tf8—e8
19.	Lf1—d3	Dc6—g2:
20.	Ld3—h7‡	Kg8—f8
21.	Lh7—e4	Dg2—h3
22.	Dc2—d2	Lc8—e6
23.	c3—c4	a7—a5
24.	Th1—g1	Dh3—h2:
25.	Tg1—h1	Dh2—c7
26.	Dd2—b2	Dc7—c5
27.	Le4—d5	Ta8—a6
28.	Td4—e4	Ta6—d6
29.	Th1—h7	Kf8—e7
30.	Db2—g7:	Ke7—d8
31.	Ld5—e6:	f7—e6:
32.	Dg7—b7:	Dc5—b4†
33.	Db7—b4:	a5—b4:
34.	c4—c5	Td6—c6
35.	Te4—b4:	Tc6—c5:
36.	Th7—a7	Aufgegeben.

Diese Partie verlor ich hauptsächlich deshalb, weil mich auf den interessanten Versuch meines Gegners 9. Lg5—h4 die Antwort 9. .... e6—e5 reizte. Mit der Durchrechnung der mit diesem Zuge verbundenen Komplikationen verbrauchte ich sehr viel Zeit, bis ich ihn schließlich — ich glaube mit Recht — verwarf. Tatsächlich führt die nach 9. .... e6—e5 entstehende Hauptvariante zu einer Stellung, in welcher Weiß zwar anscheinend gefährdet ist, in Wirklichkeit aber die besseren Aussichten behält: 10. d4—e5:, Sf6—e4 11. Sd2—e4:, d5—e4: 12. e5—e6!, Sd7—e5 13. e6—f7‡, Tf8—f7: 14. 0—0—0! und Schwarz wird zwar nach 14. .... Lc8—e6 oder Lc8—f5 bzw. Lc8—g4 seinen Bauer in den meisten Fällen zurückgewinnen, wird aber dabei dem Gegner immer einen Endspielvorteil einräumen müssen. Von den Analytikern wurde statt 14. 0—0—0 ausschließlich der schwächere Zug 14. Lf1—e2? berücksichtigt. Der geschehene Zug 9. .... c6—c5 war geeignet, den Nachziehenden aus allen Eröffnungsschwierigkeiten zu führen, doch war 12. .... Sf6—e4? (S. Stellungsbild) verfehlt.

Hier war entweder 12. .... Da4—c6 nebst Lb4—c5: oder das vereinfachende 12. .... Lb4—c3‡ 13. Dc2—c3:, Sf6—e4 14. Dc3—a5, Da4—a5: 15. Sb3—a5:, Se4—c5: geboten. In beiden Fällen hätte Weiß zwar den feindlichen Damenbauer isolieren können, der Entwicklungsvorteil des Nachziehenden hätte aber diesen Nachteil ungefähr aufgewogen. Nach dem Bauernverlust war die schwarze Stellung aussichtslos. Capablanca hätte im 19. Zuge den Gewinn auch auf einfachere Art mittels 19. e3—e4 nebst eventuell f2—f3 klarstellen können, der von ihm eingeschlagene Weg war jedoch viel eleganter. Der Schlußangriff gehört meines Erachtens zu seinen besten taktischen Leistungen.

Nr. 74. Abgelehntes Damengambit.

(8. Partie des Wettkampfes.)

Schwarz: J. R. Capablanca.

1.	d2—d4	Sg8—f6
2.	c2—c4	e7—e6
3.	Sb1—c3	d7—d5
4.	Lc1—g5	Sb8—d7
5.	e2—e3	Lf8—e7
6.	Sg1—f3	0—0
7.	Dd1—c2	c7—c5
8.	c4—d5:	....

In Frage kam hier die Fortsetzung 8. Ta1—d1, die mir aber wegen 8. .... h7—h6 9. Lg5—h4, Dd8—a5 10. Lf1—d3, Sd7—b6! nicht recht gefallen hat.

8. .... c5—d4:

Wie die Folge zeigt, wird durch diese Neuerung die Verteidigung keineswegs verbessert, Schwarz hat vielmehr mit Schwierigkeiten zu kämpfen, da sein Damenbauer isoliert wird. Weitaus einfacher ist 8. .... Sf6—d5:, wie Capablanca in der 10. Partie spielte.

9. Sf3—d4: ....

Die aus 9. d5—e6:, d4—c3: entstehenden Verwicklungen sind offenbar günstig für Schwarz.

9. .... Sf6—d5:

10. Lg5—e7: Dd8—e7:

Das kleinere Übel, denn nach 10. .... Sd5—e7: 11. 0—0—0 würde Weiß einen starken Druck auf der d-Linie erlangen.

11. Sc3—d5: e6—d5:

12. Lf1—d3! ....

Dieser von der gesamten Kritik getadelte Zug ist in der Tat der einzig richtige Weg zur Ausnützung des geringen Eröffnungsvorteils von Weiß. Seine Pointe besteht nämlich darin, daß der darauf von Schwarz erzwungene Damentausch für Weiß nur wünschenswert sein kann. Nach 12. Lf1—e2, Sd7—e5 13. 0—0, Lc8—g4 könnte Schwarz viel eher ein Gegenspiel auf der c-Linie erreichen. Die Textfortsetzung zwingt den Nachziehenden entweder zum Damentausch oder zu einem irrelevanten Deckungszuge.

12.	....	De7—b4†
13.	Dc2—d2	Sd7—e5
14.	Ld3—e2	Db4—d2:†

Nach 14. .... Db4—d6 oder Db4—e7 hätte offenbar nicht Weiß, sondern Schwarz gegenüber der vor-

hin ausgeführten Variante ein Tempo verloren.

15. Ke1—d2: Lc8—d7
16. Ta1—c1 Tf8—c8
17. b2—b3 Kg8—f8
18. f2—f4 Se5—c6

19. Le2—b5 ....

Weiß verspricht sich zuviel von dem folgenden Tausch und der Blokkierung des schwarzen c-Bauern. Weit aussichtsreicher war 19. Le2—f3, wonach Schwarz kaum Besseres hatte, als auf d4 die Springer zu tauschen. Die viel größere Wirksamkeit des weißen Läufers gegenüber dem schwarzen wäre aber sodann klar zum Ausdruck gekommen, z. B.: 19. .... Sc6—d4: 20. e3—d4:, Ld7—c6 (Ld7—e6 21. Th1—e1, g7—g6 22. g2—g4 usw.) 21. Tc1—c5, Tc8—d8 22. b3—b4, a7—a6 23. Th1—e1, Ta8—c8 24. Te1—e5, f7—f6 25. Te5—e6, Kf8—f7 26. f4—f5, g7—g6 27. g2—g4 usw. mit starkem Druck.

19. .... Kf8—e7
20. Lb5—c6: b7—c6:
21. Tc1—c5 a7—a5

Notwendig, um die völlige Einengung mittels b3—b4 zu verhindern.

22. Th1—c1 Ke7—d6
23. Tc1—c3 ....

Weiß konnte hier den Versuch e3—e4 sofort unternehmen, doch hätte dies gegenüber der Partiefortsetzung keinen größeren Unterschied ergeben.

23. .... Ta8—a6
24. Sd4—b5† Kd6—e7
25. Sb5—d4 Ke7—d6
26. e3—e4 d5—e4:
27. Kd2—e3 Tc8—b8

Bereitet sowohl den Durchbruch a5—a4 als auch die später folgende Turmopponierung auf b5 vor. Damit ist das Remis gesichert. Nutzlos wäre 27. .... Tc8—e8 wegen 28. Sd4—f5†, Ld7—f5: 29. Tc5—f5:, f7—f6 30. Tc3—c4 mit leichtem Rückgewinn des geopferten Bauern.

28. Sd4—f5† Ld7—f5:
29. Tc5—f5: f7—f6
30. Tc3—c4 Tb8—b5
31. Tc4—d4† Kd6—e6
32. Tf5—b5: c6—b5:
33. Td4—e4‡ Ke6—f7
34. Te4—d4 Ta6—c6
35. Td4—d7† Kf7—g6
36. Ke3—d2 Tc6—c5
37. Td7—a7 b5—b4
38. g2—g4 h7—h5
39. h2—h3 h5—h4
40. f4—f5† Kg6—h6
41. Ta7—a8 Kh6—h7
42. Kd2—e3! Tc5—c3†

Remis.

Tatsächlich wäre das weitere Spiel zwecklos, z. B. 43. Ke3—f4, Tc3—h3: 44. g4—g5!, f6—g5‡ 45. Kf4—g5:, Th3—c3 46. Kg5—h4:, Tc3—c5 usw.

Nr. 75. Abgelehntes Damengambit.

(9. Partie des Wettkampfes.)

Weiß: J. R. Capablanca.

1. d2—d4 d7—d5
2. c2—c4 e7—e6
3. Sb1—c3 Sg8—f6
4. Lc1—g5 Sb8—d7
5. e2—e3 c7—c6
6. Dd1—c2 Dd8—a5
7. c4—d5: ....

Dieser Zug in Verbindung mit den beiden folgenden wurde seinerzeit von Dr. Tarrasch (Matchbuch Marshall, 1905) erwähnt und als ungefährlich für Schwarz ausgeführt.

7. .... Sf6—d5:
8. e3—e4 Sd5—c3:
9. Lg5—d2 Da5—a4!

Der einzige Weg, die Bildung eines mächtigen weißen Zentrums mittels b2—c3: zu verhindern.

10. Dc2—c3: a7—a5!

Ein Zug, dessen taktische Folgen genau berechnet werden mußten. Dagegen schien mir die Stellung, welche aus der Nivellierungsvariante 10. .... c6—c5 11. Sg1—f3, c5—d4: 11. Dc3—d4:! (Sf3—d4:, Lf8—c5!), Da4—d4: 12. Sf3—d4:, a7—a6 13. Ta1—c1 hervorgeht, nicht ganz behaglich für Schwarz.

11. Sg1—f3 Lf8—b4
12. Dc3—c1 0—0
13. a2—a3 ....

Weiß hat nichts Besseres, denn auf 13. Lf1—d3 würde e6—e5! 14. d4—e5: (14. Sf3—e5:, Lb4—d2† nebst Da4—d4:), Sd7—c5 15. Ld3—c2, Da4—b5 folgen und Schwarz hat eine gute Angriffsstellung.

13. .... Lb4—d2†
14. Dc1—d2: e6—e5!

Die einzige, aber genügende Befreiungsmöglichkeit für die schwarze Dame.

15. Ta1—c1 ....

Das verlockende 15. Dd2—d3 hätte keinesfalls den gewünschten Erfolg gehabt und zwar: e5—d4: 16. b2—b3, Da4—b5 17. Dd3—b5:, c6—b5: 18. Sf3—d4:, Sd7—c5 19. f2—f3, Tf8—d8 20. Ta1—d1, Lc8—e6 und Schwarz hat mindestens gleiche Chancen.

15. .... e5—d4:
16. Tc1—c4 ....

Auf 16. Sf3—d4: folgt Sd7—b6, drohend Tf8—d8 usw., so daß Weiß zu Lf1—e2—d1 keine Zeit findet.

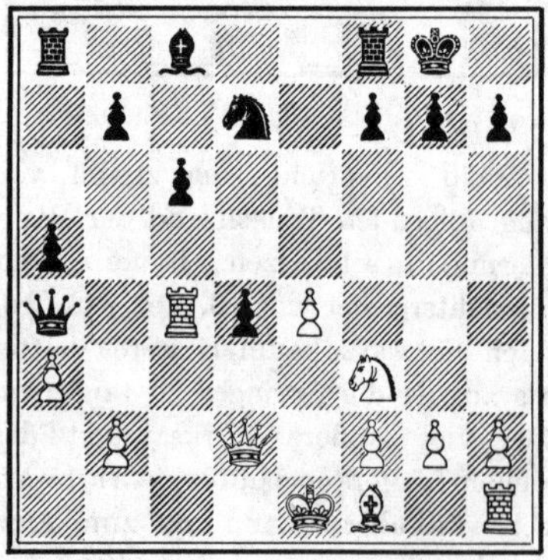

16. .... Da4—b5!

Eine Pointe der Verteidigung! Die schwarze Dame gelangt nun auf das ihr gebührende Feld e7 und damit ist das Eröffnungsproblem endgültig gelöst. Dagegen wäre die Spielweise 16. .... Da4—b3 17. Tc4—d4:!, Sd7—b6 18. Lf1—e2 für Schwarz bedenklich.

17. Tc4—d4: Db5—c5

Es ist nun klar, daß Weiß die Figur auf d7 nicht schlagen kann, denn dies würde nach Lc8—d7:, Ta8—d8 und Dc5—c1† zu sofortigem Verlust führen.

18. Lf1—e2 Dc5—e7!

Der einzige Zug, durch welchen Schwarz vollen Ausgleich erreicht. Dagegen würde nach 18. .... Sd7—e5 19. Sf3—e5:, Dc5—e5: 10. 0—0, c6—c5! (sonst kommt Weiß sehr stark zu f2—f4) 21. Td4—d5, De5—e4: 22. Td5—c5: der weiße Entwicklungsvorsprung stark zur Geltung kommen.

19. 0—0 Sd7—c5

20. Dd2—e3 Lc8—g4

Bei dem momentanen Übergewicht des Anziehenden auf der d-Linie schien es mir unangebracht, mit Lc8—e6 auf Verwicklungen (Feld b3) zu spielen.

21. h2—h3 Lg4—f3:

22. Le2—f3: Tf8—d8

23. Tf1—d1 Sc5—e6

24. Td4—d8‡ Ta8—d8:

25. De3—a7! ....

Genauer als der weitere Tausch auf d8, wonach Weiß durch Aufgabe der d-Linie sogar noch allerlei Unannehmlichkeiten zu überstehen hätte.

25. .... Td8—d1‡

26. Lf3—d1: De7—c7

27. Ld1—b3 ....

Auf 27. Da7—a8† würde einfach Se6—d8 nebst Kg8—f8—e7 folgen.

27. .... h7—h6

28. Lb3—e6: f7—e6:

29. Da7—d4 c6—c5

Um entweder für die Dame das Feld e5 zu gewinnen oder (nach Dd4—c3) mittels b7—b5 die Majorität auf dem Damenflügel in Bewegung zu setzen.

30. Dd4—c4 Dc7—e5

31. f2—f4 De5—f4:

Oder auch De5—b2: 32. Dc4—e6‡, Kg8—h7 33. De6—f5†, Kh7—g8 34. Df5—c5:, Db2—b1† nebst Db1—e4: usw.

32. Dc4—e6‡ Kg8—h7

33. De6—d5 ....

Weiß konnte auch mit 33. De6—f5† in ein Bauernendspiel einlenken, welches jedoch ebenfalls unentschieden geblieben wäre. Nach Df4—f5: 34. e4—f5: hätte Schwarz am besten 34..... a5—a4 gezogen, z. B. 35. Kg1—f2, g7—g6 36. f5—g6‡, Kh7—g6: 37. Kf2—e3, Kg6—f5 38. g2—g3, Kf5—e5 39. g3—g4, b7—b5 40. h3—h4, b5—b4 41. Ke3—d3, Ke5—f4 42. g4—g5, h6—g5: 43. h4—g5:, Kf4—g5: 44. Kd3—c4, b4—a3: 45. b2—a3:, Kg5—f5 46. Kc4—c5:, Kf5—e6 47. Kc5—b5, Ke6—d6 48. Kb5—a4:, Kd6—c7 Remis.

33. .... Df4—c1†

34. Kg1—h2 Dc1—f4†

Remis.

Nr. 76. Abgelehntes Damengambit.

(10. Partie des Wettkampfes.)

Schwarz: J. R. Capablanca.

1.	d2—d4	Sg8—f6
2.	c2—c4	e7—e6
3.	Sb1—c3	d7—d5
4.	Lc1—g5	Sb8—d7
5.	e2—e3	Lf8—e7
6.	Sg1—f3	0—0
7.	Dd1—c2	c7—c5
8.	c4—d5:	Sf6—d5:
9.	Sc3—d5:	e6—d5:
10.	Lg5—e7:	Dd8—e7:
11.	Lf1—d3	g7—g6
12.	d4—c5:	Sd7—c5:
13.	Ta1—c1	Sc5—d3‡
14.	Dc2—d3:	Lc8—f5
15.	Dd3—d4	Lf5—e4
16.	0—0	Le4—f3:
17.	g2—f3:	De7—g5†
18.	Kg1—h1	Dg5—f5
19.	Kh1—g2	Df5—g5†
20.	Kg2—h1	Dg5—f5

Remis.

Die mit 7. Dd1—c2 beginnende Variante ergibt nur dann ein volles Spiel mit — allerdings beiderseitigen — Chancen, wenn Weiß mit 8. Ta1—d1, Dd8—a5 9. Lf1—d3 usw. fortsetzt. Das Nehmen auf d5 isoliert zwar den schwarzen Damenbauer, aber um den Preis einer Vernachlässigung der Entwicklung, die dem Gegner meistens zu einem ausgleichenden Aufbau Gelegenheit gibt. Durch seinen 11. Zug hatte Weiß in der vorliegenden Partie die Aufgabe des Nachziehenden erleichtert; etwas aussichtsvoller war 11. d4—c5: nebst 12. Lf1—e2. Der 14. Zug von Schwarz war sehr gut. (S. Stellungsbild.)

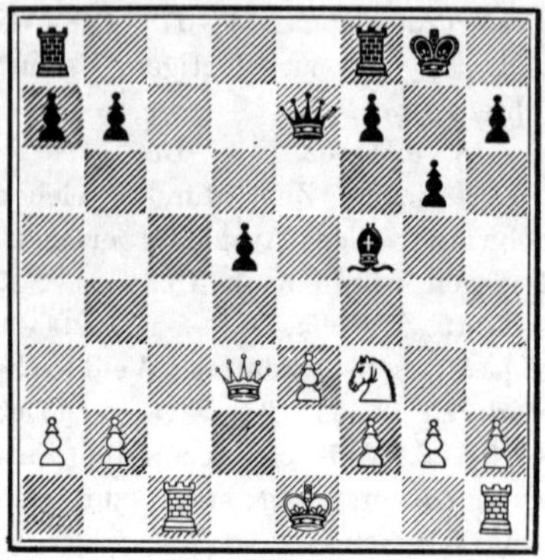

Weiß durfte nun den Bauer d5 nicht schlagen, ohne sich unnützen Gefahren auszusetzen, z. B. 15. Dd3—d5:, Tf8—d8 16. Dd5—c5, De7—c5: (oder auch 16. . . . . Ta8—c8 17. Dc5—e7:, Tc8—c1‡ und Weiß kann dem ewigen Schach nicht entrinnen) 17. Tc1—c5:, Ta8—c8 und das peinliche Eindringen eines schwarzen Turmes auf c2 ist nicht zu verhindern. Somit hatte Capablanca durch seinen Opferzug eine ausgesprochene Remisstellung erzwungen.

Nr. 77. Abgelehntes Damengambit.

(11. Partie des Wettkampfes.)

Weiß: J. R. Capablanca.

1.	d2—d4	d7—d5
2.	c2—c4	e7—e6
3.	Sb1—c3	Sg8—f6
4.	Lc1—g5	Sb8—d7
5.	e2—e3	c7—c6
6.	Sg1—f3	Dd8—a5
7.	Sf3—d2	Lf8—b4
8.	Dd1—c2	d5—c4:
9.	Lg5—f6:	Sd7—f6:
10.	Sd2—c4:	Da5—c7
11.	a2—a3	. . . .

Damit verpflichtet sich Weiß, bald b2—b4 zu ziehen, um c6—c5 zu verhindern. Die Unterlassung von a2—a3 hat daher auch gewisse Vorzüge, denn der Nachziehende kann dann c6—c5 erst nach Beendigung seiner Entwicklung in Berechnung ziehen.

11. .... Lb4—e7

12. Lf1—e2 ....

Auf 12. 0—0 folgt sofort 12. .... c6—c5, denn 13. Sc3—b5 ist dann wegen 13. .... Dc7—b8 ungefährlich.

12. .... 0—0

Auch hier kam 12. .... c6—c5 in Frage.

13. 0—0 ....

Wenn Weiß b2—b4 ziehen wollte, so wäre dieser Zug besser sofort geschehen. Schwarz könnte nämlich jetzt, da er bereits rochiert hat, völlig unbedenklich 13. .... c6—c5 antworten und er sollte es tun. Hierbei hätte er jedenfalls ein viel leichteres Spiel erlangt, als nach dem folgenden Partiezug.

13. .... Lc8—d7

14. b2—b4 b7—b6

Ruhiger war zunächst 14. .... Tf8—d8 nebst Ld7—e8. Mit dem zweischneidigen Textzuge verfolgt Schwarz die Absicht 15. .... a7—a5 16. b4—a5:, b6—b5 usw., die aber der Gegner mit seinem nächsten Zuge durchkreuzt.

15. Le2—f3! ....

Capablanca pariert die eben erwähnte Drohung ähnlich wie in der 29. Partie. Auf 15. .... a7—a5 würde nun 16. Sc4—e5, a5—b4: 17. Sc3—b5 usw. zum Vorteil für Weiß folgen.

15. .... Ta8—c8

16. Tf1—d1 Tf8—d8

17. Ta1—c1 Ld7—e8

18. g2—g3 ....

Auf 18. e3—e4 hatte ich hauptsächlich 18. .... Dc7—f4 in Betracht gezogen.

18. .... Sf6—d5

19. Sc4—b2 Dc7—b8

Die Dame zieht, um auf Sc3—d5: die Antwort c6—d5: zu ermöglichen; sie konnte übrigens auch sofort nach b7 gestellt werden. Nunmehr droht Schwarz eventuell Sd5—c3: nebst c6—c5. An der Textstelle wäre dieser letztere Zug sehr bedenklich, denn er brächte den Nachziehenden in eine Hängestellung.

20. Sb2—d3 Le7—g5

Liebäugelt mit einem lohnenden Springeropfer auf e3.

21. Tc1—b1 Db8—b7

22. e3—e4 Sd5—c3:

23. Dc2—c3: ....

23. .... Db7—e7

Dadurch kommt Schwarz in Nachteil, da nun sein Königsläufer deplaciert wird. Richtig war 23. .... Tc8—c7, etwa mit der Folge 24. Lf3—g2, Lg5—f6 25. e4—e5, Lf6—e7 26. Tb1—c1, Db7—c8 und die Entwicklung der Dinge konnte ruhig abgewartet werden.

24. h2—h4! Lg5—h6
25. Sc4—e5 ....

Mit der Drohung 26. Se5—g4.

25. .... g7—g6

Am besten war wohl sofort 25. .... c6—c5. Nach 26. d4—c5:, b6—c5: 27. b4—b5 usw. stünde Weiß allerdings auch günstig.

26. Se5—g4 ....

Nun aber geht Weiß fehl! Nur mit 26. Se5—c4!, drohend e4—e5 nebst Sc4—d6, war sein Vorteil festzuhalten. Nach 26. .... Lh6—g7 (nicht 26. .... b6—b5 27. Sc4—e3 ±) 27. e4—e5, h7—h5! 28. Sc4—d6 hätte sich Schwarz allerdings mit dem Qualitätsopfer 28. .... Td8—d6:! usw. im Remissinne vortreffliche Gegenchancen verschaffen können.

26. .... Lh6—g7
27. e4—e5 h7—h5
28. Sg4—e3 c6—c5!

Nun, da der weiße Springer augenblicklich deplaciert ist, hat dieser oft erwähnte Gegenstoß ausgleichende Kraft.

29. b4—c5: ....

Auf 29. d4—c5:, b6—c5: 30. Td1—d8:, De7—d8: 31. b4—c5: folgt Dd8—c7 usw.

29. .... b6—c5:
30. d4—d5 ....

Ein fragwürdiger Versuch, den entschwindenden Vorteil zu retten. Mit 30. Tb1—b7 konnte der Ausgleich klargestellt werden, z. B. 30. .... Td8—d7 31. Tb7—d7:, Le8—d7: 32. d4—d5 (32. d4—c5:, Ld7—e8 ∓), e6—d5: 33. Se3—d5:, De7—e6 34. Sd5—f4, Lg7—e5: nebst Abholzung bei verbleibenden ungleichen Läufern.

30. .... e6—d5:
31. Se3—d5: De7—e6

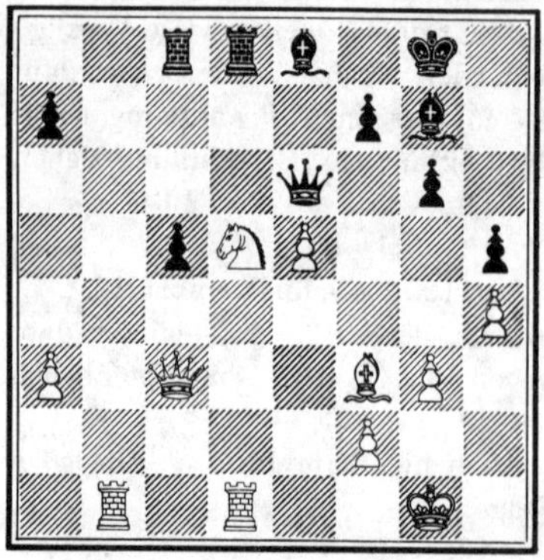

32. Sd5—f6† ....

Ich stimme mit Capablanca überein, daß dies — im höheren Sinne — der entscheidende Fehler war. Bessere Aussichten bot 32. Tb1—b7, Lg7—e5: 33. Dc3—a5, obwohl auch dann die schwarze Partie vorzuziehen wäre. Freilich bietet auch der geschehene Zug praktische Remischancen, denn die Stellung wird nun sehr schwierig.

32. .... Lg7—f6:
33. e5—f6: Td8—d1‡
34. Tb1—d1: Le8—c6!

Diesen Läufer darf Weiß nicht tauschen, denn er würde dadurch den Bauer f6 verlieren.

35. Td1—e1 De6—f5
36. Te1—e3 c5—c4
37. a3—a4 ....

Mit Rücksicht auf seine kritische Stellung sucht Weiß taktische Chancen. Der Zug verdient jedoch kein Lob, denn er gibt das Feld b4 frei und sollte dadurch die Arbeit des Gegners erleichtern.

37. .... a7—a5!

Verfehlt wäre 37. .... Lc6—a4: wegen 38. Lf3—e4, Df5—d7 (zum Remis führt 38. .... Df5—g4 39. Le4—f3, Dg4—d7 40. Te3—e7, Dd7—d3 41. Dc3—d3:, c4—d3: 42. Te7—a7:, La4—b5 43. Ta7—b7 usw.) 39. Te3—f3 (droht 40. Le4—g6: usw.), Kg8—h7 40. Dc3—e5 und Weiß würde sogar gewinnen.

38. Lf3—g2	Lc6—g2:
39. Kg1—g2:	Df5—d5†
40. Kg2—h2	Dd5—f5
41. Te3—f3	Df5—c5
42. Tf3—f4	....

Auf 42. Tf3—e3 folgt Dc5—b6! und Weiß befindet sich in einer Art Zugzwangsstellung, indem ihm keinerlei Drohungen zur Verfügung stehen und der schwarze Freibauer allmählich die Entscheidung bringen muß.

42. .... Kg8—h7

Auch jetzt sollte Schwarz mit ganz ähnlichem Effekt 42. .... Dc5—b6! ziehen. Der geschehene Zug ist überflüssig, denn er verstärkt die Stellung nicht. Verführerisch, aber verfehlt, wäre übrigens 42. .... Dc5—b4 und zwar: 43. Dc3—e3!, Db4—a4 44. Tf4—f5! (aber nicht 44. Tf4—c4: wegen Tc8—c4: 45. De3—h6, Tc4—h4‡! usw.), Da4—b4 45. Tf5—h5:, g6—h5: 46. De3—h6, Db4—f8 47. Dh6—g5† und Weiß hält remis.

43. Tf4—d4 Dc5—c6?

Ein Fehler, wonach die Partie remis werden sollte. Richtig war noch immer 43. .... Dc5—b6; antwortet dann Weiß 44. Td4—f4, so kann Schwarz mit 44. .... Kh7—g8 zumindest die im vorigen Zuge versäumte Stellung herbeiführen.

44. Dc3—a5: ....

Erzwungen, aber gut.

44. .... c4—c3

Auf 44. .... Dc6—f6: folgt 45. Td4—f4 und falls jetzt 45. .... Df6—g7, so 46. Da5—d5, falls 45. .... Df6—e6, so 46. Da5—c3 nebst a4—a5 usw. mit gleichem Spiel.

45. Da5—a7 Kh7—g8

Hier gab es noch drei andere Wege, aber keiner hätte nach Rom geführt: I. 45. .... Dc6—f6: 46. Td4—f4, Df6—f4: 47. g3—f4:, c3—c2 48. Da7—f7‡, Kh7—h6 49. f4—f5! und Weiß hält remis; II. 45. .... Dc6—c7 46. Da7—c7:, Tc8—c7: 47. Td4—d1 mit Remisschluß; III. 45. .... Tc8—c7 46. Da7—b8, c3—c2 47. Td4—d8, Dc6—f6: 48. Td8—h8†!!, Df6—h8: 49. Db8—c7: und Schwarz kann nicht gewinnen. Gerade auf diese letzte Variante hatte sich Schwarz in Vorausberechnung bei 43. .... Dc5—c6 verlassen und dabei den 48. Zug von Weiß übersehen.

46. Da7—e7 ....

Droht 47. Td4—d8†, Tc8—d8: 48. De7—d8‡, Kg8—h7 49. Dd8—e7, Dc6—e6 50. a4—a5, c3—c2 51. De7—c7, De6—b3 52. a5—a6, wonach das Remis klar wäre, da der Druck gegen f7 nicht abgeschüttelt werden kann. Diese Variante würde sich z. B. auf 46. .... c3—c2 ergeben, nur müßte dann Weiß auf 49. .... Dc6—e6 sofort 50. De7—c7 antworten.

46. .... Dc6—b6

47. De7—d7? ....

Danach gerät Weiß wieder in eine Verluststellung. Richtig war 47. Td4—d7, z. B. 47. .... Db6—f2‡ (auf 47. .... Tc8—f8 folgt am einfachsten 48. De7—e3!, aber auch 48. a4—a5, Db6—a5: 49. Td7—a7 würde genügen, denn im Hinblick auf die Drohung De7—f8‡ nebst Turmmatt erzwingt Weiß das Remis durch ewige Verfolgung der feindlichen Dame) 48. Kh2—h1! (Kh2—h3 verliert, da die schwarze Dame später das Feld e6 unter Schachgebot beziehen könnte) Df2—a2 (oder 48. .... Df2—f1† nebst Df1—c4) 49. Td7—d8†, Tc8—d8: 50. De7—d8‡, Kg8—h7 51. Dd8—f8 und Schwarz muß ewiges Schach geben, da der Bauer f6 nicht erobert werden kann. Eine studienhafte Rettung, nur dadurch möglich, daß der Bauer c3 der eigenen Dame den Diagonalweg nach f6 verstellt.

47. .... Db6—c5!

48. Td4—e4 ....

Der einzige Zug, es drohte einfach c3—c2.

48. .... Dc5—f2‡

49. Kh2—h3 Df2—f1†

50. Kh3—h2 Df1—f2†

51. Kh2—h3 Tc8—f8

52. Dd7—c6 ....

Wieder das Einzige!

52. .... Df2—f1†

53. Kh3—h2 Df1—f2†

54. Kh2—h3 Df2—f1†

Noch besser war 54. .... Df2—f3 mit der Drohung Tf8—d8; der Befreiungsversuch 55. Te4—c4 würde dann an 55. .... Df3—f1† scheitern.

55. Kh3—h2 Kg8—h7

Nun droht ebenfalls Tf8—d8.

56. Dc6—c4 ....

Wieder der einzige Zug.

56. .... Df1—f2†

57. Kh2—h3 Df2—g1!

Das Gewinnmanöver! Ungenügend wäre 57. .... Df2—f6: wegen 58. Te4—f4 nebst 59. Tf4—f3 und der Bauer c3 geht verloren.

58. Te4—e2 ....

Auf 58. g3—g4 gewinnt 58. .... c3—c2! 59. Dc4—c2:, Tf8—e8!!.

58. .... Dg1—f1†?

Damit vergibt Schwarz zum zweitenmal den Gewinn und wieder entsteht eine Remisstellung. Richtig war 58. .... Dg1—h1† 59. Te2—h2, Dh1—f3! und Weiß hat keine vernünftigen Züge mehr, auf 60. Dc4—f4 z. B. folgt 60. .... Df3—d1. Der Witz ist der, daß 60. Th2—c2 an 60. .... Df3—f5† scheitert, während auf 60. Th2—e2 oder Th2—a2 einfach 60. .... Df3—f6: 61. Kh3—g2, Tf8—b8! usw. mit Gewinn für Schwarz folgen kann. Das Manöver 58. .... Dg1—h1† nebst Dh1—f3 war übrigens auch meine ursprüngliche Absicht.

59. Kh3—h2 Df1—f6:

Nach 59. .... Kh7—h6 hätte nach 60. Dc4—f4† (erzwungen!) zu einem Turmendspiel geführt, in welchem Schwarz einen Bauer mehr gehabt hätte. Bei richtigem, und in diesem Falle nicht mehr schwierigen Gegenspiel mußte aber die Partie auch auf diese Weise remis werden.

60. a4—a5? ....

Statt mit 60. Te2—c2, Tf8—e8 61. Kh2—g2! (drohend sowohl 62. Tc2—c3: als auch 62. Tc2—f2) das Remis sicherzustellen, macht auch Capablanca wieder einen Fehler und sollte nun glatt verlieren.

60. .... Tf8—d8

Sofortige Entscheidung war mit 60. .... Df6—f1! 61. Dc4—e4, Tf8—d8 oder Tf8—b8 herbeizuführen. Der Textzug ist ungenau und sollte den Gewinn zumindest sehr erschweren.

61. a5—a6 ....

Damit vergibt Weiß die letzte Gelegenheit, sich wenigstens einige praktische Remischancen zu verschaffen und verliert in wenigen Zügen. Richtig war 61. Kh2—g2, worauf sich das Spiel folgendermaßen gestalten konnte: 61. .... Kh7—g7 62. a5—a6, Td8—d1 63. Te2—f2, Td1—d2 64. Tf2—d2: (nicht 64. Dc4—c5 wegen 64. .... Td2—f2† 65. Dc5—f2:, Df6—c6† 66. Df2—f3, Dc6—f3‡ 67. Kg2—f3:, c3—c2 68. a6—a7, c2—c1D nebst Dc1—h1† und gewinnt), c3—d2: 65. Dc4—d5!, Df6—b2 66. Kg2—h3, Db2—c2 67. a6—a7, Dc2—f5† 68. Dd5—f5:, g6—f5: 69. a7—a8D, d2—d1D und Schwarz sollte langsam doch noch gewinnen.

61. .... Df6—f1!

Entscheidend!

62. Dc4—e4 ....

Auf 62. a6—a7 folgt Td8—d2! usw.

62.	....	Td8—d2
63.	Te2—d2:	c3—d2:
64.	a6—a7	d2—d1D
65.	a7—a8D	Df1—g1†
66.	Kh2—h3	Dd1—f1†

Weiß gab auf.

Eine äußerst schwierige, inhaltsreiche Partie. Wenn in ihrem zweiten Abschnitt beiderseits Fehler vorgekommen sind, so ist zu berücksichtigen, daß die Stellung trotz ihrer scheinbaren Einfachheit stets eine Unzahl verwickelter Möglichkeiten bot, zu deren Durchrechnung beide Spieler alle Kraft aufbieten mußten. Dabei gerieten wir aber beide in Zeitnot und so kam es, daß wir schließlich mehrfach fehlgriffen.

Nr. 78. Abgelehntes Damengambit.

(12. Partie des Wettkampfes.)

Schwarz: J. R. Capablanca.

1.	d2—d4	Sg8—f6
2.	c2—c4	e7—e6

3.	Sb1—c3	d7—d5
4.	Lc1—g5	Sb8—d7
5.	e2—e3	Lf8—e7
6.	Sg1—f3	0—0
7.	Ta1—c1	....

Eine Kleinigkeit stärker scheint mir hier der Zug 7. a2—a3, in der Absicht, c7—c6 mit 8. Dd1—c2 und 9. Ta1—d1 zu beantworten. Auf der d-Linie steht der Damenturm im allgemeinen etwas wirkungsvoller, da er die Befreiungsaktion d5—c4: nebst e6—e5 oder c6—c5 bedeutend erschwert. Siehe diesbezüglich auch die Eröffnung der 5. Partie!

7.	....	c7—c6
8.	Dd1—c2	a7—a6
9.	a2—a3	h7—h6
10.	Lg5—h4	Tf8—e8
11.	Tc1—d1	....

Jetzt kommt dieser Turm zu spät. Zwar verhindert er noch immer die Befreiung d5—c4: nebst b7—b5 und c6—c5, aber Schwarz hat unterdessen Zeit gewonnen und erzwingt nun mit dem folgenden Zuge die Auflösung der Spannung im Zentrum.

11.	....	b7—b5!
12.	c4—d5:	....

Nun muß Weiß auf d5 oder b5 tauschen und die Stellung verflacht. Der Einengungszug 12. c4—c5 würde seinen Zweck nicht erreichen, denn Schwarz befreit sich durch das bekannte Manöver 12. .... e6—e5 13. d4—e5:, Sf6—g4 14. Lh4—g3, Le7—c5:, z. B. mit der plausiblen Folge 15. h2—h3, Sg4—e5: 16. Sf3—e5:, Sd7—e5 17. Sc3—d5:, c6—d5: 18. Dc2—c5:, Lc8—b7 und Schwarz hat ein gutes Figurenspiel.

12.	....	c6—d5:
13.	Lf1—d3	Lc8—b7
14.	0—0	Ta8—c8
15.	Dc2—b1	Dd8—a5

Nach 15. .... Le7—a3: 16. b2—a3:, Tc8—c3: 17. a3—a4! würde Weiß den Bauer mit gutem Spiel zurückgewinnen.

16.	Sc3—e2	Sd7—b6?

Ein Fehler, der den Nachziehenden sofort in klaren Nachteil bringen sollte. Eine gute Fortsetzung war 16. .... b5—b4.

17.	Sf3—e5?	....

Damit vergibt Weiß nicht nur eine vortreffliche Gewinnchance, sondern kommt sogar selbst in Nachteil. Statt dessen konnte er die momentane Absperrung der schwarzen Dame wie folgt ausnützen: 17. Lh4—f6:!, Le7—f6: 18. b2—b4, Da5—a4 (18. .... Da5—a3: führt nach 19. Ld3—h7†, Kg8—h8 20. Td1—d3, Da3—a4 21. Se2—c3 usw. zu raschem Verlust) 19. Td1—d2, Sb6—c4 20. Td2—a2, Lf6—e7 21. Db1—a1, Sc4—b6 22. Tf1—b1 nebst Se2—c3 und Weiß gewinnt. Aus dieser Variante geht hervor, daß Schwarz im 17. Zuge auf f6 nicht mit dem Läufer, sondern mit dem Bauer zurückschlagen müßte, seine Königsstellung bleibt aber dann sehr gefährdet, z. B. 18. Se2—f4, Sb6—c4 (ungenügend ist auch 18. .... f6—f5 wegen 19. g2—g4!, f5—g4: 20. Sf3—e5 usw. mit entscheidendem Angriff, oder 18. .... Sb6—d7 wegen 19. e3—e4, Da5—c7 20. Sf4—h5 usw. mit klarem Stellungsvorteil für Weiß) 19. Sf4—e6:!, f7—e6: 20. Ld3—c4:, b5—c4: (auf 20. .... d5—c4: folgt 21. Db1—g6†, Kg8—h8 22. Dg6—h6‡, Kh8—g8 23. Dh6—g6†, Kg8—h8 24. d4—d5! und auf 20. .... Tc8—c4: folgt 21. Db1—g6†, Kg8—f8 22. Sf3—e5!, f6—e5: 23. f2—f4; beides mit siegreichem Spiel für Weiß) 21. Db1—g6†, Kg8—h8 22. Dg6—h6‡, Kh8—g8 23. Dh6—g6†, Kg8—h8 24. Sf3—h4 drohend sowohl Dg6—f7 als auch f2—f4 nebst Tf1—f3 usw. mit durchschlagendem Angriff.

17. .... Sb6—c4

Infolge dieser starken Springerstellung hat nun Schwarz das bessere Spiel.

18. Lh4—f6: ....

Hier und auch noch im nächsten Zuge war es für Weiß noch das Beste, den mittels Sc4—d2 drohenden Qualitätsverlust durch den Rückzug Se5—f3 zu parieren. Der kleine Entwicklungsvorteil des Nachziehenden war dann nicht besonders gefährlich, hingegen sollte Weiß durch das mit dem Textzug eingeleitete, vermeintliche Befreiungsmanöver in klaren Nachteil kommen.

18. .... Le7—f6:

Ein entscheidender Fehler wäre 18. .... g7—f6:? wegen 19. Se5—f7:!, Kg8—f7: 20. Ld3—c4: nebst Db1—h7† und Se2—f4 usw.

19. Ld3—h7† Kg8—f8

20. Se5—d7† Kf8—e7

21. Sd7—c5 ....

Weiß hat an dieser Stelle nichts Besseres, denn auf 21. Sd7—f6: würde g7—f6: mit der Doppeldrohung Sc4—d2 und f6—f5 folgen. Nun aber hat Schwarz Gelegenheit zu einer günstigen Kombination.

21. .... Da5—b6?

Damit revanchiert sich Schwarz ganz gehörig für den 17. Zug des Gegners. Mit 21. .... Tc8—c5:! war gefahrlos ein Kombinationsspiel einzuleiten, welches bei beiderseits bester Fortsetzung den Nachziehenden allmählich in entscheidenden Vorteil gebracht hätte, z. B. 22. b2—b4 (die von Weiß intendierte Fortsetzung; nach 22. d4—c5:, Sc4—b2: nebst Sb2—c4 usw. wäre der Vorteil des Nachziehenden sofort klar) 22. .... Sc4—a3: 23. Db1—b3 (falls 23. Db1—b2, so Da5—c7! 24. b4—c5:, Dc7—c5: usw.) 23. .... Da5—a4 24. Db3—a4:, b5—a4: 25. b4—c5:, g7—g6 26. Td1—a1, Sa3—c4 27. Ta1—a4:, a6—a5 28. Se2—c3, Lb7—c6 29. Ta4—a2, Ke7—f8 30. Sc3—a4, e6—e5 usw. Auch wenn Weiß anders spielt, kann er keine befriedigende Verteidigungsaufstellung erreichen. Wohl behält Schwarz auch bei der Textfortsetzung etwas Positionsvorteil, von einem Gewinn kann aber nicht mehr ernstlich die Rede sein.

22. Sc5—b7: Db6—b7:
23. Lh7—d3 Tc8—c7?

Damit gibt Schwarz den letzten Rest seines Vorteils aus der Hand, indem er nun die Vertreibung seines Springers nicht mehr verhindern kann. Er hatte zwei Wege, den Zug b2—b3 hintanzuhalten, und zwar entweder Ke7—f8 nebst Lf6—e7, oder Db7—b6 nebst Db6—a5; in beiden Fällen hätte er durch rechtzeitige Bedrohung des Bauern a3 seine Springerstellung behauptet. Die Unterlassung ist um so merkwürdiger, als sich doch Capablanca sagen mußte, daß sein einziger Vorteil eben nur in der besseren Stellung seines Springers bestand.

24. Db1—a2 Te8—c8
25. b2—b3 Sc4—d6
26. Da2—d2 ....

Damit beginnt Weiß bereits den Gegner zu beschäftigen, indem er mit seiner Dame auf a5 oder b4 einzudringen droht.

26. .... Db7—b6
27. Td1—c1 Ke7—d7

Es ist begreiflich, daß Schwarz im Hinblick auf das nach doppeltem Turmtausch zu erwartende Endspiel seinen König in der Mitte hält. Diese Überlegung hat jedoch einen Haken: Weiß ist keineswegs genötigt, beide Türme zu tauschen.

28. Tc1—c7† Tc8—c7:
29. Ld3—b1 Lf6—e7
30. Se2—f4 Kd7—c8
31. Dd2—e2 ....

Wenn sich Weiß ohne weiteres mit einem Remis zufrieden geben wollte, konnte er auch sofort 31. Sf4—d3 ziehen, hätte sich aber nach 31. .... Sd6—e4 32. Dd2—b2, Db6—c6 33. Tf1—c1, Dc6—d6 zum Turmtausch bequemen müssen.

31. .... g7—g6

Schwarz konnte hier 31. .... Db6—a5 (oder auch Tc7—c3) spielen, doch hätte dies nach 32. De2—g4! zu sehr scharfen Wendungen geführt, in welchen Weiß die Oberhand behalten hätte, z. B. 32. .... Kc8—b7 33. Dg4—g7:, Da5—a3: 34. Dg7—h6:, Tc7—c1 35. Lb1—d3, Tc1—f1† 36. Ld3—f1:, Da3—b3: 37. h2—h4, a6—a5 38. Sf4—e6:!, f7—e6: 39. Dh6—e6:, Sd6—c8 40. h4—h5 usw.

32. Sf4—d3 Sd6—e4
33. b3—b4 ....

Endlich hat Weiß das mit c4 korrespondierende Feld c5 für seinen Springer gewonnen, wonach der Unterschied der Stellungen nur in der Postierung der beiden Könige zu suchen ist. Dieser Unterschied ist aber für Weiß günstig, denn sein König steht in absoluter Sicherheit und das von Schwarz angestrebte Endspiel liegt noch in weiter Ferne.

33. .... Tc7—c3

Diesem Zug liegt eine fehlerhafte Kombination zugrunde. Schwarz befand sich aber bereits in Verlegenheit, ein Umstand, der seinerzeit von der gesamten Kritik außer acht gelassen wurde. Man prüfe folgende Fortsetzung: 33. .... Se4—d6 34. Sd3—c5, Sd6—c4 35. e3—e4, Le7—c5: (35. .... Sc4—a3: 36. e4—d5:, e6—d5: 37. De2—f3 usw. oder 35. .... d5—e4: 36. a3—a4! beides zum Vorteil für Weiß) 36. d4—c5:, Db6—c6 37. e4—d5:, e6—d5: 38. a3—a4!, b5—a4: 39. Lb1—a2, Dc6—b5 40. Tf1—d1, Tc7—d7 41. h2—h4 und Weiß hat sehr gute Angriffschancen.

34. De2—b2 ....

Mit 34. Sd3—c5 würde Weiß noch nichts erreichen, da dem Turm c3 nichts anzuhaben ist, z. B. 34. .... Se4—c5: (34. .... Tc3—a3:? 35. De2—b2 usw.) 35. d4—c5:, Db6—c7 36. De2—f3, f7—f5 usw.

34. .... Db6—c7?

Das erst ist der eigentliche Fehler, der rasch zum Verlust führt. Schwarz hätte jetzt noch den Turm nach c7 zurückziehen können, allerdings schon mit erheblich schlechterem Spiel, z. B. 35. Sd3—c5, Se4—d6 (sowohl Se4—c5: als auch Le7—c5: würde nach 36. d4—c5: nebst Db2—h8† einen Bauer verlieren) 36. a3—a4 und Weiß hat starken Angriff.

35. Sd3—c5 Le7—c5:
36. d4—c5: Dc7—e5
37. f2—f4! ....

Diesen Zug, welcher der schwarzen Dame die Möglichkeit nimmt, auf der Diagonale e5—h8 ein gedecktes Feld zu beziehen, hatte Capablanca nicht mitgerechnet. Die Fesselung des Turmes c3, welche Schwarz eben mit Se4—f6 drohend Tc3—e3: vorteilhaft aufheben wollte, wird nun tödlich.

37. .... De5—g7

Nicht besser war 37. .... De5—f6, denn es folgt 38. Lb1—e4: nebst Tf1—f2 usw.

38. Lb1—e4: d5—e4:
39. Kg1—f2 ....

Eine unnütze Anstrengung! Nach 39. Tf1—f2 mußte Schwarz angesichts der Drohung Tf2—c2 sofort aufgeben.

39. .... Dg7—f6
40. g2—g3 g6—g5
41. Tf1—c1 Aufgegeben.

Auf 41. .... g5—f4: folgt 42. Tc1—c3:, f4—g3‡ 43. Kf2—g1! und Weiß entgeht leicht dem ewigen Schach: 43. .... g3—h2: 44. Kg1—h2:, Df6—h4† 45. Kh2—g2, Dh4—g4† 46. Kg2—f1! (46. Kg2—f2 bleibt wegen Dg4—h4† erfolglos), Dg4—f3† 47. Kf1—e1, Df3—h1† 48. Ke1—d2 usw.

Nr. 79. Abgelehntes Damengambit.

(13. Partie des Wettkampfes.)

Weiß: J. R. Capablanca.

1.	d2—d4	d7—d5
2.	c2—c4	e7—e6
3.	Sb1—c3	Sg8—f6
4.	Lc1—g5	Sb8—d7
5.	e2—e3	Lf8—e7
6.	Sg1—f3	0—0
7.	Ta1—c1	a7—a6
8.	a2—a3	h7—h6
9.	Lg5—h4	d5—c4:
10.	Lf1—c4:	c7—c5
11.	d4—c5:	Sd7—c5:
12.	Lc4—e2	b7—b6
13.	0—0	Lc8—b7

14.	Sf3—d4	Sf6—d5
15.	Lh4—e7:	Sd5—e7:
16.	b2—b4	Sc5—e4
17.	Sc3—e4:	Lb7—e4:
18.	Le2—f3	Le4—f3:
19.	Dd1—f3:	Dd8—d7
20.	Sd4—c6	Ta8—c8
21.	Sc6—e7‡	Dd7—e7:
22.	Tc1—c6	De7—b7
23.	Tf1—c1	Tf8—d8
24.	h2—h3	Tc8—c6:
25.	Df3—c6:	Db7—c6:
26.	Tc1—c6:	Td8—d1†
27.	Kg1—h2	Td1—d3

Remis.

Die erste der fünf Partien, in welchen Capablanca den Zug 7. .... a7—a6 mittels 8. a2—a3 zu bekämpfen versuchte. Dieser Versuch ist jedoch derart harmlos, daß Schwarz auch bei nicht ganz genauer Eröffnungsbehandlung (12. .... b7—b5! statt des zahmen b7—b6) mühelos Ausgleich erzielt. Die Vereinfachungen am Schlusse, welche dem Anziehenden scheinbar die c-Linie überließen, konnte Schwarz ruhig gestatten, da er sich durch seinen 23. Zug (S. Stellungsbild) das nötige Tempo zum Gegenangriff im Turmendspiel sicherte (24. Tc6—c8:, Td8—c8:! usw.).

Nr. 80. Abgelehntes Damengambit.

(14. Partie des Wettkampfes.)

Schwarz: J. R. Capablanca.

1.	d2—d4	d7—d5
2.	c2—c4	e7—e6
3.	Sg1—f3	Sb8—d7
4.	Sb1—c3	Sg8—f6
5.	Lc1—g5	Lf8—e7
6.	e2—e3	0—0
7.	Ta1—c1	c7—c6
8.	Dd1—c2	a7—a6
9.	a2—a3	h7—h6
10.	Lg5—h4	Tf8—e8
11.	c4—d5:	e6—d5:
12.	Lf1—d3	Sf6—h5
13.	Lh4—e7:	Te8—e7:
14.	0—0	Sh5—f6
15.	h2—h3	Sf6—e8
16.	Sc3—e2	Se8—d6
17.	Se2—g3	Sd7—f8
18.	Sf3—e5	f7—f6
19.	Se5—g6	Sf8—g6:
20.	Ld3—g6:	Lc8—e6
21.	Sg3—e2	Dd8—d7
22.	Se2—f4	Le6—f5
23.	Lg6—f5:	Dd7—f5:
24.	Dc2—f5:	Sd6—f5:
25.	Sf4—d3	Sf5—d6

Remis.

Schwarz hätte im 9. Zuge Tf8—e8 ziehen sollen, um 10. Lf1—d3 mit h7—h6 nebst d5—c4: usw., bzw. 10. c4—d5: mit Sf6—d5:! beantworten zu können. Der geschehene Zug 9. .... h7—h6 war ungenau und so ergab sich nach Capablancas

14. Zuge (S. Stellungsbild) eine für Weiß günstige Stellung. Das beweisen u. a. auch die 25. und die 27. Partie des Wettkampfes. Weiß kann auf dem Damenflügel mittels b2—b4, Sc3—a4, Sa4—c5, a3—a4 usw. ein Druckspiel einleiten, für welches der Nachziehende im Zentrum oder auf dem Königsflügel vergeblich Ersatz suchen wird. Ich war aber in dieser Phase des Wettkampfes vor allem bestrebt, meinen Gegner vorläufig unter dem moralischen Druck der beiden vorangegangenen Niederlagen zu halten, um ihn auf diese Weise schließlich zu ungeduldigen und gewagten Unternehmungen zu verleiten. Diese abwartende Taktik fand auch in der 21. Partie ihnren Lohn.

Obige Erwägungen mögen erklären, warum ich, statt auf dem Damenflügel vorzugehen auf der Königsseite manövrierte. Diese Manöver waren unzweckmäßig und konnten nur der Verteidigung dienen, da doch Weiß an diesem Frontabschnitt keinerlei Angriffsaussichten hatte. Die Folge davon war eine rasche Verödung der Stellung. — Im großen und ganzen eine blasse Partie.

Nr. 81. Abgelehntes Damengambit.

(15. Partie des Wettkampfes.)

Weiß: J. R. Capablanca.

Die ersten zwölf Züge sind mit der 13. Partie identisch.

13.	Dd1—d8:	Le7—d8:
14.	0—0	Sc5—b3
15.	Tc1—d1	Lc8—b7
16.	Sf3—d2	Sb3—d2:
17.	Td1—d2:	Sf6—e4
18.	Sc3—e4:	Ld8—h4:
19.	Se4—d6	Lb7—d5
20.	e3—e4	Tf8—d8
21.	Sd6—f7:	Kg8—f7:
22.	e4—d5:	Td8—d5:
23.	Td2—d5:	e6—d5:
24.	Tf1—d1	Lh4—f6
25.	Le2—f3	Ta8—c8
26.	Lf3—d5†	Kf7—e7
27.	b2—b3	Lf6—b2
28.	a3—a4	Tc8—c1
29.	Td1—c1:	Lb2—c1:
30.	Ld5—c4	

Remis.

Der Damentausch im 13. Zuge ist keinesfalls eine Verbesserung gegenüber der Rochade, welche Weiß in der 13. Partie gewählt hatte. Nur sollte Schwarz nicht mit dem Läufer zurückschlagen, wodurch er im weiteren Verlaufe des Spieles mit einigen, wenn auch geringfügigen Schwierigkeiten zu kämpfen hatte, sondern einfach 13. .... Tf8—d8: ziehen. Tatsächlich hätte er in dieser Variante nichts zu befürchten gehabt und zwar: 14. b2—b4, Sc5—d7! 15. Sc3—e4, Lc8—b7 16. Se4—f6†, Sd7—f6: 17. Tc1—c7, Ta8—c8! usw. In der nach dem 17. Zuge von Weiß entstandenen Position (S. Stellungs-

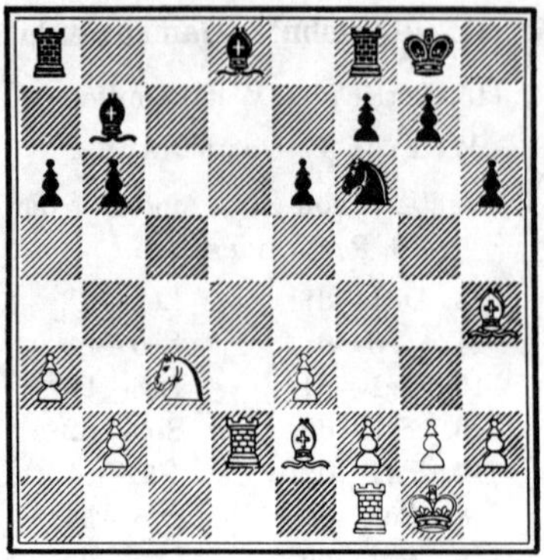

bild) bildet die mit 17. .... Sf6—e4! eingeleitete Kombination, welche unter Bauernopfer ungleiche Läufer herbeiführt, den einfachsten Weg zum Remis.

Nr. 82. Abgelehntes Damengambit.

(16. Partie des Wettkampfes.)

Schwarz: J. R. Capablanca.

1.	d2—d4	Sg8—f6
2.	c2—c4	e7—e6
3.	Sb1—c3	d7—d5
4.	Lc1—g5	Sb8—d7
5.	e2—e3	Lf8—e7
6.	Sg1—f3	0—0
7.	Ta1—c1	c7—c6
8.	Lf1—d3	d5—c4:
9.	Ld3—c4:	Sf6—d5
10.	Lg5—e7:	Dd8—e7:
11.	Sc3—e4	Sd5—f6
12.	Se4—g3	De7—b4†
13.	Dd1—d2	Db4—d2‡
14.	Ke1—d2:	b7—b6
15.	e3—e4	Tf8—d8
16.	e4—e5	Sf6—e8
17.	Kd2—e3	Lc8—b7
18.	Th1—d1	c6—c5
19.	d4—d5	e6—d5:
20.	Lc4—d5:	Lb7—d5:
21.	Td1—d5:	Se8—c7
22.	Td5—d2	Sd7—f8
23.	Tc1—d1	Td8—d2:
24.	Td1—d2:	

Remis.

Der 18. Zug von Schwarz, den Capablanca in den vier weiteren, mit dieser Variante eröffneten Partien durch das bessere 18. .... Kg8—f8 ersetzte, war verfrüht. Weiß erlangte durch 19. d4—d5 (interessant war übrigens auch 19. Sg3—e4) einen klaren Endspielvorteil. In der Schlußstellung (S. Stellungsbild) hätte sich

nämlich Schwarz entschließen müssen, auf weitere Vereinfachung zu spielen, denn die Folge 24. .... Ta8—e8 25. Sg3—e4, f7—f6 26. e5—f6:, g7—f6: 27. Sf3—h4! wäre für ihn offenbar sehr ungünstig. Aber auch 24. .... Sf8—e6 25. Sg3—f5, Ta8—d8 26. Td2—d8‡, Se6—d8: 27. Sf3—d2 nebst f2—f4 usw. wäre für Schwarz wenig ersprießlich. Der weiße Mehrbauer, von seinem König trefflich unterstützt, wäre eine weit drohendere Macht geworden als sein schwarzer Kollege auf der Damenseite. Mein Entschluß, derart frühzeitig remis zu geben, erklärt sich nur durch die ganz besonderen Umstände, unter denen diese Partie ausgetragen wurde. Wir spielten nämlich ausnahmsweise im Jockey-Club, wo ein derartiger Lärm herrschte, daß wir gezwungen waren, im 24. Zuge, also noch vor der Zeitkontrolle abzubrechen, um die Beruhigung der Gemüter abzuwarten. Später war ich aber nicht mehr in der Stimmung, mich weiter zu vertiefen, und das Spiel wurde ohne weiteres remis gegeben. — Diese Zeilen mögen u. a. beweisen, daß die Mitteilung, mein Gegner wäre gerade während dieser Partie „eingeschlafen", nur die Erfindung irgendeines witzigen Reporters war.

Nr. 83. Abgelehntes Damengambit.

(17. Partie des Wettkampfes.)

Weiß: J. R. Capablanca.

1.	d2—d4	d7—d5
2.	c2—c4	e7—e6
3.	Sb1—c3	Sg8—f6
4.	Lc1—g5	Sb8—d7
5.	e2—e3	Lf8—e7
6.	Sg1—f3	0—0
7.	Ta1—c1	a7—a6
8.	a2—a3	b7—b6

Obwohl dies keineswegs eine überzeugende Entgegnung auf 8. a2—a3 ist, gibt sie dem Nachziehenden dennoch vollständig genügendes Gegenspiel. Die entgegengesetzte Meinung der Kritiker stützte sich — wie so oft — lediglich auf die Tatsache, daß Schwarz in der vorliegenden Partie gleich nach Beginn des Mittelspiels ins Gedränge kam. Die Stellung ist schwierig und verlangt Vertiefung. Ich kam schließlich in Nachteil, weil ich die folgende Partiephase ungenau behandelte.

9.	c4—d5:	e6—d5:
10.	Lf1—d3	Lc8—b7
11.	0—0	c7—c5
12.	d4—c5:	....

Danach ergibt sich das komplizierte Problem der „hängenden Bauern". Meines Erachtens muß Schwarz bei richtigem Spiel genügende Hilfsmittel behalten.

Übrigens konnte der Textzug auch mit 12. .... Sd7—c5: beantwortet werden; zwar befände sich Weiß nach 13. Sf3—d4 etwas im Stellungsvorteil, doch würde dessen Verdichtung auf beträchtliche technische Schwierigkeiten stoßen.

12.	....	b6—c5:
13.	Dd1—e2	Tf8—e8

Auch 13. .... Sd7—b6 14. Tf1—d1, Tf8—e8 usw. kam in Betracht.

14.	Ld3—c2	Dd8—b6
15.	Tf1—d1	Ta8—d8
16.	Sc3—a4	Db6—b5

Obwohl nicht gerade schlecht, erschwert dieser Zug wesentlich die Verteidigung. Trotz aller gegenteiligen Behauptungen war sowohl 16. .... Db6—a5 (17. Lg5—f4, Td8—c8) als auch 16. .... Db6—a7 (17. Lc2—b3, Td8—c8 usw.) vorzuziehen. Die Bauern im Zentrum konnten zur Genüge gedeckt werden und andere Angriffspunkte hätte Weiß vorläufig nicht finden können. Schließlich und endlich genügt aber — wie gesagt — auch die Textfortsetzung.

17.	De2—b5:	a6—b5:
18.	Sa4—c3	Lb7—c6
19.	Lc2—d3	....

Die Alternative war 19. Lc2—f5; die einfachste Antwort wäre dann

19. .... Le7—f8, etwa mit der Folge 20. b2—b4, Td8—a8 und remisartigen Abwicklungen.

19. .... c5—c4?

Überläßt dem Gegner kampflos den Punkt d4 und damit einen dauernden Vorteil. Richtig — und einfach genug! — war 19. .... Td8—b8 und auf 20. Ld3—f5, Sd7—f8; falls dann 21. Lg5—f4, so Tb8—b6 22. Sf3—e5, Lc6—a8 und Weiß käme mit seinem Angriff auf die Bauern nicht recht weiter. Nunmehr wird aber Schwarz einen langen, höchst schwierigen Verteidigungskampf zu bestehen haben.

20. Ld3—f5 b5—b4

Hier schon die einzige Gegenchance.

21. a3—b4: Le7—b4:
22. Sf3—d4 Lc6—b7
23. Lf5—d7: Td8—d7:
24. Lg5—f6: g7—f6:

(S. Stellungsbild)

25. Sd4—e2? ....

Wahrscheinlich hatte Capablanca das folgende, nicht ganz naheliegende Gegenmanöver (25.—27. Zug) direkt übersehen. Sicherlich hätte er sonst den einfachen Zug 25. Sd4—f5!, womit der gewaltige Stellungsdruck fest-

Stellung nach 24. .... g7—f6:.

zuhalten war, nicht verworfen. Falls dann 25. .... Te8—e5, so 26. g2—g4, worauf 26. ... . h7—h5 schon wegen 27. f2—f4 nebst g4—h5: nicht angängig wäre. Weiß hätte aber seine Drohungen je nachdem auf verschiedene Arten (Sc3—e2—f4—h5 oder Tc1—a1—a7 usw.) verdächtig verstärken können. Als Weißer hätte ich bestimmt gehofft, die Partie nach 25. Sd4—f5 zu gewinnen.

25. .... Lb4—d6!
26. Tc1—c2 Ld6—e5

Von hier an wiegt die Bedrohung des Bauern b2 die Schwäche d5 bis zum Schluß vollständig auf. Schwarz hat jetzt also nur noch die beiden anderen Gefahren (a-Linie sowie zerrissener Königsflügel) zu bannen. Diese Aufgabe wird von ihm in den nächsten 15 Zügen auf überzeugende Art gelöst.

27. Tc2—d2 Td7—c7!

Pariert die lästige Drohung 28. e3—e4.

28. Td1—a1 Kg8—g7
29. g2—g3 Tc7—c5!

Ein Räumungszug für den Königsläufer.

30. Ta1—a7 Te8—b8
31. Se2—d4 Kg7—g6
32. f2—f4 ....

Ich hatte hier eher 32. Sc3—e2 mit der Eventualdrohung Se2—f4† erwartet und hätte mich in diesem Falle wohl oder übel zu 32. .... f6—f5 entschließen müssen.

32. .... Le5—c7
33. Kg1—f2 ....

Der Tausch eines Turmpaares war schon schwer zu vermeiden (33. Sc3—b5?, Lc7—b6 34. Ta7—a1, Tc5—b5:! usw.).

33. .... Tc5—a5
34. Ta7—a5: Lc7—a5:
35. g3—g4 h7—h5!

Der Entschluß, dem Gegner den freien h-Bauer zu überlassen, ist durch die Entwicklung der Dinge gerechtfertigt: die Drohung Sd4—f5 wäre sonst zu unangenehm.

36. g4—h5‡ ....

Oder 36. h2—h3, Tb8—h8 mit Gegenspiel auf der h-Linie.

36. .... Kg6—h5:
37. Kf2—f3 Tb8—g8
38. Td2—g2 ....

Wieder halbwegs erzwungen: auf 38. Td2—d1 würde nämlich 38. .... Lb4—c3: 39. b2—c3:, Lb7—c8 40. Kf3—f2, Lc8—h3 41. Td1—g1, Tg8—a8 usw. folgen und der schwarze Gegenangriff jedenfalls zum Remis genügen.

38. .... Tg8—g2:

38. .... Tg8—g6 39. Tg2—g3! usw. hätte natürlich keinen Zweck gehabt.

39. Kf3—g2: Kh5—g4
40. h2—h3† Kg4—h4
41. Sd4—f5† Kh4—h5
42. Kg2—g3 ....

Auf 42. Sf5—d6 folgt 42. .... La5—c3: 43. b2—c3:, d5—d4†! 44. Sd6—b7? (richtig 44. Kg2—f2, d4—c3: 45. Kf2—e1 und Remis) 44. .... d4—c3: und Schwarz gewinnt.

42. .... La5—b4!

Jetzt aber hatte 43. Sf5—d6 gedroht.

43. Sf5—d4 Kh5—g6
44. Kg3—g4 ....

44. .... f6—f5†!

Am einfachsten! Weiß kann nämlich auf die Eroberung von f5 nur unter Preisgabe seines Haupttrumpfes, des h-Bauern rechnen. Womit sollte er aber dann gewinnen? Rührt sich der Springer c3, um an der Eroberung von f5 teilzunehmen, so wird der Damenläufer frei und der Königsläufer kann die alten Feindseligkeiten gegen b2 wieder aufnehmen. Und so wird dieses Spiel, welches für Schwarz zeitweise recht verdächtig aussah, endgültig gerettet.

45. Kg4—g3 Kg6—f6
46. Sd4—f3 Lb4—c5
47. Kg3—f2 Lc5—b4
48. Sf3—e5 ...

Diese Diversion wurde telegraphisch als 48. Sf3—g5 übermittelt. Eine größere Bedeutung hat weder der eine noch der andere Zug.

48. .... Lb4—d6
49. Se5—f3 Ld6—b4
50. h3—h4 Kf6—g6
51. Sc3—e2 Lb7—c8

Natürlich benützt der Läufer die erste Gelegenheit, um die Bewachung aller bedrohten Bauern zu übernehmen.

52. Se2—g3 Lc8—e6
53. h4—h5† Kg6—h6
54. Kf2—e2 ....

Befreit den Springer von der Deckung des Einbruchspunktes d2.

54. .... Lb4—e7
55. Ke2—d2 Le7—d8!
56. Sf3—d4 ....

Auf 56. Kd2—c3 folgt Ld8—a5† nebst Verfolgung des weißen Königs auf den vier Feldern der großen Diagonale (57. Kc3—d4, La5—b6† usw.). Ein eigentümliches „halbewiges Schach"!

56. .... Le6—c8
57. Kd2—c2 Ld8—a5
58. Kc2—d1 ....

Oder 58. Sd4—f5‡, Lc8—f5: 59. Sg3—f5‡, Kh6—h5: 60. Sf5—d6, Kh5—g4! 61. Sd6—f7:, Kg4—f3 usw. = Die Aussichten von Weiß sind jetzt gleich Null.

58. .... La5—b4
59. Kd1—e2 Lc8—d7

Auf Vorschlag von Weiß remis gegeben.

Vom 25. Zuge an ist das Endspiel vom Standpunkt der Verteidigungstechnik bemerkenswert.

Nr. 84. Abgelehntes Damengambit.

(18. Partie des Wettkampfes.)

Schwarz: J. R. Capablanca.

Einschließlich des 14. Zuges von Weiß identisch mit der 16. Partie.

14. .... Tf8—d8
15. Kd2—e2 b7—b6
16. Th1—d1 Lc8—b7
17. Td1—d2 Kg8—f8
18. Tc1—d1 Kf8—e7
19. e3—e4 h7—h6
20. h2—h3 g7—g6
21. Td2—d3 c6—c5
22. d4—c5: Sd7—c5:
23. Td3—d8: Ta8—d8:
24. Td1—d8: Ke7—d8:
25. Sf3—e5 Kd8—e7
26. f2—f3 Sf6—d7
27. Se5—d7: Sc5—d7:
28. Ke2—d3 ....

Remis.

Aussichtsvoller als 15. Kd2—e2 ist 15. Th1—d1, was auch in den nächsten mit dieser Variante eröffneten Partien geschah. Zu dem feinen Zuge 19. .... h7—h6! (S. Stellungsbild) ver-

brauchte mein Gegner mehr als eine halbe Stunde Bedenkzeit. Sofort 19. .... g7—g6 wäre wegen der Folge 20. e4—e5, Sf6—e8 21. Sf3—g5 nebst f2—f4 für Schwarz ungünstig.

Übrigens ist dies wieder eine jener Partien, welche telegraphisch ungenau übermittelt wurden. Statt des geschehenen 20. .... g7—g6 ließ man nämlich den Nachziehenden 20. .... g7—g5 spielen, was natürlich nach 21. Td2—d3, c6—c5 die starke Antwort 22. d4—d5 zur Folge gehabt hätte.

Die Abwicklung am Schlusse ist leicht verständlich.

Nr. 85. Abgelehntes Damengambit.

(19. Partie des Wettkampfes.)

Weiß: J. R. Capablanca.

Die ersten zehn Züge sind mit der 13. und 15. Partie identisch.

11.	Lc4—e2	c5—d4:
12.	Sf3—d4:	Sd7—b6
13.	Lh4—g3	Sb6—d5
14.	Sc3—d5:	Sf6—d5:
15.	0—0	Le7—f6
16.	Dd1—b3	Lf6—d4:
17.	e3—d4:	b7—b6
18.	Le2—f3	Lc8—b7
19.	Lg3—c7	Dd8—d7
20.	Lf3—d5:	Dd7—d5:
21.	Db3—d5:	Lb7—d5:

Remis.

Zur Abwechslung gestattete ich mir in der Eröffnung dieser Partie etwas Equilibristik. Nachdem Capablanca den nachhaltigeren Zug 11. Lc4—e2 (statt 11. d4—c5:, was in früheren Partien geschah) als Antwort auf 10. .... c7—c5(?) gewählt hatte, zog ich nämlich der ruhigen Weiterentwicklung mit 11. .... b7—b5 (b6) das verwickelte 11. .... c5—d4: nebst Sd7—b6 vor. Die Folge war, daß ich bei meinem 13. Zuge recht scharf rechnen mußte. Es handelte sich nämlich um die Frage, ob Weiß nach 14. Sc3—d5:, Sf6—d5: (S. Stellungs-

bild) mit Vorteil 15. e3—e4 spielen kann; tatsächlich scheint dieser Zug ihn in bedeutenden Stellungsvorteil bringen müssen, denn falls darauf 15. .... Sd5—f6, so 16. Lg3—c7, Dd8—e8 17. f2—f3 und Schwarz wäre verdächtig eingeengt. Die Absicht war aber 15. e3—e4 mit Dd8—a5† zu beantworten und auf diese Weise den Gegner wenigstens um die Rochade zu bringen; denn falls darauf 16. b2—b4, so 16. .... Sd5—b4:! 17. a3—b4:, Da5—b4‡ 18. Dd1—d2 (oder Ke1—f1, Tf8—d8 19. Tc1—c4, Db4—b2 20. Lg3—e5, Le7—f6! usw.), Tf8—d8 usw. ∓. Weiß hätte daher auf 15. .... Dd8—a5† 16. Ke1—f1! gespielt, und nach 16. .... Sd5—f6 17. Lg3—c7, Da5—g5! vielleicht noch einige Züge die schwarze Dame beunruhigt. Die Unmöglichkeit für ihn, rasch die Türme zu verwenden, hätte aber voraussichtlich dem Nachziehenden die nötige Zeit gelassen, seinen Damenläufer ins Spiel zu bringen. Da Capablanca diese interessante Möglichkeit verwarf, war für ihn aus der Stellung sehr schwer etwas heraus zu holen, denn Schwarz drohte nach 15. 0—0, Le7—f6! mit e6—e5 zum Gegenspiel zu kommen. Die weitere Abwicklung und der darauf erfolgter Remisschluß waren daher nicht ungerechtfertigt.

Nr. 86. Abgelehntes Damengambit.

(20. Partie des Wettkampfes.)

Schwarz: J. R. Capablanca.

Die ersten 14 Züge sind identisch mit der 16. und 18. Partie.

15. Lc4—d3 ....

Verhindert wohl die Entwicklung des schwarzen Damenläufers mittels b7—b6 und Lc8—b7, gestattet aber dafür eine Abwicklung im Zentrum, deren Folgen im vorhinein nicht leicht zu übersehen waren. Diese Partie lehrt, daß Weiß das Bauernopfer e6—e5 nicht zu fürchten hat und jedenfalls das etwas bessere Spiel behält, Schwarz aber bei richtiger Verteidigung ausgleichen kann.

15. .... e6—e5

Sehr kompliziert, aber doch die beste Fortsetzung für Schwarz.

16. d4—e5: ....

Wie leicht ersichtlich, wäre 16. Sf3—e5: wegen Sd7—e5: 17. d4—e5:, Sf6—g4 usw. für Weiß ungünstig.

16. .... Sf6—g4

17. e5—e6 ....

Wenn sich Weiß mit sofortigem Ausgleich begnügen will, so steht ihm die Fortsetzung 17. Kd2—e2, Sd7—e5: 18. Sf3—e5:, Sg4—e5: 19. Ld3—f5! usw. zu Gebote.

17. .... Sd7—e5

Auf 17. .... f7—e6: würde nicht 18. Kd2—e2 folgen, weil dann Schwarz mittels 18. .... Sd7—e5 19. Sf3—e5:, Sg4—e5: 20. Th1—d1, b7—b6 ein sehr bequemes Spiel erlangen würde, sondern 18. Kd2—e1!, denn nun scheitert 18. .... Sd7—e5 wie folgt: 19. Sf3—e5:, Sg4—e5: 20. Ld3—e4, b7—b6 21. f2—f4, Se5—d3† 22. Le4—d3:, Td8—d3: 23. Tc1—c6:, Lc8—b7 (nicht Td3—e3‡? wegen 24. Ke1—d2 und gewinnt) 25. Tc6—c7, Lb7—g2: 26. Th1—g1 mit Gewinnstellung für Weiß. Da also Schwarz nach 18. Kd2—e1! die scharfen Varianten meiden müßte, bliebe er wegen seiner geschwächten Bauernstellung etwas im Nachteil.

18. Sf3—e5: Sg4—e5:

19. e6—f7‡ Kg8—f7:

20. Tc1—c3 ....

20. .... b7—b5!

Damit stellt Schwarz ungefähr das materielle Gleichgewicht wieder her. Wegen der starken Drohung b5—b4 nebst Lc8—a6 ist Weiß genötigt, den feindlichen Springer sofort zur Erklärung zu zwingen.

21. f2—f4 b5—b4

22. f4—e5: ....

Günstig für Schwarz wäre 22. Tc3—b3 und zwar wegen Se5—c4† 23. Kd2—c2 (23. Kd2—e2, Lc8—g4† nebst Sc4—a5 usw.) Sc4—e3‡

24. Kc2—c1, Lc8—e6 25. Ld3—g6†, h7—g6: 26. Tb3—e3:, Le6—a2: 27. b2—b3, a7—a5 usw.

22. .... b4—c3‡

23. Kd2—c3: Kf7—e6

Trotzdem Weiß nur einen isolierten Doppelbauer für die Qualität besitzt, steht er doch gut. Es droht das starke Manöver Sg3—e4—d6 und Schwarz muß sich daher beeilen, den Bauer e5 zu beseitigen. Der Angriff 23. .... Td8—e8 wäre schwächer wegen 24. Ld3—c4†, Kf7—g6 (Lc8—e6 25. Sg3—e4!) 25. Kc3—d4, c6—c5† 26. Kd4—c5:, Te8—e5‡ 27. Kc5—d4 nebst e3—e4 und eventuell Lc4—d5 bei gutem Spiel für Weiß.

24. Sg3—e2! ....

Nun kommt der weiße Springer kräftig ins Spiel. Unvergleichlich bequemer für Schwarz wäre 24. Ld3—h7:, Ke6—e5: nebst Lc8—e6 usw.

24. .... Ke6—e5:

25. Se2—d4 ....

Auf das sofortige 25. Ld3—h7: käme nicht Lc8—f5 wegen 26. Lh7—f5:, Ke5—f5: 27. Th1—f1†! mit gutem Spiel für Weiß, da Kf5—e4 an 28. Se2—g3†!, Ke4—e3:? 29. Tf1—f3 × scheitern würde; Schwarz würde aber viel besser 25. .... Lc8—a6! ziehen und damit zur Initiative gelangen, da er in diesem Falle als Erster zur Besetzung der f-Linie käme.

25. .... Lc8—b7

26. Ld3—h7: c6—c5

27. Sd4—f3† Ke5—f6

28. Lh7—d3 ....

Unzulänglich wäre 28. Th1—f1 wegen Lb7—a6 29. Tf1—f2, g7—g6 usw.

28. .... Td8—e8

29. Th1—e1 ....

Auch jetzt wäre 29. Th1—f1 wegen Te8—e3: 30. Sf3—d4†, Kf6—e5! 31. Tf1—f5†, Ke5—d6 usw. nachteilig.

29. .... Lb7—f3:

Auch 29. .... Lb7—e4 versprach keinesfalls mehr als Remis; nach 30. Ld3—e4:, Te8—e4: 31. Sf3—d2, Te4—g4 32. Te1—e2 nebst e3—e4 steht Weiß völlig befriedigend. Allerdings hätte sich Schwarz bei dieser Spielweise das Remis einfacher gesichert.

30. g2—f3: Te8—h8

31. Te1—e2 Th8—h4

32. Ld3—e4 ....

32. .... Ta8—d8!

In der gesamten Presse wurde hier der Zug 32. .... Ta8—h8 wiedergegeben und alle Kommentatoren wunderten sich, warum dann Schwarz nach 33. a2—a4 den Bauer h2 nicht geschlagen hat. Schließlich wurde selbst bei dieser Spielweise noch ein Remis für Weiß herausgefunden. In der Tat wäre die Turmverdopplung für Schwarz sogar recht bedenklich gewesen, denn es wäre selbstverständlich 33. Te2—d2 gefolgt und der Th8 hätte bald unverrichteter Dinge auf den Damenflügel zurückkehren müssen und zwar: 33. .... Kf6—e7 (es drohte Td2—d6†—a6 usw.) 34. Td2—g2, Ke7—f7 35. Tg2—g5!, Th8—c8 (es gibt nichts Besseres) 36. h2—h3, Tc8—c7 37. Tg5—g3 mit dem weiteren Plan b2—b3, a2—a4, Kc3—c4, eventuell f3—f4 nebst Le4—g2 usw. und Weiß würde jedenfalls das Gesetz der Handlung diktieren.

33. a2—a4 ....

Auch mit 33. Kc3—c4 konnte Weiß gefahrlos einen Gewinnversuch unternehmen. Aber nach den Zügen 33. .... Td8—h8 34. Te2—d2, Th4—h2: 35. Td2—d6†, Kf6—e7 36. Td6—a6, Th2—b2: 37. Ta6—a7‡, Ke7—d6 usw. wäre das Remis ebenfalls wahrscheinlich.

33. .... g7—g5
34. a4—a5 ....

Eine Spur aussichtsreicher war vielleicht 34. b2—b3.

34. .... g5—g4!

Erschüttert die Zentralstellung des Läufers und beseitigt damit die Hauptgefahr.

35. f3—g4: ....

Natürlich nicht 35. f3—f4 wegen Th4—h3 mit der Doppeldrohung Td8—e8 sowie Td8—h8.

35. .... Th4—g4:
36. Le4—d3 Tg4—a4
37. Te2—f2† Kf6—e7
38. a5—a6 Td8—f8

Auch an dieser Stelle hatte ein Großteil der Presse einen anderen Zug und zwar 38. .... Ta4—a1 berichtet. Tatsächlich verdiente Ta4—a1 den Vorzug, denn auf 39. Tf2—g2 hätte nunmehr die Textfortsetzung c5—c4 ganz unbedenklich erfolgen können. Die Pointe bestünde darin, daß sich dann Weiß nach 40. Ld3—c4:, Td8—c8 angesichts der Drohung Ta1—c1† jedenfalls zu b2—b3 und Aufgabe des Bauern a6 bequemen müßte, denn auch 41. Kc3—b4 würde wegen Tc8—b8†! usw. die Lage nicht ändern. Nach dem Textzug hingegen hätte Weiß den wichtigen Vorposten a6 behaupten können.

39. Tf2—g2 c5—c4?

Hier mußte sich Schwarz mit 39. .... Tf8—f7 verteidigen. Der Textzug sollte ohne Ersatz einen Bauer verlieren. Beide Spieler befanden sich in Zeitnot.

40. Ld3—c4:? ....

Damit gibt Weiß den nahezu sicheren Gewinn aus der Hand. Richtig war 40. Tg2—g7†, Ke7—f6 (nach Tf8—f7 41. Tg7—f7‡, Ke7—f7: 42. Ld3—c4‡ usw. müßte Weiß das Endspiel bei exakter Behandlung wohl gewinnen) 41. Tg7—g6†, Kf6—f7 42. Tg6—g4! und gewinnt den Bauer c4.

40. .... Tf8—c8

41. b2—b3 Ta4—a6:
42. e3—e4 Ta6—a1!
43. Kc3—d4 ....

Auf 43. e4—e5 folgt Ta1—c1† 44. Kc3—b4 (falls 44. Kc3—d4, so Tc1—d1† usw., geht der König aber auf die zweite Reihe, so forciert Schwarz das Remis mit dem Qualitätsopfer auf c4), a7—a5†! 45. Kb4—a5:, Tc1—c4:! usw. mit Remisschluß.

43. .... Tc8—h8

Remis.

Es ist für Weiß unmöglich, seine Streitkräfte entscheidend zu konzentrieren.

Nr. 87. Abgelehntes Damengambit.

(21. Partie des Wettkampfes.)

Weiß: J. R. Capablanca.

1. d2—d4 d7—d5
2. c2—c4 e7—e6
3. Sb1—c3 Sg8—f6
4. Lc1—g5 Sb8—d7
5. e2—e3 Lf8—e7
6. Sg1—f3 0—0
7. Ta1—c1 a7—a6
8. a2—a3 h7—h6
9. Lg5—h4 d5—c4:
10. Lf1—c4: b7—b5!

Damit wird der 8. Zug von Weiß in überzeugender Weise widerlegt. In der Tat hätte Weiß schon nach wenigen Zügen schleunigst den Ausgleich anstreben sollen, um nicht dem Gegner ohne Ersatz eine dauernde Initiative zu überlassen. Es war dies auch die letzte Partie, in welcher Capablanca 7. .... a7—a6 mit 8. a2—a3 beantwortete.

11. Lc4—e2 Lc8—b7
12. 0—0 ....

Auf 12. b2—b4? folgt a6—a5 13. Dd1—b3, a5—b4: 14. a3—b4:, g7—g5 15. Lh4—g3, Sf6—d5 usw. zum Vorteil von Schwarz.

12. .... c7—c5
13. d4—c5: Sd7—c5:
14. Sf3—d4 ....

Da Weiß infolge des entstandenen Gleichgewichtes im Zentrum keinerlei Aussichten auf irgendeinen Vorteil besitzt, bestand die logische Fortsetzung in der sofortigen Vereinfachung 14. Dd1—d8:, Tf8—d8: 15. Tf1—d1 usw. Undankbar wäre jedenfalls die mit 14. Lh4—f6: beginnende Abwicklung gewesen und zwar: 14. .... Le7—f6: 15. Sc3—b5:, Dd8—d1: 16. Tf1—d1:, Sc5—b3 17. Tc1—c7, Lb7—f3: 18. Le2—f3:, a6—b5: 19. Lf3—a8:, Tf8—a8: usw.

14. .... Ta8—c8

Pariert ein für allemal die Drohung Sc3—b5:.

15. b2—b4 ....

Dadurch wird der Punkt c4 ohne Not geschwächt und Weiß hat in der Folge mit einigen, wenn auch noch erträglichen Schwierigkeiten zu kämpfen. Einfacher war 15. Le2—f3, Dd8—b6 16. Dd1—e2 usw.

15. .... Sc5—d7!
16. Lh4—g3 ....

Auf 16. Le2—f3 war folgende Variante beabsichtigt: 16. .... Dd8—b6 17. Sc3—e4, Tc8—c1: 18. Dd1—c1:, Tf8—c8 und Schwarz kommt in Vorteil, da der feindlichen Dame keine bequemen Felder zur Verfügung stehen, z. B. I. 19. Dc1—b1? oder Dc1—d2?, Sf6—e4:! II. 19. Dc1—b2, g7—g5 20. Se4—f6†, Le7—f6: III. 19. Dc1—d1 oder Dc1—e1, g7—g5 usw. — in allen Fällen mit klarer Überlegenheit für Schwarz. — Der Textzug ist demnach der erträglichste.

16. .... Sd7—b6
17. Dd1—b3 ....

Um 17. .... Sb6—c4 mit 18. Tf1—d1, Dd8—b6 19. a3—a4 usw. zu beantworten.

17. .... Sf6—d5

Ein guter Zug, der die Stellungsdrohung 18. .... Sd5—c3: 19. Tc1—c3:, Lb7—d5 20. Db3—b2, Tc8—c3: 21. Db2—c3:, Dd8—a8 nebst Tf8—c8 usw. enthält. Der nächste Zug von Weiß bildet dagegen eine notdürftige Parade.

18. Le2—f3 Tc8—c4!
19. Sc3—e4 Dd8—c8

20. Tc1—c4: ....

Ich bin geneigt, diesen Abtausch als den entscheidenden Fehler zu betrachten. Hinter dem Rücken des unvertreibbaren und unheimlich drückenden Springers c4 kommt nun Schwarz zur Alleinherrschaft auf dem Damenflügel und die feindlichen Leichtfiguren werden zu völliger Untätigkeit verurteilt. Durch 20. Db3—b1!, drohend 21. Se4—d6 oder 21. Lg3—d6 nebst Vereinfachung, hätte sich dieses Übel meines Erachtens wesentlich mildern lassen. Wenn dann 20. .... Tf8—d8, so 21. Se4—d2!, Tc4—c1: 22. Tf1—c1:, Dc8—a8 23. Lg3—c7 und Weiß erreicht erleichternden Abtausch. — Als ein grober Fehler ist jedoch diese Unterlassung nicht zu bezeichnen. Capablanca verlor diese Partie nur deshalb, weil er die verborgenen Gefahren seiner Stellung nicht rechtzeitig erkannte und regelrecht überspielt wurde.

20. .... Sb6—c4:
21. Tf1—c1 Dc8—a8!

Infolge der Drohung 22. .... Sd5—e3: bzw. Sd5—b4: wird nun Weiß genötigt, seinen Halt im Zentrum aufzugeben und darauf geht es rasch bergab.

22. Se4—c3 ....

Auf 22. Se4—c5 folgt 22. .... Le7—c5: 23. b4—c5:, Tf8—c8 24. Lf3—e2, Tc8—c5: 25. Le2—c4:, Da8—c8 usw. mit Bauerngewinn.

22. .... Tf8—c8

Mit der Drohung 23. .... Sc4—d2 usw.

23. Sc3—d5: Lb7—d5:
24. Lf3—d5: Da8—d5:
25. a3—a4 ....

Das Bestreben, sich der Schwäche a3 zu entledigen und die Kampfeinheiten auf dem Damenflügel zu vermindern, ist begreiflich, verbessert aber keineswegs die Gesamtlage. Dem Gegner ersteht in dem Bauer b4 ein neues, willkommenes Angriffsobjekt und Weiß steht von hier ab jenseits von Gut und Böse.

25.	Le7—f6
26. Sd4—f3	....

Auf 26. Tc1—d1 kann entweder 26. .... Tc8—d8 mit der Drohung e6—e5 oder 26. .... b5—a4: (27. Db3—a4:?, Sc4—b2 28. Da4—a6:, Tc8—a8 und gewinnt) folgen, hingegen wäre der scheinbar mögliche Bauerngewinn ein Trugbild und zwar: 26. .... Sc4—e3: 27. f2—e3:, Lf6—d4: 28. Db3—d5:, Ld4—e3‡ 29. Kg1—f1, e6—d5: 30. a4—b5:, a6—b5: 31. Td1—d5: nebst Td5—b5: und Remis.

26.	Lf6—b2!

Schwarz plant e6—e5 und will vor allen Dingen vermeiden, daß sein Läufer durch die immerhin mögliche Antwort e3—e4 vom Damenflügel abgesperrt werde. Die taktische Rechtfertigung des Läuferzuges beruht auf den folgenden Varianten: I. 27. Tc1—d1, b5—a4:! (noch überzeugender als 27. .... Sc4—e3: 28. Td1—d5:, Tc8—c1† 29. Td5—d1, Tc1—d1‡ 30. Db3—d1:, Se3—d1: 31. a4—b5:, a6—b5: 32. Lg3—d6 usw., wobei Weiß noch einigen Widerstand leisten könnte) 28. Db3—a4:, Sc4—b6 29. Td1—d5:, Sb6—a4: 30. Td5—d1, Sa4—c3 31. Td1—e1, Tc8—c4 32. Lg3—d6, Sc3—e4 33. Ld6—e7, f7—f6 34. Te1—b1, Kg8—f7 35. Kg1—f1, Lb2—c3 usw. mit leichtem Endspielgewinn; II. 27. Tc1—b1, Sc4—a3 28. Db3—b2:, Sa3—b1: 29. Db2—b1:, Dd5—b3 30. Db1—f1, b5—a4: 31. h2—h3, a4—a3 usw. mit siegreichem Vormarsch des a-Bauern.

27. Tc1—e1	Tc8—d8
28. a4—b5:	a6—b5:
29. h2—h3	....

Das Luftloch ist offenbar unumgänglich notwendig.

29.	e6—e5
30. Te1—b1	e5—e4!

Entscheidend!

31. Sf3—d4	....

Oder I. 31. Sf3—e1, Dd5—d2 32. Db3—c2 (32. Kg1—f1, Td8—a8 33. Tb1—d1, Ta8—a3 und gewinnt), Dd2—c2: 33. Se1—c2:, Td8—d2 34. Sc2—e1, Sc4—a3 und gewinnt; II. 31. Sf3—h2, Dd5—d3! 32. Tb1—b2:, Dd3—b3: 33. Tb2—b3:, Td8—d1† 34. Sh2—f1, Sc4—d2 35. Tb3—a3, Sd2—f1:! usw. mit technisch leicht gewonnenem Endspiel.

31.	Lb2—d4:
32. Tb1—d1	....

Darauf gewinnt die in einigen früheren Varianten schon erwähnte Pointe. Aber 32. e3—d4:, Dd5—d4: usw. wäre natürlich auch aussichtslos.

32.	Sc4—e3:!

Weiß gab auf.

Diese Partie halte ich neben der 34. für die wertvollste des Wettkampfes.

Nr. 88. Abgelehntes Damengambit.

(22. Partie des Wettkampfes.)

Schwarz: J. R. Capablanca.

1.	d2—d4	Sg8—f6
2.	c2—c4	e7—e6
3.	Sb1—c3	d7—d5
4.	Lc1—g5	Sb8—d7
5.	e2—e3	Lf8—e7
6.	Sg1—f3	0—0
7.	Ta1—c1	c7—c6
8.	Lf1—d3	d5—c4:
9.	Ld3—c4:	Sf6—d5
10.	Lg5—e7:	Dd8—e7:
11.	Sc3—e4	Sd5—f6
12.	Se4—g3	De7—b4†
13.	Dd1—d2	Db4—d2‡
14.	Ke1—d2:	Tf8—d8
15.	Th1—d1	b7—b6
16.	e3—e4	Lc8—b7
17.	e4—e5	Sf6—e8
18.	Kd2—e3	Kg8—f8

In der 16. Partie spielte Capablanca 18. .... c6—c5, kam aber danach in wenigen Zügen in klaren Nachteil. Das stellungsgemäße Heranbringen des Königs dürfte, wie diese und einige nachfolgende Partien des Wettkampfes lehren, dem Nachziehenden genügende Verteidigungsmöglichkeiten bieten.

19. Sf3—g5 ....

Wegen 19. h2—h4 siehe die 28. Partie. Das Textmanöver hat jedenfalls den Vorteil, dem Weißen einen dauernden Halt im Zentrum zu sichern.

19.	....	h7—h6
20.	Sg5—e4	Kf8—e7
21.	f2—f4	f7—f5

Es drohte 22. f4—f5; die Parade 21. .... g7—g6 wäre weniger gut, da sie die schwarzen Felder zu sehr schwächen würde.

22. Se4—c3 ....

Nach 22. e5—f6‡, Sd7—f6: würde Schwarz durch den Besitz des Feldes d5 rasch zu einem vollwertigen Gegenspiel gelangen.

22.	....	Se8—c7
23.	Sg3—e2	....

Hier kam auch 23. h2—h4 in Betracht, um das mit g7—g5 beginnende Gegenspiel des Nachziehenden zu erschweren.

23.	....	g7—g5
24.	h2—h4	....

Auch 24. g2—g3 versprach wegen der folgenden Absperrung g5—g4 nichts Besonderes. Den Textzug sollte Schwarz einfach mit g5—h4: beantworten, wobei er leichten Ausgleich erreicht hätte, z. B. 25. Td1—h1, Td8—g8 26. Th1—h4:, Tg8—g2: 27. Th4—h6:, Ta8—g8 28. Th6—h7†, Tg8—g7 (Ke7—d8 29. a2—a4) 29. Th7—g7‡, Tg2—g7: 30. Tc1—g1 usw.

24. .... g5—g4

Dieser Zug bringt dagegen den Nachziehenden in unnötige Schwierigkeiten, da nun der weiße Springer wieder das Feld g3 beziehen und der Anziehende dauernd mit verschiedenen Opferdrohungen auf e6 und f5 arbeiten kann.

25.	Se2—g3	a7—a5
26.	Lc4—b3	....

Den anscheinend starken Zug 26. a2—a4 könnte Schwarz mit 26. .... b6—b5! 27. a4—b5:, Sd7—b6! usw. beantworten.

26. .... Ta8—c8

Wegen 26. .... b6—b5 vergleiche die 24. Partie des Wettkampfes.

27. a2—a3 Td8—f8

Offenbar sind dem Nachziehenden die verschiedenen Opfermöglichkeiten, wie d4—d5 nebst einem Figurenopfer auf d5 bzw. Lb3—e6: nebst d4—d5 usw., doch unbequem geworden und er deckt daher das Schlüsselfeld f5.

28. Td1—d2 Lb7—a8

Diesem Abwartezug liegt nebenbei auch die Idee zugrunde, gelegentlich auf der b-Linie operieren zu können.

29. Td2—c2 ....

Bei diesem unscheinbaren Zuge mußten die verwickelten Konsequenzen des folgenden Vorstoßes c6—c5 genau durchgerechnet werden. Nachhaltiger aber war es wohl, c6—c5 vorläufig überhaupt nicht zuzulassen und Lb3—a2 zu ziehen.

29. .... c6—c5

Dieser Zug sollte Schwarz bei richtiger Fortsetzung die langersehnte Befreiung bringen.

30. d4—c5: Sd7—c5:

Dagegen bringt dieses so natürlich aussehende Wiedernehmen den Nachziehenden an den Rand des Abgrundes. Richtig war 30. .... b6—c5:!, wobei Schwarz trotz der Verschlechterung seiner Bauern ein genügendes Gegenspiel erlangt hätte und zwar durch Besetzung der b-Linie, sowie Beherrschung des Feldes d5. Weiß hätte darauf am besten mit 31. Sg3—h5 fortgesetzt.

31. Sc3—a4! Sc7—a6

Offenbar erzwungen.

(S. Stellungsbild)

32. Lb3—e6:! ....

Die verborgene Pointe dieser schwierigen Kombination kommt in der Anmerkung zum 34. Zuge von Schwarz in Vorschein.

32. .... Ke7—e6:

33. Sa4—b6: Tc8—b8

Hier konnte sich Schwarz mit 33. .... Tc8—d8 noch behaupten,

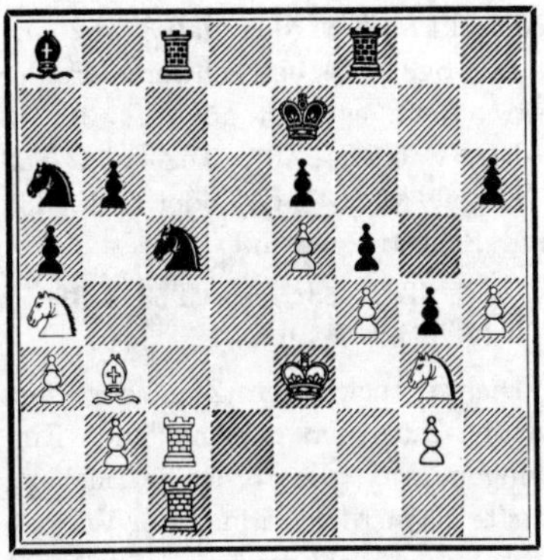

z. B. 34. Tc2—c5: (nicht 34. Sb6—a8: wegen Td8—d3† 35. Ke3—f2, Tf8—a8: 36. b2—b4, a5—b4: 37. a3—b4:, Sa6—b4: 38. Tc2—c5:, Ta8—a2† 39. Sg3—e2, Td3—d2 usw.), Sa6—c5: 35. Tc1—c5:, Td8—b8 (besser als La8—g2:, worauf 36. Tc5—a5: folgt und Weiß nach Td8—b8 37. Sb6—a4 sofort mit 38. Sa4—c5† droht) 36. Sb6—a4, Tf8—c8 37. Tc5—c8:, Tb8—c8: 38. b2—b4, a5—b4: 39. a3—b4: mit besserem, aber doch kaum gewinnbarem Endspiel für Weiß. Der Textzug sollte verlieren.

34. Sb6—a8: Tb8—b3†

Vom praktischen Standpunkte war es hier vielleicht angezeigt, sich die Gewinnführung des Weißen nach 34. .... Tb8—a8: zeigen zu lassen. Danach gibt es nämlich nur einen einzigen Zug, der den Vorteil aufrecht hält und zwar 35. Sg3—e2!!. Gegen die drei Drohungen Se2—d4†, Tc2—c5: und eventuell b2—b4 hätte dann Schwarz keine andere Parade als 35. .... Sc5—b3; darauf folgt jedoch 36. Tc2—c6†, Ke6—e7 37. Tc1—d1 nebst Td1—d6 bzw. Tc6—h6: und der weiße Angriff ist entscheidend.

Bemerkt muß werden, daß 35. b2—b4 (statt Sg3—e2) ein schwerer Fehler wäre, denn es folgt a5—b4: 36. a3—b4:, Sa6—b4: 37. Tc2—c5:, Ta8—a3† nebst Sb4—d5† oder Sb4—d3† und Schwarz gewinnt.

35. Tc2—c3 Tb3—c3‡
36. b2—c3:!! ....

Diesen tückischen Zug, der dem weißen Turm das entscheidende Eindringen auf die 6. Reihe sichert, dürfte Capablanca in seiner Vorausberechnung nicht genügend gewürdigt haben. Nach 36. Tc1—c3:, Tf8—a8: wäre dagegen Schwarz im klaren Vorteil geblieben, da 37. b2—b4 auch hier an der Folge a5—b4: 38. a3—b4:, Sa6—b4: 39. Tc3—c5:, Ta8—a3† nebst Sb4—d3† scheitert.

36. .... Tf8—a8:
37. Tc1—d1 Ta8—f8

Eine traurige Notwendigkeit, denn 37. .... Sc5—b7 würde wegen 38. Td1—b1 erfolglos bleiben.

38. Td1—d6† Ke6—e7
39. Td6—h6: Sa6—c7
40. Th6—h7† Ke7—d8
41. c3—c4 ....

Nachdem Weiß auch den Punkt d5 in seine Gewalt genommen hat, sollte er nun leicht gewinnen.

41. .... Sc7—e6

Auch mit anderen Zügen, etwa Sc5—e6 oder Kd8—c8 kann die schwarze Partie nicht mehr gerettet werden.

(S. Stellungsbild)

42. Th7—a7? ....

Ein übermütiger Zug, mit welchem Weiß ganz überflüssigerweise von seinem vorgefaßten Plane abweicht und damit jedenfalls den klaren Gewinn verschenkt. Das einfache 42. Sg3—e2 hätte nicht nur die einzige Drohung des Gegners (Se6—f4: nebst Sc5—e6† und f5—f4† usw.) pariert, sondern auch den weißen Springer entscheidend in den Kampf geführt. Z. B. hätte Schwarz nach der plausiblen Folge 42. .... Kd8—c8 43. Se2—c3, Tf8—d8 44. Sc3—d5 getrost aufgeben können.

42. .... Se6—c7!
43. Ta7—a5: Sc5—e6
44. h4—h5 ....

Durch diese Übereilung gibt Weiß die Gewinnchancen endgültig aus der Hand. Noch immer war 44. Sg3—e2 sehr stark, obzwar Schwarz dann bei bester Verteidigung die Partie wahrscheinlich halten kann, z. B. 44. .... Kd8—d7 45. Se2—d4, Se6—d4: 46. Ke3—d4:, Tf8—b8! 47. Ta5—a7, Kd7—c6 48. e5—e6, Kc6—b6 49. Ta7—a4, Sc7—e6‡ 50. Kd4—e5, Tb8—e8 51. Ke5—f5:, g4—g3! und die weißen Streitkräfte kommen nicht rechtzeitig zu einer entscheidenden Gesamtwirkung.

44. .... Kd8—d7
45. h5—h6 ....

Weiß hat keine Möglichkeit mehr, seinen materiellen Vorteil zu verwerten, da nun auf etwa 45. Sg3—e2 die Schwäche des h-Bauern bald zum Vorschein käme.

45. .... Se6—f4:!
46. Ke3—f4: Sc7—e6†
47. Kf4—e3 f5—f4†
48. Ke3—f2 f4—g3‡
49. Kf2—g3: Tf8—h8
50. Ta5—d5† ....

Im Gewinnsinne ebenfalls aussichtslos wäre 50. Ta5—a7†, Se6—c7 51. e5—e6†, Kd7—c6 52. e6—e7, Kc6—b6! usw.

50. .... Kd7—e7
51. c4—c5 Th8—h6:
52. c5—c6 Se6—f8
53. Td5—c5 Ke7—d8
54. Kg3—g4: Th6—g6†
55. Kg4—f3 Kd8—c7
56. g2—g4 Sf8—e6
57. Tc5—d5 Se6—f8
58. Td5—c5 Sf8—e6
59. Tc5—d5 Se6—f8
60. Td5—a5 ....

Das Weiterspielen hat keinen rechten Wert, es war einfacher, die Partie durch Zugwiederholung remis zu halten.

60. .... Tg6—c6:
61. Kf3—e4 Tc6—c1
62. Ta5—a7† Kc7—c6
63. Ta7—a6† Kc6—d7
64. Ta6—a7† Kd7—e6
65. Ta7—a6† Ke6—e7
66. a3—a4 Sf8—d7
67. Ta6—h6 Tc1—e1†
68. Ke4—d4 Sd7—e5:
69. a4—a5 Se5—g4:
70. Th6—h7† Ke7—d6
71. a5—a6 Te1—a1
72. a6—a7 Sg4—f6
73. Th7—b7 Sf6—d7
74. Tb7—b2 Ta1—a7:
75. Tb2—d2 Sd7—c5
76. Kd4—c4† Kd6—c6
77. Td2—h2 Ta7—a4†
78. Kc4—c3 Ta4—g4
79. Kc3—d2 Tg4—g3
80. Th2—h5 Kc5—b5
81. Kd2—e2 Kb5—c4
82. Th5—h4† Kc4—c3
83. Ke2—f2 Tg3—d3
84. Th4—f4 Kc3—d2
85. Kf2—g2 Td3—d5
86. Kg2—f3 Kd2—d3

Remis.

Nr. 89. Abgelehntes Damengambit.

(23. Partie des Wettkampfes.)

Weiß: J. R. Capablanca.

1. d2—d4 d7—d5
2. c2—c4 e7—e6
3. Sb1—c3 Sg8—f6
4. Lc1—g5 Sb8—d7
5. e2—e3 Lf8—e7
6. Sg1—f3 0—0
7. Ta1—c1 a7—a6
8. c4—d5: e6—d5:
9. Lf1—d3 c7—c6
10. 0—0 Sf6—e8

11.	Lg5—e7:	Dd8—e7:
12.	e3—e4	d5—e4:
13.	Sc3—e4:	Sd7—f6
14.	Dd1—c2	Sf6—e4:
15.	Ld3—e4:	Se8—f6
16.	Le4—f5	Lc8—f5:
17.	Dc2—f5:	Ta8—d8
18.	Tf1—e1	De7—b4
19.	Df5—c2	Tf8—e8
20.	a2—a3	Db4—d6
21.	Dc2—b3	Te8—e1†
22.	Tc1—e1:	Dd6—d7
23.	h2—h3	h7—h6
24.	Te1—e3	Sf6—d5
25.	Sf3—e5	Dd7—c7
26.	Te3—e1	Dc7—b6
27.	Db3—b6:	Sd5—b6:
28.	Se5—f3	Kg8—f8
29.	Te1—e3	Sb6—c4
30.	Te3—c3	Sc4—d6
31.	Kg1—f1	f7—f6
32.	Kf1—e2	Sd6—b5
33.	Tc3—c4	Kf8—e7
34.	Ke2—d3	Ke7—e6
35.	Tc4—c1	Td8—d5
36.	a3—a4	Sb5—c7
37.	Sf3—d2	Ke6—e7
38.	Sd2—b3	Sc7—e6
39.	Kd3—e3	Ke7—d6
40.	Tc1—c2	h6—h5
41.	h3—h4	g7—g6
42.	f2—f3	b7—b6
43.	g2—g4	a6—a5
44.	Tc2—g2	g6—g5
45.	Tg2—h2	h5—g4:
46.	f3—g4:	g5—h4:
47.	Th2—h4:	Td5—g5
48.	Sb3—d2	....

Remis.

In dieser Partie versäumte Capablanca seine beste Eröffnungschance, indem er 10. 0—0 statt 10. Dd1—c2! spielte. Bald darauf kam er durch den unbegründeten Vorstoß 12. e3—e4? in dauernden Stellungsnachteil, denn er behielt ohne Ersatz eine Schwäche auf d4. Der folgende Teil der Partie ist leicht verständlich. Der Nachziehende erzwang die nötigen Vereinfachungen; es gelang ihm, den Bauer d4 zu blockieren und sich dadurch vortreffliche Gewinnaussichten zu verschaffen. Erst sein abgegebener Zug 41. .... g7—g6 (S. Stellungsbild)

war überfein und zwar hätte statt dessen 41. .... g7—g5 geschehen sollen. Weiß hätte dann ein sehr schweres Verteidigungsspiel behalten. Die Textfortsetzung gestattete ihm aber, das Spiel später durch 45. Tg2—h2! (einziger Zug!) aufzulösen und damit alle Gefahr zu beseitigen.

Von dem fehlerhaften 12. Zuge des Anziehenden abgesehen, eine im allgemeinen gut gespielte Partie.

Nr. 90. Abgelehntes Damengambit.

(24. Partie des Wettkampfes.)

Schwarz: J. R. Capablanca.

Bis zum 26. Zuge von Weiß (!) identisch mit der 22. Partie.

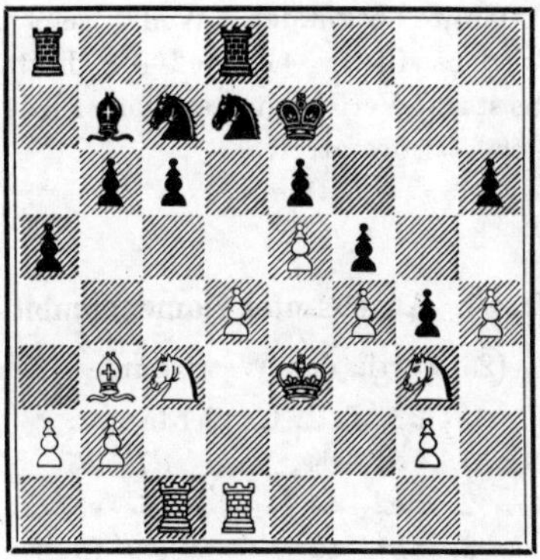

26. .... b6—b5

Dieser Zug ist zwar komplizierter als Ta8—c8, was Capablanca in der 22. Partie gezogen hatte, aber objektiv entschieden besser, denn er gestattet dem Anziehenden keine weiteren Vorbereitungen. Schwarz droht insbesondere Sd7—b6, gelegentlich aber auch a5—a4 usw. Offenbar ist Capablancas Verbesserung das Resultat einer gründlichen häuslichen Analyse.

27. d4—d5! ....

Ein Stellungsopfer, welches sich insofern bewährt, als es dem Anziehenden bis zum Schluß die Initiative sichert. Von hier an hatte übrigens Weiß mit einer ganzen Anzahl von Verführungen zu rechnen. So hätte z. B. das vielversprechende Läuferopfer auf e6 nur in folgender Variante seine Widerlegung gefunden: 27. .... Ke7—e6: 28. d4—d5†, Sc7—d5‡ (nicht c6—d5: wegen 29. Sc3—e2! mit Vorteil für Weiß, da gegen die Drohung Se2—d4† nichts zu erfinden ist) 29. Sc3—d5:, c6—d5: 30. Tc1—c7 (30. Sg3—e2 wird mit Sd7—e5:! beantwortet) 30. .... d5—d4† 31. Td1—d4:, Sd7—e5:! mit einer für Schwarz günstigen Abwicklung.

27. .... c6—d5:
28. Sc3—e2 ....

28. Sc3—e4 hätte sich nach 28. .... Sc7—e8! als der berühmte Schlag ins Wasser herausgestellt.

28. .... Ta8—c8
29. Se2—d4 Sd7—b6
30. Tc1—c5! ....

Involviert das Opfer eines zweiten Bauern. Ungenügend wäre hier das Opfer 30. Sg3—f5‡ wegen e6—f5: 31. Sd4—f5‡, Ke7—e6 32. Sf5—d6, Td8—d6:! usw.

30. .... a5—a4

Nach 30. .... Sb6—c4† 31. Lb3—c4:, d5—c4: wäre nun das Opfer auf f5 sehr stark und zwar: 32. Sg3—f5‡, e6—f5: 33. Sd4—f5‡, Ke7—e6 34. Sf5—d6 usw.

31. Lb3—c2 Sb6—d7

Capablanca vermeidet die aus 31. .... Sb6—c4† entspringenden Verwicklungen, die aber höchstwahrscheinlich auch nur zum Remis geführt hätten, z. B. 32. Ke3—e2, Sc4—b2: 33. Td1—b1, a4—a3 34. Sg3—f5‡, e6—f5: 35. Lc2—f5:, b5—b4 36. Lf5—c8:, Td8—c8: 37. Sd4—c6†, Lb7—c6: 38. Tc5—c6:, Ke7—d7 39. Tc6—d6†, Kd7—e7 40. Td6—c6 usw. mit Zugswiederholung, da Schwarz die Fesselung des Sc7 ohne Nachteil nicht aufheben kann.

32. Tc5—c3 b5—b4

Darauf gewinnt Weiß den geopferten Bauer zurück, aber Schwarz war wegen der nun tödlichen Drohung 33. Lc2—f5: usw. gezwungen, zur Auflösung zu drängen.

33. Tc3—c6! ....

Ungenügend wäre 33. Sd4—c6† wegen Lb7—c6: 34. Tc3—c6:, d5—d4†! nebst Sc7—d5 usw.

33. .... Lb7—c6:
34. Sd4—c6‡ Ke7—e8

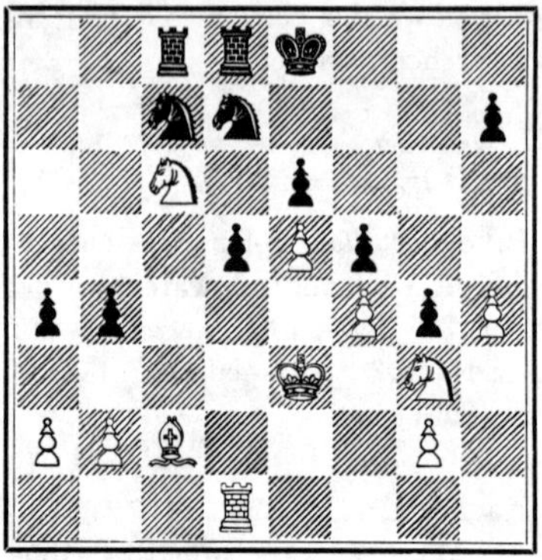

35. Sc6—d8: ....

Nur Zugumstellung wäre 35. Lc2—a4:, Sd7—b6 usw. Dagegen mußte Weiß hier wieder einer Versuchung widerstehen und zwar: 35. Lc2—f5:, wonach die sofortige Annahme des Opfers ihn nach 36. Sg3—f5: in starken Vorteil gebracht hätte. Die Widerlegung bestünde aber in dem Zwischenzuge 35. .... d5—d4†!, wonach 36. Ke3—e4?, Sd7—c5 × zu einer tragikomischen Mattstellung führt, 36. Td1—d4: an Sc7—d5† 37. Td4—d5:, Tc8—c6: 38. Lf5—g6†, Ke8—e7 usw. scheitert und 36. Ke3—f2 die nunmehr unbedenkliche Annahme des Opfers gestattet.

35. .... Ke8—d8:
36. Lc2—a4: Sd7—b6
37. La4—b3 Sc7—a6
38. Sg3—e2 Kd8—d7
39. Td1—d4 Tc8—c5
40. Ke3—d2 Tc5—c8
41. Kd2—e3 ....

Damit bekundet Weiß seinen Friedenswillen. 41. Se2—c1 hätte das starke Verteidigungsmanöver Kd7—c6—b5 gestattet.

Remis.

Nr. 91. Abgelehntes Damengambit.

(25. Partie des Wettkampfes.)

Weiß: J. R. Capablanca.

1.	d2—d4	d7—d5
2.	c2—c4	e7—e6
3.	Sb1—c3	Sg8—f6
4.	Lc1—g5	Sb8—d7
5.	e2—e3	Lf8—e7
6.	Sg1—f3	0—0
7.	Ta1—c1	a7—a6
8.	c4—d5:	e6—d5:
9.	Lf1—d3	c7—c6
10.	Dd1—c2	Tf8—e8
11.	0—0	Sd7—f8
12.	Tf1—e1	Lc8—e6
13.	Sc3—a4	Sf6—d7
14.	Lg5—e7:	Dd8—e7:
15.	Sa4—c5	Sd7—c5:
16.	Dc2—c5:	De7—c7
17.	b2—b4	Sf8—d7
18.	Dc5—c2	h7—h6
19.	a2—a4	Dc7—d6
20.	Tc1—b1	Te8—c8
21.	Te1—c1	Le6—g4
22.	Sf3—d2	Tc8—c7
23.	Sd2—b3	Lg4—h5
24.	Sb3—c5	Sd7—c5:
25.	Dc2—c5:	Dd6—f6
26.	b4—b5	a6—b5:
27.	a4—b5:	Lh5—g6
28.	Ld3—g6:	Df6—g6:
29.	Tb1—a1	Ta8—c8
30.	b5—b6	Tc7—d7
31.	Ta1—a7	Kg8—h7
32.	Tc1—a1	f7—f5
33.	Dc5—c2	Td7—e7

34.	g2—g3	Tc8—e8
35.	Ta7—a8	Te7—e4
36.	Ta8—e8:	Te4—e8:
37.	Ta1—a7	Te8—b8
38.	h2—h4	h6—h5
39.	Kg1—g2	Dg6—e6
40.	Dc2—d3	Kh7—g6
41.	Kg2—h2	

Remis.

Das gefällige Spiel weist doch beiderseits je einen kleinen Fehler auf. Im 17. Zuge (S. Stellungsbild)

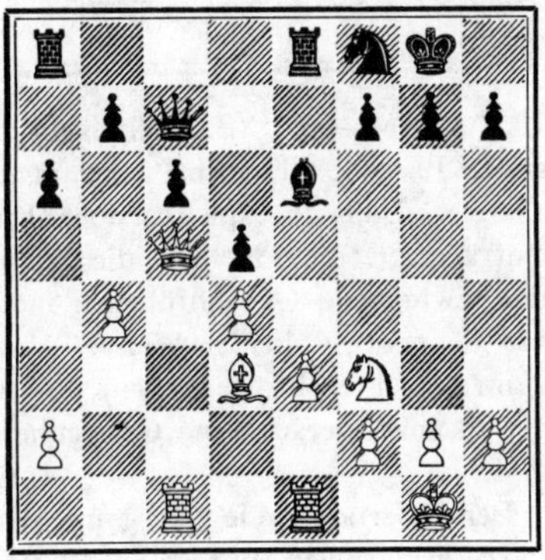

mußte ich 17. .... Ta8—d8 statt 17. .... Sf8—d7 ziehen. 18. Sf3—e5 konnte dann mit Sf8—d7 beantwortet werden und auf 18. Sf3—d2 hätte ich meinen Läufer ähnlich wie in der Partie via g4—h5 auf g6 zum Abtausch entgegenstellen können. Capablanca dagegen hätte seinen Stellungsvorteil mit 26. Tb1—a1!, Lh5—g6 27. Ld3—f1 sicherstellen können. Nach dem Läufertausch wurde der weiße Druck auf dem Damenflügel durch ein Gegenspiel im Zentrum leicht aufgewogen.

Nr. 92. Abgelehntes Damengambit.

(26. Partie des Wettkampfes.)

Schwarz: J. R. Capablanca.

1.	d2—d4	Sg8—f6
2.	c2—c4	e7—e6
3.	Sb1—c3	d7—d5
4.	Lc1—g5	Sb8—d7
5.	e2—e3	Lf8—e7
6.	Sg1—f3	0—0
7.	Ta1—c1	c7—c6
8.	Dd1—c2	a7—a6
9.	a2—a3	Tf8—e8
10.	Lf1—d3	h7—h6
11.	Lg5—f4	d5—c4:
12.	Ld3—c4:	b7—b5
13.	Lc4—e2	Lc8—b7
14.	0—0	c6—c5
15.	d4—c5:	Sd7—c5:
16.	Tf1—d1	Dd8—b6
17.	Lf4—e5	Ta8—c8
18.	Le5—d4	Lb7—f3:
19.	Le2—f3:	Db6—b8
20.	Ld4—c5:	Tc8—c5:
21.	Dc2—b1	Te8—c8
22.	Sc3—e4	

Remis.

Wohl das inhaltsloseste Spiel des ganzen Matches. Der argentinische Sommer begann und ich mußte mich erst im Laufe der nächsten zwei Wochen an die tropische Temperatur einigermaßen gewöhnen. Die vorliegende Partie hatte ich unter dem Einfluß der ersten Hitzewelle nur auf Remis angelegt. Die Folge war selbstverständlich.

Nr. 93. Abgelehntes Damengambit.

(27. Partie des Wettkampfes.)

Weiß: J. R. Capablanca.

1.	d2—d4	d7—d5
2.	c2—c4	e7—e6

3.	Sb1—c3	Sg8—f6
4.	Lc1—g5	Sb8—d7
5.	e2—e3	Lf8—e7
6.	Sg1—f3	0—0
7.	Ta1—c1	a7—a6
8.	c4—d5:	e6—d5:
9.	Lf1—d3	c7—c6
10.	Dd1—c2	h7—h6
11.	Lg5—h4	Sf6—e8
12.	Lh4—g3	Le7—d6
13.	0—0	Ld6—g3:
14.	h2—g3:	Se8—d6
15.	Sc3—a4	Tf8—e8
16.	Tf1—e1	Sd7—f6
17.	Sf3—e5	Sf6—e4
18.	Dc2—b3	Lc8—e6
19.	Sa4—c5	Se4—c5:
20.	d4—c5:	Sd6—b5
21.	a2—a4	Sb5—c7
22.	Ld3—b1	Le6—c8
23.	Se5—f3	Sc7—e6
24.	e3—e4	d5—e4:
25.	Te1—e4:	Te8—e7
26.	Tc1—e1	Lc8—d7
27.	Db3—c2	g7—g6
28.	Lb1—a2	Dd8—f8
29.	Sf3—e5	Df8—g7
30.	Se5—d7:	Te7—d7:
31.	La2—e6:	f7—e6:
32.	Te4—g4	Kg8—h7
33.	Te1—e6:	Ta8—g8
34.	Dc2—e4	Td7—f7
35.	f2—f4	Dg7—f8
36.	Tg4—g6:	Df8—c5‡
37.	Kg1—f1	Dc5—c1†
38.	Kf1—f2	Dc1—d2†

Remis.

Dieses Spiel, das erste seit der 7. Partie, hätte Capablanca verdientermaßen gewinnen sollen. Ich hatte einige kleinere Stellungsfehler, wie z. B. 16. .... Sd7—f6 statt 16. .... Sd7—f8, und auch einen ganz groben begangen, indem ich

19. .... Se4—c5:?? (S. Stellungsbild) statt 19. .... Ta8—b8 oder auch 19. .... Dd8—f6! spielte, doch beeinträchtigt dies m. E. die klare und zwingende Gewinnführung meines Gegners in keiner Weise. Man kann eben nicht gewinnen, wenn der Gegner hierzu keine Gelegenheit gibt.

Der überraschende Ausgang der Partie erklärt sich auf folgende Weise: Capablanca übersah einfach das Schach auf c5, als er im 36. Zuge auf g6 schlug. Dieses Übersehen, welches an sich noch nichts verdarb, machte ihn aber derart nervös, daß er gleich darauf ohne Überlegung den entscheidenden Fehler 38. Kf1—f2?? (statt 38. Kf1—e2!) beging. — Übrigens war dies die würdige Vergeltung für die unglückselige 22. Partie, wo ich gleich nach dem Abbruch einen ebenso kindlich leichten und ebenso verdienten Sieg aus der Hand gab.

Nr. 94. Abgelehntes Damengambit.

(28. Partie des Wettkampfes.)

Schwarz: J. R. Capablanca.

Einschließlich des 18. Zuges von Schwarz identisch mit der 22. und 24. Partie.

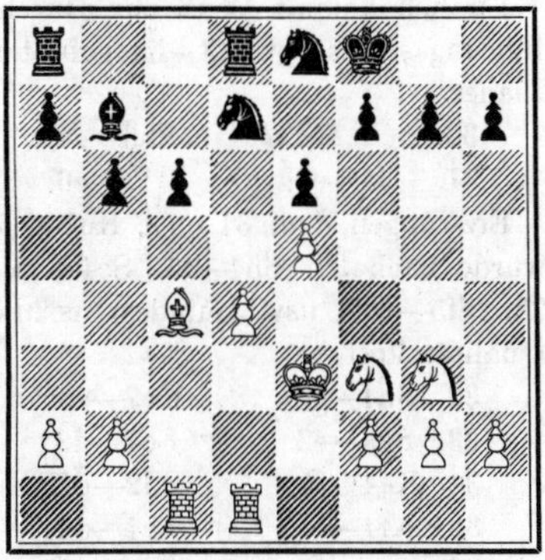

19. h2—h4 ....

Objektiv folgerichtig dürfte das in den beiden vorgenannten Partien durchgeführte Manöver Sf3—g5—e4 usw. sein. Mit dem Textzug versucht Weiß den feindlichen Königsflügel zu blockieren. Bei dem hier angewendeten wenig plausiblen Gegenspiel des Nachziehenden, sollte dieser Versuch Erfolg haben.

19. .... Kf8—e7

20. h4—h5 h7—h6

Gerade nach diesem instinktiven Gegenzug, den Weiß hauptsächlich erwartet hatte, sollte der Nachziehende in Schwierigkeiten kommen. Einzig richtig war 20. .... Se8—c7, was Capablanca auch in der 30. Partie spielte. Schwarz hat sodann die Möglichkeit, sowohl 21. h5—h6, g7—h6: 22. Td1—h1 als auch 21. Sg3—e4 mit dem zum Ausgleich führenden Gegenstoß c6—c5! zu beantworten. An der Textstelle kam auch der Versuch, das weiße Zentrum mit 20. .... f7—f6 nebst c6—c5 zu sprengen, in Frage und hätte zu wilden, aber letzten Endes für Weiß günstigen Verwicklungen geführt. Z. B. 21. h5—h6, f6—e5: 22. d4—e5:, c6—c5 23. Lc4—b5!, Lb7—f3: 24. Td1—d7‡, Td8—d7: 25. Lb5—d7:, Ke7—d7: (oder Lf3—g2: 26. Ld7—e8: nebst h6—g7: und Sg3—h5 mit entscheidendem Vorteil) 26. Ke3—f3: und es ist nicht ersichtlich, auf welche Art sich Schwarz gegen den Angriff auf seinen Königsflügel wehren soll. Dagegen wäre das sehr verführerische Opferspiel 23. Lc4—e6: (statt Lc4—b5!) zum Vorteil für Schwarz ausgegangen und zwar: 23. .... Ke7—e6: 24. Sf3—g5†, Ke6—e5:! (nicht Ke6—e7 wegen 25. Sg3—f5†, Ke7—f8 26. e5—e6 usw.) 25. f2—f4†, Ke5—f6 26. Sg5—h7‡, Kf6—f7 27. Sh7—g5†, Kf7—g6 und der weiße Angriff dürfte kaum durchdringen.

21. Sf3—h4 ....

Diesem Zuge liegt die Idee zugrunde, mittels des Vormarsches f2—f4—f5 eines der Felder f5 oder g6 für einen Springer zu gewinnen. Es zeigt sich aber, daß die Durchführung dieses Planes dem Nachziehenden genügend Zeit läßt, ein ausreichendes Gegenspiel im Zentrum einzuleiten. Die richtige Fortsetzung, welche die Schwäche des Zuges h7—h6 ausgenützt hätte, bestand in 21. Sg3—e4, was den Se8 an die Deckung des Feldes d6 gebunden und den Gegenstoß c6—c5 wegen der vorteilhaften Antwort d4—d5 verhindert hätte. Während es einerseits nicht ersichtlich gewesen wäre, welchen Befreiungsplan Schwarz fassen sollte, hätte es anderseits Weiß sehr leicht gehabt, mittels g2—g4 nebst g4—g5 bzw. g2—g4 nebst Sf3—h4 und f2—f4—f5 einen sehr nachhaltigen Angriff auf dem Königsflügel einzuleiten.

21. .... c6—c5!

Dieser Befreiungszug muß sofort geschehen, denn auf das naheliegende 21. .... Se8—c7 würde Weiß durch das Opferspiel 22. Sh4—f5†, e6—f5: 23. Sg3—f5‡, Ke7—f8 24. Sf5—d6 einen vorteilhaften Angriff erlangen, z. B. .... Ta8—b8 25. Sd6—f7:, Td8—e8 26. Sf7—h8! usw.

22. f2—f4 Se8—c7
23. d4—c5: ....

Das Springeropfer auf f5 würde nunmehr wegen des schließlichen Zwischenzuges Lb7—d5 nicht mehr ausreichen.

23. .... Sd7—c5:
24. Td1—d8: ....

Dieser Tausch ist notwendig, denn das sofortige 24. b2—b4 wäre wegen 24. .... Td8—d1: 25. Tc1—d1:, Sc5—a4 für Schwarz, dessen Leichtfiguren rasch auf vorzügliche Felder gelangen, recht angenehm.

24. .... Ta8—d8:
25. b2—b4 Sc5—a6

Dagegen wäre Sc5—a4 an dieser Stelle wegen der möglichen Folge 26. Sh4—f5†, e6—f5: 27. Sg3—f5†, Ke7—f8 28. Lc4—f7:, Sc7—d5† 29. Lf7—d5:, Lb7—d5: 30. Tc1—c7 usw. recht bedenklich.

Der wohldurchdachte Textzug gewinnt durch die Bedrohung des Bauern b4 ein wertvolles Tempo.

26. a2—a3 ....

Nicht 26. Lc4—a6: wegen Sc7—d5† nebst Lb7—a6: usw.

26. .... b6—b5
27. Lc4—b3 Lb7—d5
28. Lb3—d5: Sc7—d5‡
29. Ke3—e4 Sd5—b6
30. f4—f5 ....

Endlich kommt Weiß zur Durchführung seines bei Sf3—h4 gefaßten Planes.

30. .... Sb6—c4
31. f5—e6: f7—e6:

Erzwungen, denn 31. .... Ke7—e6: würde nach 32. Sh4—f5, Sc4—e5:? 33. Sf5—d4† usw. mindestens die Qualität kosten.

32. Sh4—g6† Ke7—e8
33. Sg3—e2 Sc4—d2†
34. Ke4—f4 Sd2—c4
35. Kf4—e4 Sc4—d2†
36. Ke4—f4 Sd2—c4
37. Kf4—g4 ....

Da Weiß keine Möglichkeit besitzt, seinen Turm auf die f-Linie zu führen, anderseits Schwarz den Zug Se2—d4 nicht zulassen darf, war die beiderseitige Zugswiederholung durchaus berechtigt. Capablanca hatte mir nun Remis angeboten, was ich jedoch ablehnte, da ich in Zeitnot war und nicht Gelegenheit hatte, die Stellung vorerst zu prüfen. Es zeigt sich aber bald, daß ich mich mit dem Textzuge allerlei Gefahren aussetzte.

37. .... Sa6—c7
38. a3—a4 a7—a6
39. a4—b5: a6—b5:
40. Tc1—a1 Td8—d3!
41. Se2—f4 ....

Die Lage des Anziehenden hat sich nach der etwas übermütigen Ablehnung des Remisangebotes kritisch gestaltet. Schwarz droht nicht nur

Sc4—e3†, sondern auch Td3—e3, sowie Td3—b3. Der Textzug, den ich bei Abbruch ins Kuvert abgegeben hatte, kostete mich 1 Stunde und 50 Minuten Bedenkzeit, es war dies der Rekordverbrauch in diesem Wettkampf. Wie sich zeigen wird, waren die hier durchzurechnenden Varianten tatsächlich sehr weitreichend und kompliziert.

41. .... Td3—b3

Außer dieser Fortsetzung, welche ich tatsächlich als die für mich gefährlichste ansah, waren auch die Folgen von 41. .... Td3—e3 zu berechnen. Darauf hätte sich Weiß zu einem Qualitätsopfer entschließen müssen und zwar: 42. Ta1—a7, Ke8—d8 43. Ta7—c7:!, Kd8—c7: 44. Sf4—e6‡, Kc7—b6 45. Kg4—f4, Te3—b3 46. Sg6—e7! und die Verlustgefahr ist eher auf Seite des Nachziehenden.

42. Ta1—a7 Ke8—d8

43. g2—g3! ....

Die Pointe der mit 41. Se2—f4 eingeleiteten Rettungsaktion! Der weiße König kann sich nun nötigenfalls auf h3 verstecken und der mögliche Angriff gegen e6 gewährleistet ein genügendes Gegenspiel. Capablanca besann sich an dieser Stelle 40 Minuten und bot dann abermals Remis an, was ich nun annahm. Dieser Partieschluß ist durchaus gerechtfertigt, wie die nachfolgenden Varianten beweisen: I. 53. .... Sc4—e3† 44. Kg4—h3, Se3—f5 45. Sg6—f8!, Sf5—d4 46. Ta7—b7! und Schwarz müßte sich mit der nach 46. .... Kd8—c8 47. Tb7—b6 unvermeidlichen Abholzung begnügen, denn nach 46. .... Tb3—b4:? würde er sogar noch in einigen Zügen matt gesetzt werden und zwar: 47. Tb7—b8†, Kd8—e7 48. Sf4—g6†, Ke7—f7 49. Sf8—h7!, Sc7—e8 50. Tb8—b7†, Kf7—g8 51. Tb7—e7 usw. II. 43. .... Tb3—b4: 44. Sg6—f8, Sc4—e5‡ 45. Kg4—h3, Tb4—c4! 46. Sf8—e6‡, Kd8—c8 47. Se6—g7:, Tc4—a4! 48. Ta7—a4:, b5—a4: 49. Sf4—e2, a4—a3 50. Se2—c3, Sc7—d5 51. Sc3—a2, Se5—d3 52. Sg7—f5, Sd5—b4 53. Sa2—b4:, Sd3—b4: 54. Sf5—d4, a3—a2 55. Sd4—b3, Kc8—d7 56. g3—g4, Kd7—e6 57. g4—g5, h6—g5: 58. h5—h6, Ke6—f6 59. h6—h7! (nicht 59. Kh3—g4 wegen Sb4—d3 60. h6—h7, Sd3—e5† 61. Kg4—h5, Se5—f7 und Schwarz gewinnt), Kf6—g7 60. Kh3—g4 Remis.

Nr. 95. Abgelehntes Damengambit.

(29. Partie des Wettkampfes.)

Weiß: J. R. Capablanca.

1.	d2—d4	d7—d5
2.	c2—c4	e7—e6
3.	Sb1—c3	Sg8—f6
4.	Lc1—g5	Sb8—d7

5.	e2—e3	c7—c6
6.	Sg1—f3	Dd8—a5
7.	Sf3—d2	Lf8—b4
8.	Dd1—c2	d5—c4:
9.	Lg5—f6:	Sd7—f6:
10.	Sd2—c4:	Da5—c7
11.	a2—a3	Lb4—e7
12.	g2—g3	0—0
13.	Lf1—g2	Lc8—d7
14.	b2—b4	b7—b6
15.	0—0	a7—a5
16.	Sc4—e5	a5—b4:
17.	a3—b4:	Ta8—a1:
18.	Tf1—a1:	Tf8—c8
19.	Se5—d7:	Dc7—d7:
20.	Sc3—a4	Dd7—d8
21.	Dc2—b3	Sf6—d5
22.	b4—b5	c6—b5:
23.	Db3—b5:	Tc8—a8
24.	Ta1—c1	Ta8—a5
25.	Db5—c6	Le7—a3
26.	Tc1—b1	La3—f8
27.	Lg2—d5:	Ta5—d5:
28.	Sa4—b6:	Td5—d6
29.	Dc6—b7	h7—h5
30.	Sb6—c4	Td6—d7
31.	Db7—e4	Td7—c7
32.	Sc4—e5	Dd8—c8
33.	Kg1—g2	Lf8—d6
34.	Tb1—a1	Tc7—b7
35.	Se5—d3	g7—g6
36.	Ta1—a6	Ld6—f8
37.	Ta6—c6	Tb7—c7
38.	Tc6—c7:	Dc8—c7:
39.	Sd3—e5	Lf8—g7
40.	De4—a8†	Kg8—h7
41.	Se5—f3	Lg7—f6
42.	Da8—a6	Kh7—g7
43.	Da6—d3	Dc7—b7
44.	e3—e4	Db7—c6
45.	h2—h3	Dc6—c7
46.	d4—d5	e6—d5:
47.	e4—d5:	Dc7—c3
48.	Dd3—c3:	Lf6—c3:
49.	Kg2—f1	Kg7—f6
50.	Kf1—e2	Lc3—b4
51.	Sf3—d4	Lb4—c5
52.	Sd4—c6	Kf6—f5
53.	Ke2—f3	Kf5—f6
54.	g3—g4	h5—g4:
55.	h3—g4:	Kf6—g5
56.	Sc6—e5	Lc5—d4
57.	Se5—f7‡	Kg5—f6
58.	Sf7—d8	Ld4—b6
59.	Sd8—c6	Lb6—c5
60.	Kf3—f4	Lc5—f2:
61.	g4—g5†	Kf6—f7
62.	Sc6—e5†	Kf7—e7
63.	Se5—g6‡	Ke7—d6
64.	Kf4—e4	Lf2—g3
65.	Sg6—f4	Kd6—e7
66.	Ke4—e5	Lg3—e1
67.	d5—d6†	Ke7—d7
68.	g5—g6	Le1—b4
69.	Ke5—d5	Kd7—e8
70.	d6—d7†	Aufgegeben.

Trotzdem ich diese Partie — schließlich, durch ein grobes Versehen — verloren habe, glaube ich sie zu meinen besten Verteidigungsleistungen dieses Wettkampfes (neben der 17.) zählen zu dürfen. Tatsächlich, nachdem Schwarz durch seinen leichtsinnigen 15. Zug a7—a5 (den er schon in der 11. Partie wegen ganz ähnlicher Varianten wie die hier geschehene verworfen hatte), dank der tadellosen Ausnutzung der Schwäche seitens des Anziehenden einen Bauer verlor, gelang es ihm, nach stundenlanger, höchst schwieriger Verteidigung, trotz des Minusbauern eine glatte Remisstellung im Endspiel zu erreichen. Capablanca irrt sich, wenn er als den einzigen Moment, wo er den Sieg erzwingen konnte, den

Zug 38. Sd3—e5 statt 38. Tc6—c7: vorschlägt; darauf hätte Schwarz nämlich durch 38. .... Dc8—b7 39. De4—f3, Lf8—g7 usw. eine der Textfortsetzung ähnliche Wendung erzwungen. Am schwersten für Schwarz war es (nachdem Weiß sich zu dem Vorstoß 46. d4—d5, — den er übrigens nicht gut durch Springermanöver vorbereiten konnte, z. B. 46. Sf3—d2, h5—h4! usw. — entscheiden mußte) die genauen Konsequenzen des Damentausches im 47. Zuge (S. Stel-

lungsbild) durchzurechnen. Hätte Weiß den Tausch übrigens vermieden, so wäre für ihn nach 48. Dd3—e4, Dc3—c5! usw. ein Gewinn ebenfalls kaum denkbar gewesen. Bei der Textfortsetzung zeigte es sich noch deutlicher, daß die Einschätzung der gegenseitigen Endspielchancen seitens des Nachziehenden die richtigere gewesen war, denn nach dem 55. Zuge von Weiß (S. Stellungsbild) hätte Schwarz sowohl mit 55. .... Lc5 d6 (von allen Glossatoren angegeben) als auch mit 55. .... Lc5—b6 Remis leicht erzwingen können. Bei dem Fehlzuge 55. .... Kf6—g5?? — den ich

für den einfachsten Weg zum Remis hielt — übersah ich eben die studienartige Wendung 56. Sc6—e5, f7—f5 57. d5—d6!, f5—g4† 58. Kf3—g2! usw. Und so kam es, wie es kommen sollte.

Nr. 96. Abgelehntes Damengambit.

(30. Partie des Wettkampfes.)

Schwarz: J. R. Capablanca.

Die ersten 19 Züge sind mit der 28. Partie identisch.

20.	h4—h5	Se8—c7
21.	Sg3—e4	c6—c5
22.	d4—c5:	Lb7—e4:
23.	Ke3—e4:	Sd7—c5†
24.	Ke4—e3	Td8—d1:
25.	Tc1—d1:	b6—b5
26.	Lc4—b3	Ta8—c8
27.	Sf3—d4	Sc5—b3:
28.	a2—b3:	Sc7—d5†
29.	Ke3—e4	a7—a6
30.	Td1—a1	Sd5—b4
31.	g2—g4	f7—f6
32.	f2—f4	f6—e5:
33.	Ke4—e5:	Tc8—c5†
34.	Ke5—e4	h7—h6
35.	f4—f5	e6—f5†
36.	Sd4—f5†	Ke7—f6

37. Ta1—d1 Tc5—e5†
38. Ke4—f3 Te5—d5
39. Td1—d5: Sb4—d5:
40. Kf3—e4 Sd5—b4

Remis.

Ein gutes Remisspiel. Im Gegensatz zur 28. Partie fand hier Capablanca den richtigen Weg, um die Unzulänglichkeit meines mit 19. h2—h4 beginnenden Gewinnversuches überzeugend nachzuweisen. Die mit dem 31. Zuge (S. Stellungsbild) eingeleitete Initiative des Anziehenden

auf der Königsseite wurde durch einen rechtzeitigen Gegenstoß im Zentrum unschädlich gemacht. Dabei erschöpften sich die Kampfmittel und führten auf diese Weise zur Versöhnung.

Nr. 97. Abgelehntes Damengambit.

(31. Partie des Wettkampfes.)

Weiß: J. R. Capablanca.

1. d2—d4 d7—d5
2. c2—c4 e7—e6
3. Sb1—c3 Sg8—f6
4. Lc1—g5 Sb8—d7
5. e2—e3 c7—c6
6. Lf1—d3 ....

Eine harmlose Fortsetzung, welche dem Nachziehenden gestattet, das Problem der Entwicklung seines Damenläufers rasch und schmerzlos zu lösen. Wenn Weiß den Aufbau Lf1—d3 nebst Sg1—e2 versuchen wollte, so sollte er zunächst auf d5 tauschen, wie es in der 32. Partie geschah.

6. .... Dd8—a5!
7. Lg5—h4 d5—c4:
8. Ld3—c4: b7—b5
9. Lc4—b3 ....

Auch auf 9. Lc4—d3, wie Capablanca in der 33. Partie spielte, erreicht Schwarz mühelosen Ausgleich.

9. .... Lc8—b7
10. Sg1—f3 c6—c5
11. d4—c5: Lf8—c5:

Auch die schärfere Fortsetzung 11. .... Sd7—c5: 12. Lh4—f6:, g7—f6: kam in Frage.

12. 0—0 0—0
13. Sf3—d4 a7—a6!

Die einfachste Art, die Drohung Sd4—e6: zu parieren, besteht in ihrer Ignorierung. Mit 13. .... b5—b4 14. Sc3—a4, Lb7—d5 konnte Schwarz ebenfalls ein gleiches Spiel behaupten.

14. Dd1—e2 ....

Nach reiflicher Überlegung erkennt Capablanca, daß er mit der Fortsetzung 14. Sd4—e6:, f7—e6: 15. Lb3—e6‡ nicht nur keinen Vorteil erlangt, sondern sich sogar unnützen Gefahren ausgesetzt hätte. Schwarz hätte dann zwischen zwei aussichtsvollen Fortsetzungen die Wahl und zwar: I. 15. .... Tf8—f7 16. Dd1—b3, Sd7—e5 17. Ta1—d1, Da5—c7 und falls 18. Lh4—g3, so Dc7—c6 nebst Se5—c4 usw. mit materiellem Gleichgewicht, wobei aber Schwarz ein starkes Figurenspiel erlangt. II. 15. .... Kg8—h8 16. Le6—d7:, Ta8—d8 17. Lh4—f6:, Tf8—f6: 18. Dd1—h5, Da5—c7 19. Ld7—h3 und nun entweder Tf6—h6 20. Dh5—e2, Dc7—e5 mit sehr starkem Angriff für Schwarz, oder 19. .... Lc5—d6 20. f2—f4, Dc7—b6 mit unausbleiblichem Rückgewinn des geopferten Materials. In der Partie hatte ich die Absicht, die schärfere Variante II zu wählen. — Statt des Textzuges hatte ich eigentlich 14. a2—a3 erwartet, womit Weiß sowohl den isolierten Damenbauer, als auch die Randstellung seines Damenspringers vermieden hätte.

14. .... b5—b4
15. Sc3—a4 Lc5—d4:
16. e3—d4: Sf6—d5

Das sofortige 16. .... Lb7—c6 schien mir wegen der Fortsetzung 17. Sa4—c5, Sd7—c5: 18. b4—c5:, Da5—c5: 19. Lh4—f6:, g7—f6: 20. Tf1—c1! recht verdächtig.

17. Lh4—g3 Lb7—c6
18. De2—c2 Lc6—a4:
19. Lb3—a4: Ta8—c8
20. Dc2—d1 Sd7—b6
21. La4—c2 ....

Auf 21. La4—b3 folgt Da5—b5 mit der Drohung a6—a5—a4 usw.

21. .... Sb6—c4
22. b2—b3 ....

Es gibt kaum etwas Besseres als diese neuerliche Schwächung. Auf 22. Dd1—d3 würde f7—f5 folgen.

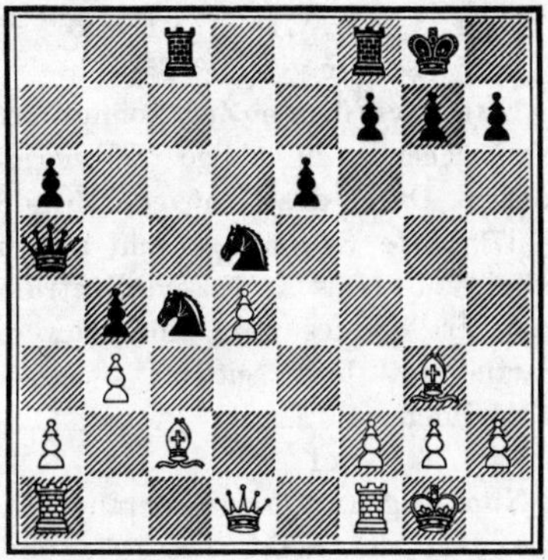

22. .... Sc4—a3

Bis hierher hatte Schwarz den etwas riskanten 14. Zug von Weiß folgerichtig ausgenützt, jetzt aber gerät er auf Abwege. Mit der naheliegenden Abtauschkombination 22. .... Sd5—e3! 23. f2—e3: (oder 23. Lc2—h7‡, Kg8—h7: 24. Dd1—d3†, Da5—f5 usw. mit Vorteil für Schwarz), Sc4—e3: 24. Lc2—h7‡, Kg8—h7: 25. Dd1—d3†, Se3—f5 26. Lg3—e5, Kh7—g8! — und falls nun z. B. 27. Dd3—e4 (27. d4—d5?, Tc8—c5!), so Da5—b6 28. g2—g4, Sf5—e7 29. Ta1—c1, Tc8—c3 usw. — hätte er seinen Positionsvorteil erheblich vergrößert.

23. Lc2—d3 Sa3—b5
24. Lg3—e5! ....

Damit bringt Weiß die Stellungen wieder ins Gleichgewicht. Auf 24. .... f7—f6 folgt 25. Dd1—h5, g7—g6 26. Lc2—g6:, h7—g6: 27. Dh5—g6‡,

Kg8—h8 28. Dg6—h6† usw. mit Remisschluß (der Gewinnversuch 28. f2—f4 würde an Tc8—c7! 29. Le5—c7:, Da5—c7: 30. Tf1—f3, Dc7—h7! usw. scheitern). Schwarz hätte nun am einfachsten dieser Variante nicht ausweichen und 24. .... f7—f6 ziehen sollen.

24. .... f7—f5
25. Ld3—c4 Tf8—d8

Erst nach diesem Zug kommt der Nachziehende in einige Schwierigkeiten. Durch das Manöver Da5—d8—d7! hätte Schwarz sowohl seinen Königsflügel als auch sein Zentrum gesichert und es wäre eine schwere Partie mit beiderseitigen Chancen entstanden.

26. Tf1—e1 ....

Nun liegen schon Opferangriffe, wie Dd1—h5 nebst Le5—g7: und Te1—e6: in der Luft.

26. .... Da5—b6
27. Dd1—d2 Db6—b7?

Dieses Bauernopfer schien mir den Umständen angemessen im Remissinne sehr aussichtsreich, ist aber tatsächlich weder ganz korrekt noch notwendig. Bei der logischen Fortsetzung 27. .... Sb5—c3 hätte Schwarz eine verteidigungsfähige Stellung erlangt, denn die so gefährlich scheinende Antwort 28. a2—a3 hätte nach 28. .... Sc3—e4 weder bei 29. Te1—e4:, f5—e4: 30. a3—b4:, Tc8—a8 noch bei 29. Dd2—d3, a6—a5 30. f2—f3, Se4—d6 irgendeinen größeren Vorteil für Weiß ergeben. Andere Züge als 28. a2—a3 hätten aber dem Nachziehenden genügend Zeit zu entsprechenden Umgruppierungen gelassen.

28. Lc4—d5: Db7—d5:
29. Dd2—b4: Tc8—c2

Das nach dem doppelten Nehmen auf d4 und schließlich Te1—e6: resultierende Turmendspiel wäre für Weiß ohne größere Schwierigkeiten zu gewinnen.

30. Db4—e7 ....

Bei der starken Stellung, welche jetzt die schwarzen Figuren, besonders die Dame, einnehmen, bietet der Textzug, welcher den Damentausch erzwingt, die besten Chancen für Weiß.

30. .... Dd5—d7
31. De7—d7: Td8—d7:
32. Kg1—f1! ....

Deckt indirekt den Bauer d4 und droht Te1—c1 usw. Viel schwächer wäre 32. a2—a4, Sb5—d4: 33. Le5—d4:, Td7—d4: 34. Te1—e6:, Td4—d2 35. Ta1—f1, Tc2—b2 usw. und die Gewinnchancen des Weißen wären kaum nennenswert.

32. .... Kg8—f7

Noch weniger Aussichten bot 32. .... Td7—d5 mit der Absicht, nun den Bauer d4 zu nehmen, worauf sich aber Weiß nicht mit Te1—d1 verteidigen, sondern 33. Te1—c1 spielen und folgende Variante erzwingen würde: 33. .... Tc2—c1† 34. Ta1—c1:, Sb5—d4: 35. Le5—d4:, Td5—d4: 36. Tc1—c6, a6—a5 37. Tc6—a6!, Td4—d5 38. Ta6—e6:, a5—a4 39. Te6—e1 nebst Te1—b1 usw. — Auch 32. .... Sb5—c3 genügte nicht und zwar wegen 33. Ta1—c1, Tc2—c1: 34. Te1—c1:, Sc3—a2: 35. Tc1—c6 usw.

33. a2—a4 Sb5—c3
34. Ta1—c1 Tc2—c1:
35. Te1—c1: Sc3—d5
36. Tc1—c6 Td7—a7

37. a4—a5? ....

In dieser Stellung hatte Schwarz für den Minusbauer keinerlei Ersatz, denn die starken Stellungen von Springer und Läufer wiegen sich gegenseitig auf. Der Zug Ta7—b7 bildet zwar eine latente Drohung für Weiß, kann aber erst dann mit Aussicht auf Erfolg geschehen, wenn Schwarz durch einen Bauernvormarsch auf dem Königsflügel seine Figuren unterstützt und auf diese Weise die Turmstellung auf b3 sofort mit weiteren Drohungen gegen den feindlichen Königsflügel verbindet. Die einfache Aufgabe des Weißen bestand nun darin, den gegnerischen Königsflügel mittels 37. h2—h4 zu lähmen und sodann den König unter den nötigen Vorsichtsmaßregeln auf den Damenflügel zu führen, was die Remischancen des Nachziehenden auf ein Minimum herabgedrückt hätte. Der Textzug ist nicht nur eine schwere Unterlassung, sondern auch ein Positionsfehler, der die Stellung insofern bedeutend schwächt, als nun Weiß nicht mehr die Türme tauschen kann, ohne seine Gewinnaussichten ganz aufzugeben.

37. .... g7—g5!
38. h2—h3 ....

Auch dieser Zug ist nicht recht verständlich und wäre besser durch 38. Kf1—e2 ersetzt worden.

38. .... h7—h5
39. Kf1—e2 g5—g4
40. Tc6—c8? ....

Der letzte und schwerste Fehler von Weiß! Die gebotene Fortsetzung war 40. h3—g4: nebst g2—g3; denn es wären daraus dem Nachziehenden noch immer beträchtliche Schwierigkeiten erwachsen, da der weiße König dann im Notfalle das Fluchtfeld g2 zur Verfügung hätte.

40. .... Ta7—b7
41. Tc8—b8 ....

Damit forciert Weiß das Remis. Tatsächlich hätte er jetzt, nach dem Tempoverlust im vorigen Zuge, ein zum Remis genügendes Gegenspiel des Nachziehenden nicht mehr verhindern können, z. B. 41. h3—g4:, h5—g4: 42. Tc8—a8, Tb7—b3: 43. Ta8—a7†, Kf7—g6 44. Ta7—a6:, f5—f4! 45. Ta6—e6‡, Kg6—f5 46. Te6—e8 und nun Tb3—a3 oder auch Tb3—b2† bzw. f4—f3† usw.

41. .... Tb7—b8:
42. Le5—b8:

Remis.

Schwarz zieht natürlich sofort 42. .... Kf7—e7 (43. Ke2—d3, Ke7—d7 44. Kd3—c4, Kd7—c6 usw.), worauf Weiß nur noch einen Versuch machen könnte, den Mehrbauer zu verwerten und zwar 43. f2—f3, doch antwortet Schwarz am einfachsten 43. .... g4—h3: 44. g2—h3:, h5—h4! und Weiß könnte, wie leicht ersichtlich, den Bauer h4 nur unter Preisgabe seines h-Bauern erobern.

Nr. 98. Abgelehntes Damengambit.

(32. Partie des Wettkampfes.)

Schwarz: J. R. Capablanca.

1. d2—d4 d7—d5
2. c2—c4 e7—e6
3. Sb1—c3 Sg8—f6
4. Lc1—g5 Sb8—d7
5. e2—e3 c7—c6

Dieser Entschluß meines Gegners, in einer so späten Phase des Wettkampfes sein Verteidigungsrepertoire zu ändern, kam mir ganz überraschend — um so mehr, als sich Capablanca im Laufe des Matches über die Cambridge-Springs Verteidigung wiederholt abfällig geäußert hatte. Meinen folgenden Aufbau, welcher berechtigtes Aufsehen erregte und viele Anhänger fand (Nimzowitsch, Spielmann), danke ich infolgedessen einem glücklichen Einfall am Brette und nicht — wie die Kritiker dachten — einer vorangegangenen Untersuchung.

6. c4—d5: e6—d5:
7. Lf1—d3 Lf8—e7
8. Sg1—e2 ....

Ich bezweifle, daß diese Entwicklungsweise den Anziehenden bei richtigem Gegenspiel in Vorteil bringen muß. Sie ist jedoch elastischer als das übliche 8. Sg1—f3 und dieses Moment spielt im praktischen Kampfe eine wichtige Rolle.

8. .... 0—0

Besser war es, zunächst den Läufer g5 mittels 8. .... h7—h6 zur Erklärung zu zwingen. Nach der Rochade wird dies kaum zu erreichen sein, denn Weiß wird in den meisten Fällen Gelegenheit haben, der Vertreibung seines Läufers mit h2—h4 im Opferstile standzuhalten. Allerdings hätte ich auf 8. .... h7—h6 nicht 9. Lg5—h4 geantwortet — wie man in späteren Turnierpartien gespielt hat — sondern 9. Lg5—f4, was dem Verteidiger schwerere Probleme zu stellen scheint.

9. Se2—g3 Sf6—e8

Etwas Besseres als dieses Entlastungsverfahren ist nicht ersichtlich. Auf 9. .... h7—h6 wäre 10. h2—h4 gefolgt und auf 9. .... Tf8—e8 der Sprung 10. Sg3—f5 unbequem genug gewesen.

10. h2—h4 ....

Die selbstverständliche Folge des gewählten Aufmarsches.

10. .... Sd7—f6

Auf andere Züge (Se8—d6, h7—h6, f7—f6) wäre — je nachdem — 11. Dd1—c2 oder 11. Dd1—h5 mit noch unangenehmeren Folgen für Schwarz verknüpft.

11. Dd1—c2 ....

Mit dem Springerzug nach f5 hat es keine Eile, denn der Gegner wird ja im nächsten Zuge doch seinen Damenläufer entwickeln und dann durch den Tausch auf f5 ein Tempo verlieren müssen.

11. .... Lc8—e6
12. Sg3—f5 Le6—f5:
13. Ld3—f5: Se8—d6
14. Lf5—d3 ....

Und nicht 14. Lg5—f6:, Sd6—f5:! usw. mit baldigem Ausgleich.

14. .... h7—h6

Doch unumgänglich!

15. Lg5—f4 ....

Nicht, weil der Läufer schon in unmittelbarer Gefahr war — es konnte z. B. 15. 0—0—0 geschehen — sondern um einer mit 15. ....

Sf6—e4 beginnenden Vereinfachung vorzubeugen.

15. .... Ta8—c8?

Als Verteidigung gegen die Hauptdrohung 16. 0—0—0 nebst Td1—g1 und g2—g4 gedacht, worauf nun 16. .... c6—c5! genügendes Gegenspiel sichern würde. Schwarz übersieht jedoch, daß der geschehene Zug zum unmittelbaren Bauernangriff Gelegenheit gibt. Mit 15. .... Tf8—e8, um auf 16. 0—0—0 mit 16. .... Sf6—e4 (17. Ld3—e4:, Sd6—e4: 18. Sc3—e4:, d5—e4: 19. Dc2—e4:, Le7—h4: 20. Lf4—e5, Lh4—f6!) fortzufahren, konnte Schwarz wenigstens vorläufig alle Gefahr bannen. Damit hätte er auch bewiesen, daß sein mit 8. .... 0—0 eingeleitetes Verteidigungssystem, obwohl gewagt, durchaus nicht so nachteilig war, wie die Fachpresse unter dem Eindruck des Partieausganges annahm.

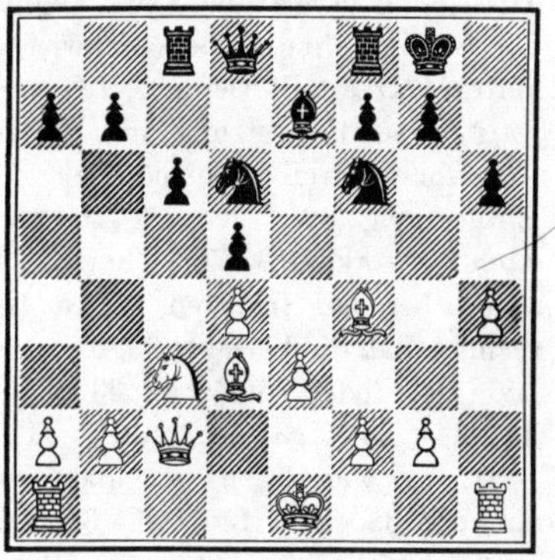

16. g2—g4! ....

Entscheidend. Das Nehmen des Bauern würde nach 17. Lf4—d6: nebst 18. Ld3—f5 zum Qualitätsverlust führen. Mit Rücksicht auf den drohenden Angriff hat nun Schwarz nichts Besseres, als unter Bauernopfer ein Endspiel herbeizuführen, welches aber auf die Dauer unhaltbar werden sollte.

16. .... Sf6—e4!

Sonst würde 17. g4—g5 die schwarze Königsstellung rasch zertrümmern.

17. g4—g5 h6—h5

Auf 17. .... h6—g5: 18. h4—g5:, Le7—g5: nimmt Weiß dreimal auf e4 und behält Mattangriff.

18. Ld3—e4: ....

Die Alternative war 18. Lf4—d6:, Se4—d6: 19. 0—0—0 (nicht 19. g5—g6 wegen 19. .... Le7—h4:! mit zweischneidigen Verwicklungen), worauf jedoch Schwarz sowohl mit 19. .... c6—c5 als auch mit 19. .... b7—b5 ein Gegenspiel auf dem Damenflügel eröffnen könnte. Zwar schätzte ich auch in diesem Falle meine Aussichten höher ein, es schien mir jedoch unlogisch, an einem Endspiel vorbeizugehen, in welchem ich auf einen Mehrbauer vertrauen durfte und für den Gegner keinerlei reelle Remismöglichkeiten voraussah. Und tatsächlich gab es auch keine.

18. .... Sd6—e4:
19. Sc3—e4: d5—e4:
20. Dc2—e4: Dd8—a5†
21. Ke1—f1 ....

Kein Geschäft wäre 21. Ke1—e2, Da5—b5† 22. Ke2—f3, Tc8—e8 usw.

21. .... Da5—d5!
22. De4—d5: c6—d5:
23. Kf1—g2! ...

Eine Verführung wäre das näherliegende 23. f2—f3 wegen 23. .... Tc8—c2 24. Th1—h2, Tc2—h2: 25. Lf4—h2:, f7—f6! 26. g5—g6 (26. g5—f6:, Tf8—f6:—c6), Tf8—c8 27. Ta1—e1, f6—f5 nebst Tc8—c6 usw.

23. . . . Tc8—c2
24. Th1—c1! . . . .

Auf diesen Gegenhieb hatte ich vertraut, als ich mich entschlossen hatte, in dieses Endspiel einzulenken. Schwarz würde nämlich rasch verlieren, falls er sich auf den Bauer b2 stürzen würde: 24. . . . . Tc2—b2: 25. Tc1—b1!, Tb2—b1: 26. Ta1—b1:, b7—b6 27. Tb1—c1 und dieser Turm dringt über c7, oder — im Falle von 27. . . . . Le7—d8 — über c6 siegreich ein. Schwarz muß sich daher zum Tausch eines Turmpaares bequemen, wobei sich aber seine auf den Besitz der c-Linie gesetzten Hoffnungen verflüchtigen.

24. . . . . Tf8—c8
25. Tc1—c2: Tc8—c2:
26. Ta1—b1 Kg8—h7

Hier war eher zu erwarten, daß Schwarz versuchen würde, der späteren Emanzipierung des feindlichen a- und b-Bauern mittels 26. . . . . b7—b5 entgegenzuarbeiten. Aber Weiß käme dann rechtzeitig zu dem Aufmarsch Kg2—g3, f2—f3 und e3—e4.

27. Kg2—g3 Kh7—g6
28. f2—f3 f7—f6!

Aber nicht 28. . . . . Kg6—f5 wegen 29. e3—e4†! usw.

29. g5—f6: Le7—f6:

Damit ist wenigstens für eine Zeitlang e3—e4 verhindert. Weiß findet aber nun Gelegenheit, seinen zweiten Trumpf, die Befreiung des Turmes, auszuspielen.

30. a2—a4! Kg6—f5
31. a4—a5 Tc2—e2

Ein Schreckschuß, der Erfolg hat. Verhielte sich Schwarz ruhig, könnte der Gegner seinen einfachen Befreiungsplan allmählich verwirklichen: b2—b4, Tb1—b3, Lf4—b8 nebst — sobald a7—a6 geschehen ist — b4—b5 usw. mit erzwungener Linienöffnung.

32. Tb1—c1? . . . .

Ein unnötiges Bauernopfer, welches den Sieg ernstlich in Frage stellt. Mit dem folgerichtigen 32. b2—b4 nebst — je nach den Umständen — Tb1—c1 oder b4—b5 usw. konnte der Gewinn ohne größere Schwierigkeiten klargestellt werden. Ich verwarf diese Fortsetzung im letzten Augenblick, weil mir plötzlich die Entgegnung 32. . . . . g7—g5 verdächtig vorkam. Wohl hatte ich schon bei den früheren Zügen berechnet, daß die Variante 33. h4—g5:, Lf6—d4: (oder zunächst 33. . . . . h5—h4† 34. Kg3—h4:) mit 34. Tb1—d1! zu widerlegen ist, aber das einfache 33. . . . . Lf6—g5: 34. Lf4—g5:, Kf5—g5: machte mich plötzlich stutzig. Indessen hätte dann 35. f3—f4†!, Kg5—f5 36. Kg3—f3, Te2—h2 37. Tb1—g1 usw. glatt gewonnen. Jetzt dagegen gibt es wieder Kampf.

32. . . . . Te2—b2:

33. Tc1—c5 Kf5—e6
34. e3—e4 Lf6—d4:

Es ist zweifelhaft, ob 34. .... d5—e4: — was ich hauptsächlich in Betracht gezogen hatte — bessere Remisaussichten gewährt hätte. Jedenfalls ist die hierzu von den meisten Glossatoren angegebene Hauptvariante nicht stichhaltig. Man prüfe: 34. .... d5—e4: 35. d4—d5†, Ke6—f5 36. d5—d6†, Kf5—e6 37. f3—e4:, Tb2—b3† 38. Kg3—g2, Tb3—b2† 39. Kg2—h3, Tb2—b4 40. Tc5—c8!, Tb4—e4: 41. Tc8—e8†, Ke6—d5 42. Te8—e4:, Kd5—e4: 43. Lf4—g5, Lf6—c3 44. a5—a6!, b7—a6: 45. d6—d7, Lc3—a5 und nun nicht 46. d7—d8D?, sondern 46. Kh3—g2!, wodurch Weiß das entscheidende Tempo zur Annäherung an den feindlichen a-Bauer gewänne und damit den Sieg sicherstellen würde. Da die übrigen, aus 34. .... d5—e4: hervorgehenden Varianten für Schwarz nicht minder verdächtig scheinen, ist Capablancas Wahl an der Textstelle nicht zu tadeln. Bis zu seinem ungenauen 47. Zuge bleibt der Ausgang der Partie in der Tat ungewiß.

35. Tc5—d5: Ld4—c3

Auch nach 35. .... Ld4—f2† 36. Kg3—h3, Tb2—b3 37. Td5—e5†, Ke6—f7 38. Lf4—g5! usw. hätte Schwarz keinen leichten Stand.

36. Te5—h5: a7—a6

Nach 36. .... Lc3—e1† 37. Kg3—h3, Tb2—f2 würde Weiß den Bauern f3 durch 38. Th5—e5† nebst Te5—f5† bzw. Te5—d5†—d3 leicht retten. Auch 36. .... b7—b5 37. a5—b6:, a7—b6: 38. Th5—d5, b6—b5 39. Td5—d6†, Ke6—e7 40. Td6—b6, b5—b4 41. Kg3—g4 nebst Kg4—f5 wäre für Schwarz kaum befriedigend.

37. Lf4—c7! Lc3—e1†

Oder 37. .... Tb2—b5 38. Th5—g5! usw.

38. Kg3—g4 Tb2—g2†
39. Kg4—h3 ....

Das Matt auf d2 nach 39. Kg4—f4? wäre nett.

39. .... Tg2—f2
40. Kh3—g4 Tf2—g2†
41. Kg4—h3 Tg2—f2
42. f3—f4! Tf2—f3†
43. Kh3—g2 ....

Und auch 43. Kh3—g4?, Tf3—g3 × wäre ganz apart. Aber jetzt ist es mit den Mattschwindeleien endgültig aus.

43. .... Tf3—f2†
44. Kg2—h3 Tf2—f3†
45. Kh3—g2 Tf3—f2†
46. Kg2—g1 ....

Nun wird es allmählich wieder ernst.

46. .... Tf2—c2
47. Lc7—b6 Tc2—c4?

Darauf hat Weiß wieder leichte, angenehme Arbeit. Vorzuziehen war jedenfalls 47. .... Le1—g3, obwohl der Anziehende auch in diesem Falle nach 48. Th5—e5†, Ke6—d6 49. Te5—g5 oder 48. .... Ke6—f7 49. h4—h5 usw. ausgezeichnete Gewinnaussichten behalten hätte.

(S. Stellungsbild)

48. Kg1—g2! ....

Damit erreicht Weiß zum zweitenmal eine glatte Gewinnstellung, hält sie aber nunmehr bis zum Schlusse fest. Die Begründung des Zuges ist der für Schwarz unvermeidliche Läuferverlust nach 48. .... Tc4—e4:? 49. Kg2—f3! usw.

48. .... g7—g6

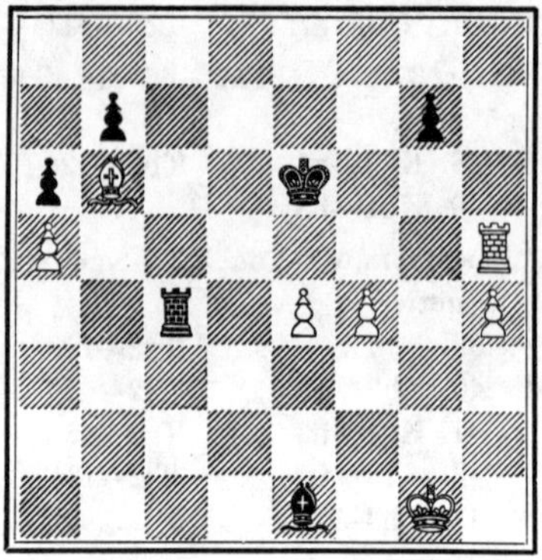

49. Th5—e5† Ke6—d7
50. h4—h5! ....

Die Schlußwendungen erfordern noch genaues Spiel. Trotz des offenbaren Stellungsübergewichtes sowie des Mehrbauern ist dieses neuerliche Opfer zwecks Erhaltung der Bauernmasse im Zentrum unerläßlich.

50. .... g6—h5:
51. Kg2—f3 h5—h4
52. Te5—h5 Tc4—c3†
53. Kf3—g4 Tc3—c4

Da kein ernstes Mittel mehr hilft, versucht Schwarz noch Witze. Weiß ist aber bereits in der angenehmen Lage, Scherz mit Scherz beantworten zu können. Und so geht es weiter bis zum heiteren Schluß (siehe den 61. Zug von Weiß!).

54. Kg4—f5! Le1—a5:
55. Th5—h7† ....

Natürlich nicht 55. Lb6—a5:, Tc4—c5† 56. Kf5—g4??, Tc5—h5: 57. Kg4—h5:, h4—h3 mit Gewinn für Schwarz.

55. .... Kd7—c6
56. Lb6—a5: ....

Und hier wäre 56. Th7—c7†, Kc6—b5 57. Tc7—c4:, Kb5—c4: 58. Lb6—a5:?? wegen h4—h3 dieselbe Fehlkombination.

56. .... Tc4—c5†
57. Kf5—e6! Tc5—a5:
58. f4—f5 Ta5—a3
59. f5—f6 Ta3—f3
60. f6—f7 b7—b5
61. Th7—h5! h4—h3
62. Th5—f5 Tf3—f5:
63. e4—f5: ....

Mit der Absicht 63. .... h3—h2 64. f7—f8D, h2—h1D 65. Df8—a8† usw. — Schwarz gab daher auf.

Ein, wenn auch nicht fehlerfrei geführter, so doch hart ausgefochtener, ideenreicher Kampf.

Nr. 99. Abgelehntes Damengambit.

(33. Partie des Wettkampfes.)

Weiß: J. R. Capablanca.

Die ersten 8 Züge sind mit der 31. Partie identisch.

9. Lc4—d3 Lc8—b7
10. Sg1—e2 a7—a6
11. Lh4—f6: Sd7—f6:
12. a2—a3 Da5—b6
13. Sc3—e4 Sf6—e4:
14. Ld3—e4: c6—c5
15. d4—c5: Lf8—c5:
16. Le4—b7: Db6—b7:
17. 0—0 0—0
18. Ta1—c1 Ta8—c8

Remis.

Nach meinem Sieg in der vorigen Partie bürgte mir schon das äußere Aussehen meines Gegners dafür, daß die Würfel in diesem Kampfe bereits gefallen waren. Es war zu erwarten, daß die formelle Entscheidung in einem der nächsten Spiele eintreten werde. Deshalb gab ich mir hier als Nachziehender keine große Mühe, aus der günstig verlaufenen Eröffnung Nutzen zu ziehen. Möglichkeiten, das Spiel zu verwickeln, waren vorhanden. Ich konnte im 13. Zuge

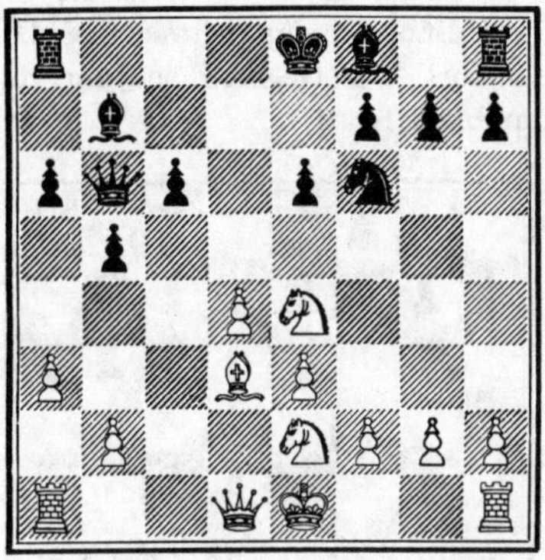

(S. Stellungsbild) das interessante 13. .... c6—c5 wählen statt des Tausches 13. .... Sf6—e4:, oder auch in der Schlußstellung auf einer Fortsetzung des Kampfes beharren.

Nr 100. Abgelehntes Damengambit.

(34. Partie des Wettkampfes.)

Schwarz: J. R. Capablanca.

1.	d2—d4	d7—d5
2.	c2—c4	e7—e6
3.	Sb1—c3	Sg8—f6
4.	Lc1—g5	Sb8—d7
5.	e2—e3	c7—c6
6.	a2—a3	....

In einem früheren Abschnitt des Wettkampfes hätte ich zweifelsohne den Versuch aus der 32. Partie wiederholt, um zu erfahren, welche Verstärkung der Verteidigung mein Gegner inzwischen gefunden hat. Wie aber die Dinge standen, war für mich die Zweckmäßigkeit einer Überraschungstaktik in der Eröffnung klar.

6.	....	Lf8—e7
7.	Sg1—f3	0—0
8.	Lf1—d3	d5—c4:
9.	Ld3—c4:	Sf6—d5
10.	Lg5—e7:	Dd8—e7:

Soweit deckt sich alles mit der 5. Partie, nur hatte dort Capablanca den Anzug. Statt des Textzuges kam übrigens auch 10. .... Sd5—c3: stark in Betracht, z. B. I. 11. Le7—d8:, Sc3—d1: 12. Ld8—e7, Tf8—e8 oder II. 11. Dd1—c2, Dd8—e7: 12. Dc2—c3:, c6—c5 13. 0—0, b7—b6 usw. und Schwarz hätte in beiden Fällen die Entwicklungsschwierigkeiten überstanden.

11.	Sc3—e4	....

Ergibt jedenfalls gefahrlos ein volleres Spiel als das in der 5. Partie von Capablanca gewählte 11. Ta1—c1.

11.	....	Sd5—f6
12.	Se4—g3	c6—c5

Möglich war auch 12. .... b7—b6 nebst Lc8—b7. Auf diese Weise entwickelte sich z. B. Maróczy gegen mich in San Remo 1930. Er überstand die Eröffnung ohne besondere Schwierigkeiten, obwohl er sogar ein Tempo weniger hatte, da meinerseits a2—a3 unterblieben war. Der Textzug hat jedenfalls den Nachteil, daß er den Nachziehenden mehr als seinen Gegner im Zentrum verpflichtet. Größere Sorgen sind damit vorläufig allerdings nicht verbunden.

13.	0—0	Sd7—b6

Nunmehr wäre auf 13. .... b7—b6 die Antwort 14. d4—d5 etwas unangenehm.

14.	Lc4—a2	c5—d4:
15.	Sf3—d4:	g7—g6!

Dieser nicht naheliegende Zug ist, genauer betrachtet, schon kaum zu umgehen. Weiß drohte bereits, z. B. auf 15. .... Lc8—d7, mit e3—e4—e5 das Feld d6 für seinen Springer zu erobern, oder — im Falle von e6—e5 — nach f5 einzudringen und einen kaum wettzumachenden Stellungsvorteil zu erlangen.

16. Ta1—c1 ....

Unter anderem mit der Absicht 17. Sd4—b5.

16. .... Lc8—d7

17. Dd1—e2 ....

Verwehrt dem feindlichen Läufer nach e6—e5, Sd4—f3 das Feld b5.

17. .... Ta8—c8

18. e3—e4 e6—e5

19. Sd4—f3 ....

Viel hat Weiß vorläufig nicht erreicht, immerhin wirkt sein Läufer besser als der gegnerische, auch kann der schwarze Königsbauer unter Umständen leichter angegriffen werden als der weiße. Für den Verteidiger war es nun zweckmäßig, den doppelten Turmtausch anzustreben, denn nach 19. .... Tc8—c1: 20. Tf1—c1:, Tf8—c8 21. Tc1—c8†, Sb6—c8: würde ihm trotz der etwas besseren Figurenstellung des Anziehenden nichts Ernstes drohen. Auch 19. .... Ld7—g4 nebst Abtausch auf f3 war angängig, doch hätte dies für die Zukunft zu einigen Besorgnissen Anlaß gegeben, denn mit dem Verschwinden des Läufers wären die weißen Felder im Lager des Nachziehenden geschwächt worden. Die beiden nächsten Züge Capablancas sind etwas fahrlässig und bringen sein Spiel in einige Gefahr.

19. .... Kg8—g7

20. h2—h3 ....

Bereitet den nächsten Zug vor, indem die Störung Ld7—g4 ausgeschaltet wird.

20. ... h7—h6

Eine überflüssige Schwächung. Die Antwort des Gegners gewinnt dadurch an Kraft.

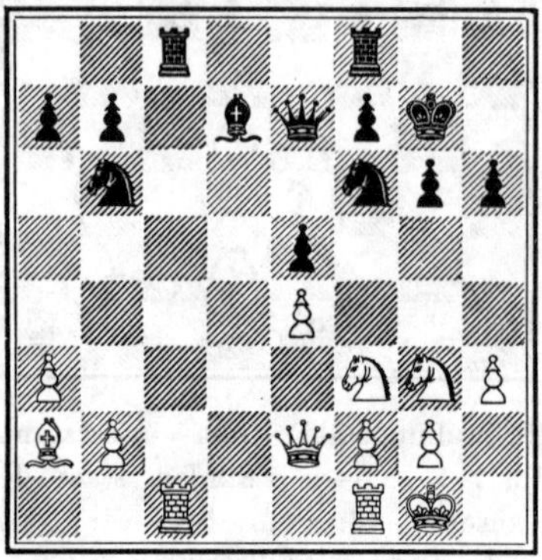

21. De2—d2! ....

Die Vielseitigkeit dieses Zuges bereitete mir Freude. Ich glaube, er verdient das Prädikat „schön", denn er ist im vollen Sinne des Wortes brettumfassend. Es beeinträchtigt seinen Wert gewiß nicht, wenn es für den Gegner immerhin noch eine versteckte Möglichkeit gab, entscheidenden Nachteil abzuwenden. Der mittels 22. Dd2—a5 drohende Bauerngewinn läßt sich auf keinerlei plausible Art abwehren. Fruchtlos bliebe z. B. das Bestreben nach Vereinfachung: 21. .... Tc8—c1: 22. Tf1—c1:, Tf8—c8 23. Tc1—c8: und falls nun 23. .... Sb6—c8:, so 24. Dd2—c3, falls 23. .... Ld7—c8:, so 24. Dd2—a5 — immer mit Bauernbeute. Aber auch die naheliegenden Gegenangriffe 21. .... Ld7—c6 oder

Ld7—b5 wären unzulänglich — in diesem Falle würde eine andere Wirkung der weißen Dame, nämlich die Mattwirkung auf überraschende Art triumphieren: 21 .... Ld7—c6 22. Sf3—h4!!, Sf6—e4: (oder 22. .... Lc6—e4: 23. Dd2—e3! mit Figurgewinn bzw. 22. .... Ld7—c6 23. Dd2—a5 usw.) 23. Sh4—f5†, g6—f5: 24. Sg3—f5‡, Kg7—g6 25. Dd2—h6‡, Kg6—f5: 26. g2—g4† matt. — Nur mit dem eigenartigen Gegenangriff 21. .... Sb6—a4! konnte sich Schwarz über Wasser halten, da die aus 22. Dd2—a5, Sa4—b2: entspringenden Wendungen für Weiß keinen nachweisbaren Vorteil ergeben. Der Anziehende hätte aber immerhin mit dem einfachen 22. Tf1—d1 ein kleines Stellungsübergewicht behaupten können.

Bei der von Schwarz tatsächlich gewählten Antwort geht ohne Ersatz ein Bauer und damit — wenigstens theoretisch — auch die Partie und der Wettkampf verloren. Die Verwertung des materiellen Übergewichtes erfordert aber seitens des Anziehenden noch größte Aufmerksamkeit und Sorgfalt.

21. .... Ld7—e6
22. La2—e6: De7—e6:
23. Dd2—a5 Sb6—c4

Oder 23. .... De6—b3 24. Da5—e5:, Sb6—c4 25. De5—d4 und die Beute wird behauptet.

24. Da5—a7: Sc4—b2:
25. Tc1—c8: Tf8—c8:
26. Da7—b7: Sb2—c4
27. Db7—b4 Tc8—a8
28. Tf1—a1 De6—c6!

Droht sowohl mit der Blockade des Freibauern durch 29. .... Ta8—a4, als auch—anscheinend—mit Bauerngewinn auf e4. Die folgende Abwicklung, durch welche Weiß seinen materiellen Vorteil sicherstellt, ist prickelnd.

29. a3—a4! Sf6—e4:

30. Sf3—e5:! ....

Diese Auflösung hatte ich bereits beim vorigen Zuge durchgerechnet. Dagegen würde die plausible Fortsetzung 30. Sg3—e4:, Dc6—e4: 31. Ta1—c1 in eine dunkle Sackgasse führen, denn nach 31. .... Ta8—c8 wäre 32. Sf3—d2 wegen 32. .... Sc4—d2: usw. offenbar unzureichend und 32. Sf3—e5:? wegen 32. .... Sc4—e3!! 33. Db4—e4:, Tc8—c1‡ nebst Se3—f1†—g3†—e4: sogar direkt verderblich.

30. .... Dc6—d6!

Andere Züge, wie z. B. 30. .... Dc6—f6 oder 30. .... Sc4—e5: würden die Aufgabe des Weißen wesentlich erleichtern.

31. Db4—c4: Dd6—e5:
32. Ta1—e1 Se4—d6
33. Dc4—c1 De5—f6
34. Sg3—e4 Sd6—e4:
35. Te1—e4: ....

Diese Stellung hat mir beim 29. Zuge vorgeschwebt. Der Gewinnplan, welcher begreiflicherweise noch auf eine Anzahl technischer Schwierigkeiten stoßen muß, ist nun folgender: der drohende Freibauer soll Dame und Turm des Gegners auf dem Damenflügel beschäftigen; dadurch wird der schwarze König etwas entblößt, so daß Weiß auch mit direkten Angriffen arbeiten kann und immer mehr Raum gewinnen wird. Zunächst wird die feindliche Dame schon nach wenigen Zügen die Schräge a1—h8 aufgeben müssen.

35. .... Ta8—b8

Auf 35. .... Ta8—a5 würde Weiß vorerst seinen König gegen etwaige Schachs durch g2—g3 und h3—h4 sichern und dann mit seinen Figuren die achte Reihe besuchen.

36. Te4—e2 Tb8—a8

37. Te2—a2 Ta8—a5

38. Dc1—c7! ....

Setzt dem Gegner die Pistole an die Brust: entweder das Vorgehen des Freibauern oder die große Diagonale!

38. .... Df6—a6

39. Dc7—c3† Kg7—h7

40. Ta2—d2! ....

Damit wird die Blockade des Freibauern auf künstliche Art aufgehoben. Es droht nicht nur 41. Td2—d8 mit unmittelbarem Gewinn, sondern auch 41. Td2—d7 mit nachhaltiger Beunruhigung des feindlichen Königs. Schwarz wird jetzt nur noch durch direkte Gegendrohungen eine Zeitlang das Feld behaupten können.

40. .... Da6—b6

41. Td2—d7 ....

Hier wurde die Partie abgebrochen, der Textzug versiegelt. Die nächsten Manöver Capablancas sind demnach das Ergebnis einer erschöpfenden Untersuchung. Es gelang weder meinem Gegner, noch mir, für die Verteidigung eine ausreichende Methode zu finden.

41. .... Db6—b1†

42. Kg1—h2 Db1—b8†

43. g2—g3 Ta5—f5

44. Dc3—d4 ....

Droht einfach 45. a4—a5.

44. .... Db8—e8

45. Td7—d5! ....

Es drohte natürlich 45. .... Tf5—f2‡.

45. .... Tf5—f3

Es bedarf keiner Ausführung, daß das Damenendspiel für Schwarz völlig aussichtslos wäre.

46. h3—h4 ....

Auch 46. a4—a5, De8—e2 47. Kh2—g2 usw. war angängig, Weiß will aber, bevor er etwas Entscheidendes unternimmt, die Bauernstellung auf dem Königsflügel stabilisieren. Angesichts der Drohung 47. h4—h5 hatte nun Schwarz — von seinem folgenden Gegenzuge, der bald zum Damentausch führt, abgesehen —

nur noch 46. .... h6—h5 zur Verfügung und darauf war 47. a4—a5 usw. beabsichtigt.

46. .... De8—h8

Mehr überraschend als wirkungsvoll. Allerdings würde Schwarz bei sofortigem Damentausch seinen Turm nach a3 führen und sich damit ausgezeichnete Remisaussichten verschaffen. Weiß kann dies aber vermeiden.

47. Dd4—b6! ....

Damit droht auch 48. Td5—d8, z. B. 48. .... Tf3—f2‡ 49. Db6—f2:, Dh8—d8: 50. Df2—f7‡, Kh7—h8 51. Df7—g6:, Dd8—d2† 52. Kh2—h3 (auch dieses Fluchtfeld würde Weiß seinem vorigen Zuge verdanken), Dd2—d7† 53. Dg6—g4 und gewinnt.

47. .... Dh8—a1
48. Kh2—g2 Tf3—f6

Falls 48. .... Tf3—a3, so nunmehr ganz einfach 49. a4—a5 usw.

49. Db6—d4! ....

Jetzt, da der feindliche Turm nicht mehr hinter den Freibauer gelangen kann, ist der Damentausch durchaus angebracht und sichert dem Anziehenden ein technisch leicht gewinnbares Endspiel.

49. .... Da1—d4:

Oder 49. .... Da1—a2 50. Dd4—f6:, Da2—d5‡ 51. Df6—f3 nebst Df3—a8 usw. mit rascher Entscheidung.

50. Td5—d4: Kh7—g7!

Auf sofortiges 50. .... Tf6—a6 würde Kg2—f3—e4—d5 usw. folgen und Schwarz ganz ohne Gegenspiel bleiben.

51. a4—a5 Tf6—a6
52. Td4—d5 ....

Ein harmloser Versuch, den schwarzen König abzuschneiden. Weiß wird sich aber doch zu Td4—a4 bequemen müssen.

52. .... Ta6—f6!
53. Td5—d4 Tf6—a6
54. Td4—a4 Kg7—f6
55. Kg2—f3 Kf6—e5
56. Kf3—e3 h6—h5
57. Ke3—d3 Ke5—d5
58. Kd3—c3 Kd5—c5
59. Ta4—a2 Kc5—b5
60. Kc3—b3 ....

Zeitgewinn!

60. .... Kb5—c5
61. Kb3—c3 Kc5—b5
62. Kc3—d4! ....

Die Einleitung des entscheidenden Angriffs gegen die Bauern des Königsflügels. Auf 62. .... Kc5—b4 gewänne nun am einfachsten 63. Ta2—a1!, Kb4—b3 64. Kd4—c5 usw.

62. .... Ta6—d6†
63. Kd4—e5 Td6—e6†
64. Ke5—f4 Kb5—a6
65. Kf4—g5 Te6—e5†
66. Kg5—h6 Te5—f5

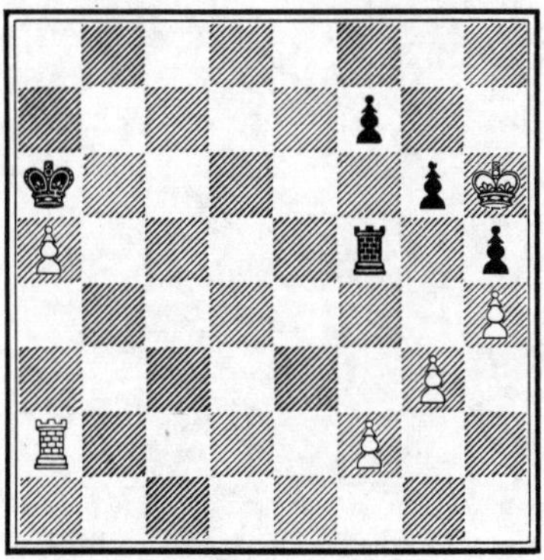

67. f2—f4 ....

In begreiflicher Aufregung knapp vor dem ersehnten Ziel, verlängert

Weiß den Kampf durch diesen hastigen Bauernzug. Statt dessen konnte der Gewinn auf naheliegende Art in fünf Zügen erreicht werden und zwar: 67. Kh6—g7, Tf5—f3 68. Kg7—g8, Tf3—f6 69. Kg8—f8!, Tf6—f3 (69. . . . . Tf6—f5 70. f2—f4) 70. Kf8—g7, Tf3—f5 71. f2—f4 und Schwarz müßte aufgeben. — Merkwürdigerweise ist diese Möglichkeit der gesamten Schachkritik entgangen.

67.	....	Tf5—c5!
68.	Ta2—a3	Tc5—c7
69.	Kh6—g7	Tc7—d7
70.	f4—f5	....

Auch dieser Durchbruch wurde unverdienterweise mit einem Rufzeichen versehen. Er gewinnt zwar auch, aber zwingender war 70. Kg7—f6, Td7—c7 und erst jetzt 71. f4—f5, g6—f5: (oder Tc7—c6† 72. Kf6—f7:, g6—f5: 73. Ta3—f3 usw.) 72. Kf6—f5:, Tc7—c5† 73. Kf5—f6, Tc5—c7 74. Ta3—f3, Ka6—a5: 75. Tf3—f5† usw.

70.	....	g6—f5:
71.	Kg7—h6	f5—f4
72.	g3—f4:	Td7—d5
73.	Kh6—g7	Td5—f5
74.	Ta3—a4	Ka6—b5
75.	Ta4—e4!	Kb5—a6
76.	Kg7—h6	Tf5—a5:

Fügt sich endlich ins Unvermeidliche. Falls nämlich 76. . . . . Ka6—b7 oder Ka6—a7, so folgt 77. Te4—e5, Tf5—f4: 78. Kh6—g5, Tf4—f1 79. Kg5—h5:, f7—f5 80. Kh5—g5, f5—f4 81. Te5—f5, f4—f3 82. Kg5—g4 und der letzte schwarze Bauer fällt. — Aber wie unvergleichlich einfacher wäre es gewesen, im 67. oder 70. Zuge etwas genauer zu spielen!

77.	Te4—e5	Ta5—a1
78.	Kh6—h5:	Ta1—g1
79.	Te5—g5	Tg1—h1
80.	Tg5—f5	Ka6—b6
81.	Tf5—f7:	Kb6—c6
82.	Tf7—e7	Aufgegeben.

Bis zum 66. Zuge glaube ich in dieser entscheidenden Partie durchwegs das Richtige getroffen zu haben.

Eröffnungstabelle.

(Die Zahlen bedeuten die Nummern der Partien.)

I. **Spanische Partie.** 5, 6, 7, 36, 55, 56, 63.
II. **Italienische Partie.** 21.
III. **Mittelgambit.** 14, 57.
IV. **Französische Partie.** 31, 34, 64, 67.
V. **Sizilianische Partie.** 11, 12, 52.
VI. **Caro-Kann.** 62.
VII. **Aljechins Verteidigung.** 15, 18, 26, 28, 48.
VIII. **Königsfianchetto** (im An- und Nachzuge) 4, 23.
IX. **Abgelehntes Damengambit.** 3, 8, 9, 10, 13, 17, 19, 20, 24, 25, 30, 32, 39, 40, 51, 53, 65, 68, 70—100.
X. **Angenommenes Damengambit.** 42.
XI. **Damenbauernspiel.** 35, 66.
XII. **Budapester Verteidigung.** 29, 33.
XIII. **Holländische Partie.** 44, 61.
XIV. **Königsindische Verteidigung.** 1, 2, 16, 45, 47, 54, 60.
XV. **Damenindische Verteidigung.** 37, 38, 41, 46, 50, 59, 69.
XVI. **Englische Partie.** 22, 27, 43, 58.
XVII. **Unregelmäßig.** 49.

Dr. Aljechins Erfolgstabelle 1909—1931.

A. Turniere.

a) Vorkriegsperiode.

Jahr	Ort	Preis	Gespielt	Gewonnen	Remis	Verloren	
1909	1. Allrussisches Hauptturnier St. Petersburg	I.	16	12	2	2	Insgesamt 67,2%
1910	2. Hamburg	VII. get.	16	5	7	4	
1911	3. Karlsbad	VIII. get.	25	11	5	9	
1912	4. Stockholm	I.	10	8	1	1	
1912	5. Wilna (Nationales Meisterturnier)	VI. get.	19	8	3	8	
1913	6. St. Petersburg (Viermeisterturnier)	I. get.	3	2	—	1	
1913	7. Scheveningen	I.	13	11	1	1	
1913	8. St. Petersburg (Nationales Meisterturnier)	I. get.	17	13	1	3	
1914	9. St. Petersburg	III.	18	6	8	4	
1914	10. Mannheim	I.	11	9	1	1	
			148	85	29	34	

b) Nachkriegsperiode.

Jahr	Ort	Preis	Gespielt	Gewonnen	Remis	Verloren	
1920	1. Moskau (Nationales Meisterturnier).	I.	15	9	6	—	Insgesamt 76,7%
1921	2. Triberg.	I.	8	6	2	—	
1921	3. Budapest	I.	11	6	5	—	
1921	4. Haag	I.	9	7	2	—	
1922	5. Pistyan	II. get.	18	12	5	1	
1922	6. London	II.	15	8	7	—	
1922	7. Hastings	I.	10	6	3	1	
1922	8. Wien	IV. get.	14	7	4	3	
1923	9. Margate	II. get.	7	3	3	1	
1923	10. Karlsbad	I. get.	17	9	5	3	
1923	11. Portsmouth	I.	12	11	1	—	
1924	12. New-York	III.	20	6	12	2	
1925	13. Paris.	I.	8	5	3	—	
1925	14. Bern.	I.	6	3	2	1	
1925	15. Baden-Baden	I.	20	12	8	—	
1926	16. Hastings	I. get.	9	8	1	—	
1926	17. Semmering	II.	17	11	3	3	
1926	18. Dresden	II.	9	5	4	—	
1926	19. Scarborough	I.	8	7	1	—	
1926	20. Birmingham	I.	5	5	—	—	
1926	21. Buenos-Aires	I.	10	10	—	—	
1927	22. New-York	II.	20	5	13	2	
1927	23. Kecskemét	I.	16	8	8	—	
			284	169	98	17	

c) Als Weltmeister.

Jahr	Ort	Preis	Gespielt	Gewonnen	Remis	Verloren	
1929	1. Bradley-Beech	I.	9	8	1	0	Insges. 85%
1930	2. San Remo	I.	15	13	2	0	
1930	3. Hamburg (Länderkampf) .	—	9	9	0	0	
1931	4. Prag (Länderkampf) . .	—	18	10	7	1	
1931	5. Bled	I.	26	15	11	0	
			77	55	21	1	

B. Serien aus einer vorbestimmten Anzahl von ernsten Partien.

Jahr	Ort	Gespielt	Gewonnen	Remis	Verloren	Gegner
1913	Paris bzw. London	3	3	—	—	Ed. Lasker
1921	Berlin	6	2	2	2	Teichmann
1921	Berlin	2	2	—	—	Sämisch
1922	Paris	2	1	1	—	Dr. Bernstein
1922	Madrid	2	1	1	—	Golmayo
1922	Paris	2	1	1	—	Aurbach
1923	Paris	2	2	—	—	Muffang
1926	Holland	10	3	5	2	Dr. Euwe
		29	15	10	4	

C. Wettkämpfe.

1913	St. Petersburg .	10	7	0	3	Lewitski
1927	Buenos-Aires . .	34	6	25	3	Capablanca
1929	Deutschland bzw. Holland	25	11	9	5	Bogoljubow
		69	24	34	11	

Gegner von Dr. Aljechin.

(Die Zahlen bedeuten die Nummern der Partien. Fettgedruckt sind die Namen der Gegner in Turnier- bzw. Wettpartien.)

1. **Azstalos,** Dr. 65.
2. Beratende 4, 5, 6.
3. **Blümich** 47.
4. **Bogoljubow** 31.
5. **Brinckmann** 63.
6. **Capablanca** 67—100.
7. Carranza, Dr. 55.
8. **Colle** 17, 20, 36.
9. **Davidson** 40.
10. **Euwe,** Dr. 59—61.
11. Freeman 14.
12. Gabarayn 58.
13. **Grünfeld** 42.
14. Ibañes 54.
15. Illa 51.
16. **Janowski** 35.
17. **Kmoch** 45, 66.
18. **Kolste, te** 24.
19. Kußman 3.
20. Mackenzie 38.
21. **Marshall** 30.
22. Meck 7.
23. **Mieses** 28.
24. Molina, Dr. 57.
25. Monsky 13.
26. Morrison 2.
27. **Nimzowitsch** 22, 48.
28. Nolmann 56.
29. **Opočenský** 19.
30. Phillips 10.
31. Pinkus 12.
32. Portela 52.
33. Potemkin 15.
34. **Rabinowitsch, E.** 29.
35. **Réti** 23, 44.
36. **Rubinstein** 32, 41, 50.
37. **Sämisch** 27, 46.
38. Sawyer 8.
39. Schapiro 9.
40. Schwartz 16.
41. Seitz, Dr. 33.
42. Spencer 1.
43. Steiner, H. 11.
44. **Tarrasch,** Dr. 21.
45. **Tartakower,** Dr. 49, 62.
46. **Thomas,** Sir **G.** 26.
47. **Treybal,** Dr. **K.** 25, 39.
48. Villegas 53.
49. **Yates** 34, 43, 64.
50. **Snosko-Borowski** 18, 37.